普通高等教育"十四五"规划教材

PROGRAMMING

C程序设计

（慕课版）

主　编　刘卫国

中国水利水电出版社
www.waterpub.com.cn
·北京·

内 容 提 要

本书以 C 语言作为实现工具，介绍程序设计的基础知识与基本方法。本书的主要内容有程序设计概述、程序的数据描述、顺序结构、选择结构、循环结构、函数、数组、指针、构造数据类型、文件操作等。

本书切合培养程序设计能力的教学要求，突出 C 语言的重要概念和本质特点。本书以实际问题的求解过程为向导，突出从问题到算法，再到程序的一种思维过程，强调计算机求解问题的思路引导与程序设计思维方式的训练，重点放在程序设计的思想与方法上。本书教学资源丰富，包括配套的教学参考书、大规模在线开放课程（Massive Open Online Course，MOOC）、重点内容的微视频讲解以及其他教学资源。

本书既可作为高等学校程序设计课程的教材，也可作为参加各类计算机等级考试的读者以及社会各类计算机应用人员的参考用书。

图书在版编目（ＣＩＰ）数据

C程序设计：慕课版 / 刘卫国主编. -- 北京 : 中
国水利水电出版社，2023.11
普通高等教育"十四五"规划教材
ISBN 978-7-5226-1923-1

Ⅰ．①C… Ⅱ．①刘… Ⅲ．①C语言－程序设计－高等
职业教育－教材 Ⅳ．①TP312.8

中国国家版本馆CIP数据核字(2023)第217418号

策划编辑：周益丹　责任编辑：魏渊源　加工编辑：刘瑜　封面设计：苏敏

书　　名	普通高等教育"十四五"规划教材 C 程序设计（慕课版） C CHENGXU SHEJI (MUKE BAN)	
作　　者	主　编　刘卫国	
出版发行	中国水利水电出版社	
	（北京市海淀区玉渊潭南路 1 号 D 座　100038）	
	网址：www.waterpub.com.cn	
	E-mail：mchannel@263.net（答疑）	
	sales@mwr.gov.cn	
	电话：（010）68545888（营销中心）、82562819（组稿）	
经　　售	北京科水图书销售有限公司	
	电话：（010）68545874、63202643	
	全国各地新华书店和相关出版物销售网点	
排　　版	北京万水电子信息有限公司	
印　　刷	三河市德贤弘印务有限公司	
规　　格	210mm×285mm　16 开本　18.5 印张　473 千字	
版　　次	2023 年 11 月第 1 版　2023 年 11 月第 1 次印刷	
印　　数	0001—3000 册	
定　　价	54.00 元	

前　言

党的二十大报告指出："教育、科技、人才是全面建设社会主义现代化国家的基础性、战略性支撑。"教育是基础，科技是关键，人才是根本。在云计算、大数据、人工智能、物联网、移动计算等新一代信息技术背景下，程序设计既是信息化时代各种应用的技术基础，也是高素质人才培养的重要内容，其目的是介绍程序设计的基础知识，使学生掌握高级语言程序设计的基本思想、方法和技术，理解利用计算机解决实际问题的基本过程和思维规律，从而更好地培养学生的创新能力，为将来应用计算机进行科学研究等奠定坚实的基础。

计算思维能力培养是计算机教育的重要任务，而程序设计最能够体现问题求解方法，是理解计算机工作过程的有效途径，也是计算思维能力培养的重要载体。因此，程序设计课程的重要性不仅体现在一般意义上的程序设计能力的培养，而且体现在引导学生实现问题求解的思维方式的转换，即学生计算思维能力的培养。当然，要实现计算思维能力的培养不是一件容易的事，这也是程序设计教学改革的重要切入点。本书正是按照这种改革理念，以实际问题的求解过程为向导，介绍程序设计的基础知识与基本方法，本书内容强调计算机求解问题的思路引导与程序设计思维方式的训练，重点放在程序设计的思想与方法上。

C语言是目前流行的程序设计语言之一，具有程序简洁、数据类型丰富、表达能力强、使用灵活、实用高效等特点，在当今软件开发领域有着广泛的应用，也是高等学校常用的程序设计教学语言之一。诚然，当下C语言程序设计的书不少。经过分析发现，相关教材组织模式大致有两种，一种是按照语言的语法体系组织教材，先讲语法知识，再举例说明这些语法的应用，这样做的好处是语言本身的语法体系完整，便于初学者学习掌握。这实际上也是很重要的基本功。但人们担心，专注于语法，冲淡了程序设计能力的培养，于是就有另外一种教材组织模式，即按问题组织教材内容，先提出问题，再寻找解决办法，引出语法规则，这样做的好处是将学习时的注意力放在解决问题的方法上，但显然程序语言的系统性没有了，初学者学习起来有困难。经过多年教学改革实践，我们认为，突出程序设计能力培养是十分必要的，这是计算思维能力培养的必然要求，但给学生完整的语言体系也是必要的。因此，如何处理好语法体系和求解问题方法的矛盾，是教材内容组织的关键问题。我们提出，在保持完整语法体系的前提下，给学生一个完整的解决问题的思路，这是解决问题的根本途径。为此，本书在编写过程中，力求体现以下四个方面的特点。

一是强调计算机问题求解的思路引导，突出从问题到算法，再到程序的一种思维过程。不是罗列现成的程序，而是讲清楚程序是怎么来的，怎样才能得到程序。各章的序言部分讲清不同的语言要素在问题求解中的作用，由此引出各章内容。在讲程序实例时，先条理性地列出问题求解的基本步骤，再对基本步骤进行逐步细化后得到完整的算法。有些例子更多的是从教学的角度设计的，这是应用的基础和前提，有些例子则具有很强的实际应用背景，可以更好地培养读者的应用开发能力。书中穿插介绍了递推法、迭代法、穷举法、试探法、递归法、分治法等算法设计策略，有利于读者掌握有关程序设计方法。

二是恰当取舍，突出 C 语言的本质特点和教学要求。本书用通俗易懂的语言讲清 C 语言的重要概念，不求面面俱到。本书也不过分死抠语言细节，引导读者在程序设计实践中去掌握语法规则。

三是组织编排遵循循序渐进原则。本书前 6 章体现了基本程序设计能力的训练，第 1 章介绍程序设计的基础知识，建立起对 C 语言的初步认识；第 2 章介绍程序的数据描述，在这一章中并未罗列全部表达式，而将相关表达式分散到各章去介绍，一方面让读者尽早接触到程序，另一方面也避免了因语言细节过多而导致单调无味；第 3～5 章分别介绍程序的 3 种基本结构，体现了最基本的程序设计方法；第 6 章是函数，介绍模块化程序设计的基本方法。前 6 章只涉及 C 语言的基本数据类型，重点放在程序的 3 种基本结构的实现方法和程序设计能力培养上。第 7～9 章是数组、指针和构造数据类型，涉及更复杂数据的表示方法。第 10 章是文件操作，这是程序设计语言的经典内容。这种内容编排符合初学者的认知特点，有利于总体上把握内容，帮助读者逐步深入理解和掌握知识。各章小结中总结了本章主要的知识点，帮助读者总结归纳本章内容，达到巩固提高的目的。

四是配套资源丰富。本书配有教学参考书、慕课（MOOC）、重点内容的微视频讲解以及其他相关教学资源。为了方便教学和读者上机操作练习，作者还编写了《C 程序设计实践教程》一书，作为与本书配套使用的教学参考书。本书有配套的 MOOC（https://www.icourse163.org/course/CSU-1003517003），方便读者学习。作者团队在中南大学开展基于 MOOC 的混合式教学实践，取得良好效果。本书还配有微视频讲解，对读者理解重点概念、掌握重要方法、化解学习难点很有帮助。另外，还有与本书配套的教学大纲、教学课件、各章习题答案、例题源程序等教学资源，可从中国水利水电出版社网站下载使用。

本书由刘卫国担任主编，参与编写的有曹岳辉、吕格莉、罗芳、何小贤、童键、严晖等。许多教师参与了课程建设实践，为本书编写积累了丰富的素材。在本书编写过程中吸取了许多教师、MOOC 学员的宝贵意见和建议，在此表示衷心的感谢。

由于编者水平有限，书中难免存在不足之处，恳请广大读者批评指正。

编 者

2023 年 6 月于中南大学

目　录

C 程序设计

第 1 章

程序设计概述

计算机是在程序（program）控制下进行自动工作的，它解决任何实际问题都依赖于解决问题的程序，而要编写程序就要熟悉一种程序设计语言，掌握程序设计的基本方法，理解计算机分析和解决问题的基本过程和思维规律。

在众多的程序设计语言中，C 语言具有程序简洁、自由灵活、数据表达能力强、运算类型多样、实用高效等特点，在当今软件开发领域有着广泛的应用。本书以 C 语言作为实现工具，介绍程序设计的基本思想和方法。通过本章的学习，读者对程序设计和 C 语言有一个概要认识，从而为以后各章的学习打下基础。

本章要点：

- 程序设计的基本知识
- C 语言的发展与特点
- C 语言程序的基本结构
- C 语言程序的执行步骤

1.1　程序设计与算法

在学习 C 语言程序设计之前，需要了解一些程序设计与算法的基础知识，包括程序设计的基本步骤、算法的概念及其描述方法。

 ### 1.1.1　程序与程序设计

从一般意义来说，程序是对解决某个实际问题的方法和步骤的描述，而从计算机角度来说，程序是用某种计算机能理解并执行的语言所描述的解决问题的方法和步骤。计算机执行程序所描述的方法和步骤，并完成指定的功能。所以，程序就是供计算机执行后能完成特定功能的指令序列。

一个解决问题的程序主要描述两部分内容：一是描述问题的每个数据对象和数据对象之间的关系，二是描述对这些数据对象进行操作的规则。其中关于数据对象及数据对象之间的关系是数据结构（data structure）的内容，而操作规则是求解问题的算法（algorithm）。计算机按照程序所描述的算法对某种结构的数据进行加工处理，因此设计一个好的算法是十分重要的，而好的算法在很大程度上取决于合理的数据结构。数据结构和算法是程序主要的两个方面。瑞士计算机科学家 N. Wirth 教授曾提出：

$$算法 + 数据结构 = 程序$$

程序设计的任务就是选择描述问题的数据结构，并设计解决问题的方法和步骤，即设计算法，再将算法用程序设计语言来描述。什么叫程序设计？对于初学者来说，往往把程序设计简单地理解为只是编写一个程序，这是不全面的。程序设计反映了利用计算机解决问题的全过程，包含多方面的内容，而编写程序只是其中的一个方面。使用计算机解决实际问题，通常先要对问题进行分析并建立数学模型，然后考虑数据的组织方式和算法，并用某一种程序设计语言编写程序，最后调试程序，使之运行后能产生预期的结果。这个过程被称为程序设计（programming），具体要经过以下 4 个基本步骤。

（1）分析问题，确定数学模型或方法。要用计算机解决实际问题，首先要对解决的问题进行详细分析，弄清问题求解的需求，包括需要输入什么数据，要得到什么结果，最后应输出什么，即弄清要计算机"做什么"。然后把实际问题简化，用数学语言来描述它，即建立数学模型。建立数学模型后，需选择计算方法，即选择用计算机求解该数学模型的近似方法。不同的数学模型，往往要进行一定的近似处理。对于非数值计算问题则要考虑数据结构。

（2）设计算法，画出流程图。弄清楚要计算机"做什么"后，就要设计算法，明确要计算机"怎么做"。解决一个问题，可能有多种算法。这时，应该通过分析、比较，挑选一种最优的算法。设计好算法后，要用流程图把算法形象地表示出来。

（3）选择编程工具，按算法编写程序。当为解决一个问题确定了算法后，还必须将该算法用程序设计语言编写成程序，这个过程被称为编码（coding）。

（4）调试程序，分析输出结果。编写完成的程序，还必须在计算机上运行，排除程序可能的错误，直到得到正确结果为止，这个过程被称为程序调试（debug）。即使是经过调试的程序，在使用一段时间后，仍然会被发现尚有错误或不足之处。这就需要对程序做进一步的修改，使之更加完善。

解决实际问题时，应对问题的性质与要求进行深入分析，从而确定求解问题的数学模型或方法，接下来进行算法设计，并画出流程图。有了算法流程图，再来编写程序就容易了。有些初学者，在没有把所要解决的问题分析清楚之前就急于编写程序，结果编程思路紊乱，很难得到预想的结果。

1.1.2　算法及其描述

在程序设计过程中，算法设计是最重要的步骤。算法需要借助于一些直观、形象的工具来进行描述，以便于分析和查找问题。

1. 算法的概念

在日常生活中，人们做任何一件事情，都是按照一定规则、一步一步地进行的，这些解决问题的方法和步骤被称为算法。例如，工厂生产一部机器，先把零件按一道道工序进行加工，然后把各种零件按一定规则组装起来，生产机器的工艺流程就是算法。

计算机解决问题的方法和步骤，就是计算机解题的算法。计算机用于解决数值计算，如科学计算中的数值积分、解线性方程组等的计算方法，就是数值计算的算法；用于解决非数值计算，如数据处理中的排序、查找等方法，就是非数值计算的算法。要编写解决问题的程序，首先应设计算法，任何一个程序都依赖于特定的算法，有了算法，再来编写程序是容易的事情。

下面举两个简单例子，以说明计算机解题的算法。

【例 1-1】求 $y=\begin{cases} \dfrac{a+b}{a-b}, & a<b \\ \dfrac{4}{a+b}, & a\geq b \end{cases}$。

这一题的算法并不难，可写成如下形式。

（1）从键盘输入 a、b 的值。

（2）若 $a<b$，则 $y=\dfrac{a+b}{a-b}$，否则 $y=\dfrac{4}{a+b}$。

（3）输出 y 的值。

【例 1-2】输入 20 个数，要求找出其中最大的数。

设 max 单元用于存放最大数，先将输入的第 1 个数放在 max 中，再将输入的第 2 个数与 max 相比较，较大者放在 max 中，然后将第 3 个数与 max 相比，较大者放在 max 中，……，一直到比完 19 次为止。

算法要在计算机上实现，还需要把它描述为更适合程序设计的形式，对算法中的量要抽象化、符号化，对算法的实施过程要条理化。上述算法可写成如下形式。

（1）输入一个数，存放在 max 中。

（2）用 i 来统计比较的次数，其初值置 1。

（3）若 i≤19，执行第（4）步，否则执行第（8）步。

（4）输入一个数，放在 x 中。

（5）比较 max 和 x 中的数，若 x>max，则将 x 的值送给 max，否则，max 值不变。

（6）i 增加 1。

（7）返回到第（3）步。

（8）输出 max 中的数，此时 max 中的数就是 20 个数中最大的数。

从上述算法示例可以看出，算法是解决问题的方法和步骤的精确描述。算法并不给出问题的精确解，只是说明怎样才能得到解。每一个算法都是由一系列基本的操作组成的。这些操作包括加、减、乘、除、判断、置数等。所以研究算法的目的就是要研究怎样把问题的求解过程分解成一些基本的操作。

设计好算法之后，要检查其正确性和完整性，再根据它用某种高级语言编写出相应的程序。程序设计的关键就在于设计出一个好的算法。所以，算法是程序设计的核心。

2. 算法的特性

从上面的例子中，可以概括出算法的 5 个特性。

（1）有穷性。算法中执行的步骤总是有限次数的，不能无止境地执行下去。例如，计算圆周率 π 的值，可用如下公式：

$$\frac{\pi}{4}=1-\frac{1}{3}+\frac{1}{5}-\frac{1}{7}+\cdots$$

这个多项式的项数是无穷的，因此，它是一个计算方法，而不是算法。要计算 π 的值，只能取有限项。例如，计算结果精确到第 5 位，那么，这个计算就是有限次的，因而才能称得上算法。

（2）确定性。算法中的每一步操作必须具有确切的含义，不能有二义性。

（3）有效性。算法中的每一步操作必须是可执行的。

（4）要有数据输入。算法中操作的对象是数据，因此应提供有关数据。但如果算法本身给出了运算对象的初值，也可以没有数据输入。

（5）要有结果输出。算法的目的是用来解决一个给定的问题，因此应提供输出结果，否则算法就没有实际意义。

3. 算法的描述

描述算法有很多不同的工具，前面两个例子的算法是用自然语言——汉语描述的，其优点是通俗易懂，但它不太直观，描述不够简洁，且容易产生二义性。在实际应用中，常用传统流程图和结构化流程图来描述算法。

（1）用传统流程图描述算法。传统流程图也被称为框图，它用一些几何框图、流程线和文字说明表示各种类型的操作。一般用矩形框表示进行某种处理，有一个入口、一个出口，在框内写上简明的文字或符号表示具体的操作。用菱形框表示判断，有一个入口、两个出口。菱形框中包含一个为真或为假的表达式，它表示一个条件，两个出口表示程序执行时的两个流向，一个是表达式为真（即条件满足）时程序的流向，另一个是表达式为假（即条件不满足）时程序的流向，条件满足时用 Y（Yes）表示，条件不满足时用 N（No）表示。用平行四边形框表示输入输出。用带箭头的流程线表示操作的先后顺序。

流程图是人们交流算法设计的一种工具，不是输入给计算机的。它只要逻辑正确，且能被人们看懂就可以了，一般是由上而下按执行顺序画下来的。

【例 1-3】用传统流程图来描述例 1-1 和例 1-2 的算法。

用传统流程图描述例 1-1 和例 1-2 的算法分别如图 1-1 和图 1-2 所示。

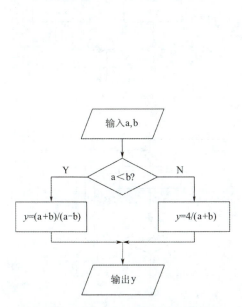

图 1-1　用传统流程图描述例 1-1 的算法

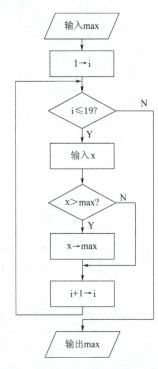

图 1-2　用传统流程图描述例 1-2 的算法

传统流程图的主要优点是直观性强,初学者容易掌握。缺点是对流程线的使用没有严格限制,如毫无限制地使流程任意转来转去,将使流程图变得毫无规律,难以阅读。为了提高算法的可读性和可维护性,需要限制无规则的转移,使算法结构规范化。

(2)用结构化流程图描述算法。

①程序的 3 种基本结构。随着计算机技术的发展和应用的普及,程序越来越复杂,语句多,程序的流向复杂,常常用无条件转移语句去实现复杂的逻辑判断功能,因而造成程序可读性差,维护困难。

为了解决这一问题,就出现了结构化程序设计,它的基本思想是像玩积木游戏那样,只要有几种简单类型的结构,就可以构成任意复杂的程序。这样可以使程序设计规范化,便于用工程的方法来进行软件生产。基于这样的思想,1966 年意大利的 Bohm 和 Jacopini 提出了组成结构化算法的 3 种基本结构,即顺序结构、选择结构和循环结构。

顺序结构是最简单的一种基本结构,依次顺序执行不同的程序块,如图 1-3 所示。其中 A 块和 B 块分别代表某些操作,先执行 A 块,再执行 B 块。

选择结构根据条件满足或不满足而去执行不同的程序块。在图 1-4 中,当条件 P 满足时执行 A 块,否则执行 B 块。

循环结构又称重复结构,是指重复执行某些操作,重复执行的部分被称为循环体。循环结构分为当型循环和直到型循环两种,分别如图 1-5(a)和图 1-5(b)所示。当型循环先判断条件是否满足,当条件 P 满足时反复执行 A 程序块,每执行一次测试一次 P,直到条件 P 不满足为止,跳出循环体执行它下面的基本结构。直到型循环先执行一次循环体,再判断条件 P 是否满足，若不满足则反复执行循环体，直到条件 P 满足为止。

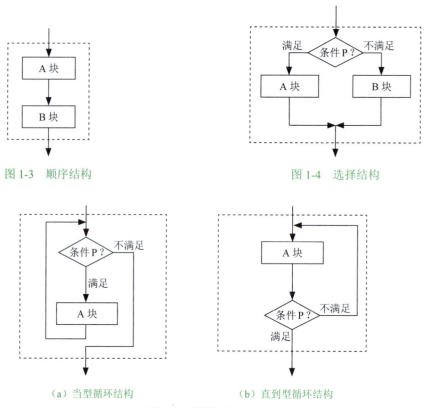

图 1-3　顺序结构　　　　　　　　　　　　图 1-4　选择结构

（a）当型循环结构　　　　　　（b）直到型循环结构

图 1-5　循环结构

两种循环结构的区别在于：当型循环结构是先判断条件，后执行循环体，而直到型循环结构则是先执行循环体，后判断条件。直到型循环至少执行一次循环体，而当型循环有可能一次也不执行循环体。

3 种基本结构具有如下共同特点。

- 只有一个入口。
- 只有一个出口。
- 结构中无死语句，即结构内的每一部分都有机会被执行。
- 结构中无死循环，即循环在满足一定条件后能正常结束。

结构化定理表明，任何一个复杂问题的程序，都可以用以上 3 种基本结构组成。具有单入口单出口性质的基本结构之间形成顺序执行关系，使不同基本结构之间的接口关系简单，相互依赖性弱，从而呈现出清晰的结构。

②结构化流程图（N-S 图）。由于传统流程图的缺点，美国学者 I. Nassi 和 B. Shneiderman 于 1973 年提出了一种新的流程图工具。由于他们的名字分别以 N 和 S 开头，故把这种流程图称为 N-S 图。N-S 图以 3 种基本结构作为构成算法的基本元素，每一种基本结构用一个矩形框来表示，而且取消了流程线，各基本结构之间保持顺序执行关系。N-S 图可以保证程序具有良好的结构，所以 N-S 图又叫作结构化流程图。

3 种基本结构的 N-S 图画法规定如下。

- 顺序结构由若干个前后衔接的矩形块顺序组成，如图 1-6 所示。先执行 A 块，然后执行 B 块。各块中的内容表示一个或若干个需要顺序执行的操作。

- 选择结构的 N-S 图如图 1-7 所示，在此结构内有两个分支，它表示当给定的条件满足时执行 A 块的操作，条件不满足时执行 B 块的操作。

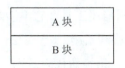

图 1-6　顺序结构的 N-S 图

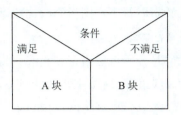

图 1-7　选择结构的 N-S 图

- 当型循环结构如图 1-8（a）所示。它先判断条件是否满足，若满足就执行 A 块（循环体），然后返回判断条件是否满足，如满足再执行 A 块，如此循环下去，直到条件不满足时为止。
- 直到型循环结构如图 1-8（b）所示。它先执行 A 块（循环体），然后判断条件是否满足，若不满足则返回再执行 A 块，若满足则不再继续执行 A 块。

（a）当型循环结构

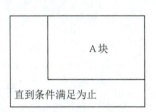

（b）直到型循环结构

图 1-8　循环结构的 N-S 图

【例 1-4】用 N-S 图描述例 1-1 和例 1-2 的算法。

用 N-S 图描述例 1-1 和例 1-2 的算法分别如图 1-9 和图 1-10 所示。

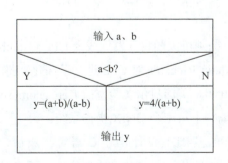

图 1-9　用 N-S 图描述例 1-1 的算法

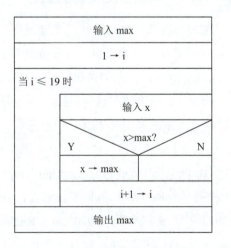

图 1-10　用 N-S 图描述例 1-2 的算法

　　N-S 图是由 3 种基本结构单元组成的，各基本结构单元之间是顺序执行关系，即从上到下，各个基本结构依次按顺序执行。这样的程序结构，对于任何复杂的问题，都可以很方便地用以上 3 种基本结构顺序地构成。因而它描述的算法是结构化的，这是 N-S 图的最大优点。

　　用 N-S 图表示算法，思路清晰，阅读起来直观、明确、容易理解，大大方便了结构化程序的设计，并能有效地提高算法设计的质量和效率。对初学者来说，使用 N-S 图还能培养良好的程序设计风格，因此提倡用 N-S 图表示算法。

（3）用伪代码描述算法。流程图、N-S 图均为图形描述工具，其描述的算法直观易懂，但图形绘制比较费时费事，图形修改比较麻烦。为了克服图形描述工具的缺点，现在也流行采用伪代码描述算法。

伪代码是介于自然语言和高级语言之间的一种文字和符号描述工具，它不涉及图形，而是结合某种高级语言一行一行、自上而下描述算法，书写方便，格式紧凑。

【例 1-5】计算 2+4+6+…+100 的和并输出，设计算法并用 C 语言伪代码描述。

用 C 语言伪代码描述的算法如下：

```
0 → sum
1 → i
while i ≤ 100
{
  if i/2 的余数为 0 则 sum+i → sum
  i+1 → i
}
输出 sum
```

1.2 C 语言的发展与特点

C 语言是计算机领域的通用语言，被广泛应用于系统软件和应用软件的开发。C 语言有其产生的历史背景，也形成了自身的特点。

 ## 1.2.1 C 语言的发展历史

早期的操作系统等系统软件主要是用汇编语言编写的，程序的可读性和可移植性都比较差。为此人们希望改用高级语言，但早期的高级语言难以实现汇编语言的某些功能（如对内存地址的操作、位操作等）。人们设想能否找到一种既具有一般高级语言特性，又具有低级语言特性的语言。于是，C 语言就在这种背景下应运而生了。

C 语言最早的原型是 ALGOL 60 语言。1963 年,英国剑桥大学将其发展成为 CPL（Combined Programming Language）。1967 年，英国剑桥大学的 Matin Richards 对 CPL 进行了简化，推出了 BCPL（Basic Combined Programming Language）。1970 年，美国贝尔实验室的 Ken Thompson 对 BCPL 进行了修改，并取名叫作 B 语言，并用 B 语言编写了第 1 个 UNIX 操作系统。

1972 年，贝尔实验室的 Dennis Ritchie 在 B 语言的基础上设计出了 C 语言。随后，Ken Thompson 和 Dennis Ritchie 通力合作将 UNIX 中 90% 以上的代码用 C 语言重新实现。随着 UNIX 操作系统的广泛使用，C 语言也迅速得到推广，成为世界上应用广泛的程序设计语言之一。

1978 年，Brian Kernighan 和 Dennis Ritchie（合称 K&R）共同完成了 *The C Programming Language*（第 1 版），成为当时 C 语言事实上的标准，人们称之为 K&R C。

随着 C 语言越来越流行，C 语言的变体也越来越多，于是，建立一个新的 C 语言标准变得越来越重要。1983 年，美国国家标准化协会（American National Standards Institute，ANSI）成立了 C 语言标准委员会，并在 1989 年发布了新的 C 语言标准 ANSI X3.159—1989，简称 C89。

1990 年，国际标准化组织（International Organization for Standardization，ISO）接纳 C89 为 ISO 国际标准 ISO/IEC 9899:1990，从此 C 语言有了严格意义上的国际标准，故而 ANSI C89 也被称作 ISO C90。1999 年，ISO 发布了新的 C 语言标准，命名为 ISO/IEC 9899:1999，简称 C99。C99 吸收了其继承者 C++ 的部分特征，并增加了部分库函数。

后续的 C 语言国际标准有 ISO/IEC 9899:2011（C11）、ISO/IEC 9899:2018（C18）等。虽然有各种 C 语言标准规范，但这些标准的基本内容都差不多，共性是主要的，因此对于 C 语言的学习以基本内容的学习为主。至于各种版本的差异和新的特征，使用时可参阅有关手册。

 ## 1.2.2　C 语言的特点

C 语言之所以能够得到不断发展和广泛应用，是因为有如下特点。

（1）C 语言程序简洁紧凑，自由灵活。C 语言一共只有 32 个关键字，9 种控制语句，语法简练，程序精悍。C 语言程序书写形式自由。

（2）C 语言的数据表达能力强，运算类型多样。C 语言的数据类型有整型、实型、字符型、指针、结构体、共用体、枚举等，特别是指针类型，使用灵活多样，能用来实现各种复杂的数据结构。C 语言的运算类型极其丰富，灵活使用各种运算符可以实现在其他高级语言中难以实现的运算。

（3）C 语言是结构化程序设计语言。C 语言提供了完整的流程控制语句，是理想的结构化程序设计语言。函数作为程序模块以实现程序的模块化，符合现代编程风格要求。

（4）C 语言兼有高级语言和低级语言的特点。C 语言允许直接访问物理地址，能进行位运算，因此 C 语言既具有高级语言的功能，又具有汇编语言的许多功能。C 语言的这种双重性，使它既是成功的系统描述语言，又是通用的程序设计语言。

（5）C 语言生成的目标代码质量高，程序运行效率高。C 语言生成的目标代码一般只比汇编程序生成的目标代码效率低 10% ～ 20%，这是其他高级语言无法比拟的。

（6）C 语言适用范围大，可移植性好。只要在编写程序时遵循 C 语言标准，编写的程序基本上不作修改就能用于各种型号的计算机和各种操作系统。

由于 C 语言的这些特点，所以 C 语言应用领域面很广。许多大型软件都用 C 语言编写，这主要是由于 C 语言的硬件控制能力强、表达和运算能力丰富、可移植性好。许多以前只能用汇编语言处理的问题现在可以改用 C 语言来处理了。

当然，C 语言也有不足。由于 C 语言语法限制不太严格，在增强了程序设计灵活性的同时，一定程度上也降低了程序的安全性，这对程序设计人员提出了更高的要求。

1983 年，贝尔实验室的 Bjarne Strou-strup 在 C 语言的基础上，推出了 C++。C++ 进一步扩充和完善了 C 语言，C 语言的有些不足之处，在 C++ 里已经得到了改进。C++ 提出了一些更为深入的概念，它支持面向对象的程序设计，易于将问题空间直接映射到程序空间，为程序员提供了一种新的编程方式。当然，C++ 也增加了语言的复杂性，掌握起来有一定难度。

C 语言是 C++ 的基础。在 C++ 环境中，许多 C 语言代码可以直接使用。因此，掌握了 C 语言后再学习 C++，就能以一种熟悉的语法来学习面向对象的程序设计语言，从而达到事半功倍的效果。

1.3　C 语言程序的基本结构

一个 C 语言程序，不管是简单还是复杂，其基本结构并没有多大差异。或者说，任何解决实际问题的 C 语言程序都是在程序基本结构的基础上扩展而来的。

1.3.1　初识C语言程序

为了说明 C 语言程序结构的特点，先看几个程序。这几个程序由简单到复杂，呈现了 C 语言程序在组成结构上的特点。

【例 1-6】在屏幕上显示一行文字"Hello World."。程序如下：

简单的 C 程序

```
#include <stdio.h>              /* 预处理命令 */
int main()                      /* 定义主函数 main */
{
    printf("Hello World.\n");   /* 在屏幕上输出一行文字 */
    return 0;                   /* 返回一个整数 0 */
}
```

这是一个简单的 C 语言程序，先暂不要求完全理解每一行代码的含义，但要注意 4 个方面的特征：main 函数、输入 / 输出、预处理命令和注释。

（1）main 函数。程序中 main 是一个函数的名字，表示这是一个主函数，即 main 函数。每一个 C 语言程序都必须有且只有一个 main 函数。main 一般定义为没有参数、返回值为 int 整型的函数，因而函数声明写成"int main()"。main 前面的 int 表示此函数返回的值是整型数据，相应地，main 函数最后一个语句是"return 0;"，表示程序在退出时向运行此程序的操作系统返回整数 0。由于 main 函数的返回值是整型，所以从语法上讲任何整数都可以作为返回值。但按照习惯，main 函数返回 0，说明程序正常结束。

main 函数中由一对花括号括起来的部分被称为函数体，它说明了当函数执行时会发生的行为动作。任何 C 语言程序运行时，都从 main 函数开始，一个语句接着一个语句执行，直到最后一个语句被执行完，程序运行结束。

（2）输入 / 输出。从程序实现的操作步骤讲，程序一般先要输入数据，再经过某种运算或处理，最后输出结果。在 C 语言中，输入 / 输出是通过输入 / 输出库函数实现的。本例程序中主函数的函数体只有一个输出函数调用语句，printf 函数的功能是把双引号内的内容原样送到显示器上显示，其中"\n"是换行符，即在输出"Hello World."后换行。printf 函数是一个由系统定义的库函数，可在程序中直接调用。C 语言程序的输入可以通过 scanf 函数实现，例 1-7 将会用到该函数。

（3）预处理命令。在 main 函数之前的一行被称为编译预处理命令，编译预处理命令有好几种，这里的 #include 命令被称为文件包含命令，其意义是把尖括号（<>）或双引号（"）内指定的文件包含到本程序中来，成为本程序的一部分。被包含的文件通常是由系统提供的，其扩展名为 .h，因此也称之为头文件或首部文件。C 语言的头文件包括了各个标准库函数的函数原型。因此，凡是在程序中调用一个库函数时，都必须包含该函数原型所在的头文件。本例使用了输出函数 printf，其头文件为 stdio.h，在主函数前用 #include 命令包含了 stdio.h 文件。

（4）注释。程序中以"/*"开始、以"*/"结束的内容被称为注释。注释可以是单行的，也可以跨越多行。注释对程序的执行没有任何影响，目的是对程序作补充解释，以增强程序的可读性。此外，在程序调试阶段，有时需要某些语句暂时不执行，这时可以给这些语句加注释符号，相当于对这些语句作逻辑删除，需要执行时，再去掉注释符号即可。

C99 规范引入了 C++ 的注释方式，即从双斜杠"//"开始一直到该行末尾的内容均是注释。在单行注释时，使用 // 更方便，往后本书也采用这种注释方式。

【例 1-7】从键盘输入 x 的值，然后输出 x 的平方根。程序如下：

```c
#include <stdio.h>
#include <math.h>
int main()
{
    double x,s;                            // 定义双精度变量
    printf("input number：");              // 输出提示信息
    scanf("%lf",&x);                       // 输入一个双精度浮点数
    s=sqrt(x);                             // 求平方根
    printf("Square root of %lf is %lf.\n",x,s);   // 输出结果
    return 0;
}
```

求 x 的平方根

在本例中，使用了 3 个库函数：输入函数 scanf、平方根函数 sqrt 和输出函数 printf。sqrt 函数是数学函数，其头文件为 math.h 文件，因此在程序的主函数前用 #include 命令包含了 math.h。scanf 和 printf 是标准输入 / 输出函数，其头文件为 stdio.h，在主函数前也用 #include 命令包含了 stdio.h 文件。

本例的主函数体中又分为两部分，一部分为定义部分，另一部分为执行部分。C 语言规定，程序中所有用到的变量都必须先定义，后使用，否则将会出错。这一点是编译型高级语言的一个特点。定义部分是 C 语言程序中很重要的组成部分。本例中使用了两个变量 x、s，用来表示输入的自变量和 sqrt 函数值。用类型说明符 double 来定义这两个变量是双精度浮点型。变量定义部分后面的是执行部分，用以完成程序的功能。执行部分的第 1 行是输出语句，调用 printf 函数在显示器上输出提示字符串，提示输入自变量 x 的值。第 2 行为输入语句，调用 scanf 函数，接受键盘上输入的数并存入变量 x 中。第 3 行是调用 sqrt 函数并把函数值送到变量 s 中。第 4 行是用 printf 函数输出变量 s 的值，即 x 的平方根，程序结束。scanf 函数或 printf 函数中双引号内的内容实际上用于指定输入 / 输出格式，它包括原样输出的普通字符和用于决定输入 / 输出格式的格式字符，其中的"%lf"是输入 / 输出格式符，表示输入 / 输出时使用双精度浮点数。

运行本程序时，首先在显示器屏幕上显示提示字符串"input number："，这是由程序执行部分的第 1 行完成的。用户在提示字符串下从键盘上键入一个数，如 5，按下回车键（<Enter> 键），接着在屏幕上显示出计算结果。程序运行情况如下：

```
input number：5 ✓（✓表示回车键）
Square root of 5.000000 is 2.236068.
```

【例 1-8】由用户输入两个整数，程序执行后输出其中较大的数。程序如下：

```c
#include <stdio.h>
int main()
{
    int x,y,z,max(int,int);            // 变量定义，并对 max 函数进行声明
```

求较大数

```
        printf("input two numbers:\n");
        scanf("%d%d",&x,&y);            // 输入 x 和 y 的值
        z=max(x,y);                     // 调用 max 函数
        printf("Max=%d\n",z);           // 输出 z 的值
        return 0;
}
int max(int a,int b)                    // 定义 max 函数
{
        if (a>b) return a;
        else return b;                  // 返回较大数
}
```

本程序由两个函数组成，主函数和 max 函数。函数之间是并列关系，从主函数中调用 max 函数。max 函数的功能是比较两个数的大小，然后返回较大的数。max 函数是一个用户自定义函数，调用前要给出声明。可见，在程序的定义部分中，不仅可以有变量定义，还可以有函数声明。关于函数的详细内容将在第 6 章介绍。

上例中程序的执行过程是，首先在屏幕上显示提示字符串，提示用户输入两个数，输入两个数（数据间以空格分隔）并按回车键后，由 scanf 函数调用语句接收这两个数送入变量 x、y 中，然后调用 max 函数，并把 x、y 的值传送给 max 函数的参数 a、b。在 max 函数中比较 a、b 的大小，把较大者返回给主函数的变量 z，最后在屏幕上输出 z 的值。程序运行结果如下：

```
input two numbers:
345 543 ✓
Max=543
```

1.3.2 C 语言程序的结构特点与书写规则

1. C 语言程序的结构特点

如果撇开以上几个程序的功能细节，进一步抽取程序的共同特征，不难发现 C 语言程序具有以下结构特点。

（1）一个 C 语言程序可以由一个或多个函数组成，且任何一个完整的 C 语言程序，都必须包含一个且只能包含一个名为 main 的函数，程序总是从 main 函数开始执行，而不管 main 函数处于程序的什么位置。例 1-8 中的程序由名为 main 和 max 的两个函数组成。在组成 C 语言程序的函数中，main 函数也叫作主函数。除主函数之外的函数由程序员命名，如例 1-8 中的 max 函数。因此函数是组成 C 语言程序的基本单位。

（2）函数包括函数首部和函数体两部分。函数首部包括函数返回值的类型、函数名、函数参数等内容，函数体应由花括号括起来，函数体一般包括变量定义部分和执行部分。通常，将所有的变量定义语句放在一起，且位于函数体的开始，即直接写在“{”后面。而 C99 规范允许在使用前定义，即变量定义不一定位于函数体开头。

（3）可以用“/*”和“*/”或“//”对 C 语言程序中的任何部分作注释。注释除了能对程序作解释说明，以提高程序的可读性，还能用于程序调试。

（4）一个 C 语言程序通常由带 # 号的编译预处理命令开始，其作用是将由尖括号或双引号括起来的文件名的内容插入该命令所在的位置处。例如，在 C 语言中使用输入、输出库函数时，一般需要使用 #include 命令将 stdio.h 文件包含到程序中。

（5）每个语句和变量定义的后面都要有一个分号，但在 #include 等预编译命令后面不需加分号。

2. C 语言程序的书写规则

从书写清晰，便于阅读、理解和维护的角度出发，在书写 C 语言程序时应遵循以下规则。

（1）一个语句占一行。从语法上讲，C 语言程序不存在程序行的概念。只要每个语句用分号作为结尾即可，多个语句可以写在一行。但为了层次清楚，一般情况下，一行只写一个语句。

（2）用花括号括起来的部分，通常表示了程序的某一层次结构。同一层次结构的语句上下对齐。

（3）低一层次的语句或说明可比高一层次的语句或说明缩进若干格后书写，以便使程序更加清晰，增加程序的可读性。

在编程时应力求遵循这些规则，以养成良好的编程风格。

1.4 C 语言程序的运行

程序设计是实践性很强的过程，任何程序最终都必须在计算机上运行，以检验程序正确与否。因此在学习程序设计时，一定要重视上机实践环节，通过上机可以加深理解 C 语言的有关概念，以巩固理论知识，也可以培养程序调试的能力。

1.4.1 C 语言程序的运行步骤与调试

1. C 语言程序的运行步骤

C 语言程序在计算机上运行时一般要经过编辑、编译、连接和运行 4 个步骤，如图 1-11 所示。

（1）编辑。编辑就是建立、修改 C 语言源程序。用 C 语言编写的程序被称为 C 语言源程序。源程序是一个文本文件，保存在扩展名为 .c 的文件中。源文件的编辑可以用任何文字处理软件完成，一般用编译器本身集成的编辑器进行编辑。

（2）编译。源程序是无法直接被计算机执行的，因为 CPU 只能执行二进制的机器指令。这就需要把源程序先翻译成机器指令，然后 CPU 才能运行翻译好的程序。源程序翻译过程由两个步骤实现：编译与连接。首先对源程序进行编译处理，即把每一条语句用若干条机器指令来实现，以生成由机器指令组成的目标程序，它的扩展名为 .obj。

编译前一般先要进行预处理，如进行宏代换、包含其他文件等。

编译过程主要进行词法分析和语法分析，如果源程序中出现错误，编译器一般会指出错误的种类和位置，此时要回到第（1）步修改源程序，再进行编译。

（3）连接。编译生成的目标程序还不能在计算机上直接运行，因为在源程序中，输入、输出以及常用函数运算并不是用户自己编写的，而是直接调用系统函数库中的库函数。因此，必须把库函数的处理过程连接到经编译生成的目标程序中，生成可执行程序，它的扩展名为 .exe。

如果连接出错，同样需要返回到第（1）步修改源程序，直至正确为止。

（4）运行。一个 C 语言源程序经过编译、连接后，生成了可执行程序。要运行这个程序，可通过编译系统下的运行功能运行或在操作系统中运行。

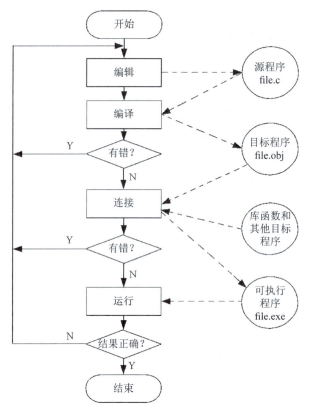

图 1-11　C 语言程序的运行步骤

程序运行后，可以根据运行结果判断程序是否还存在其他方面的错误。编译时产生的错误属于语法错误，而运行时出现的错误一般是逻辑错误。出现逻辑错误时需要修改原有算法，重新进行编辑、编译和连接，再运行程序。

2. 程序调试

程序运行时，无论是出现编译错误、连接错误，还是运行结果不对（源程序中有语法错误或逻辑错误），都需要修改源程序，并对它重新编译、连接和运行，直至将程序调试正确为止。除了较简单的情况，一般的程序很难一次就能做到完全正确。在上机过程中，根据出错现象找出错误并改正被称为程序调试。在学习程序设计过程中，要逐步培养调试程序的能力，这需要在上机过程中不断摸索总结，可以说是一种经验的积累。

程序中的错误大致可分为以下 3 类。

（1）程序编译时检查出来的语法错误。

（2）连接时出现的错误。

（3）程序运行过程中出现的错误。

编译错误通常是程序违反了 C 语言的语法规则，如关键字输入错误、括号不匹配、语句少分号等。连接错误一般由未定义或未指明要连接的函数，或者函数调用不匹配等因素引起，对系统库函数的调用必须要通过 #include 命令说明。对于编译连接错误，C 语言系统会给出错误信息，包括出错位置（行号）、错误代码与错误提示信息。可以根据这些信息，找出相应错误所在。有时系统提示的一大串错误信息，并不表示真的有这么多错误，往往是因为前面的一两个错误带来的。所以当纠正了几个错误后，不妨再编译连接一次，然后根据最新的出错信息继续纠正。有些程序通过了编译连接，并能够在计算机上运行，但得到的结果不正确，这类在程序运行过程中的错误往往最难改正。错误的原因一部分是程序书写错误带来的，例如应该使用变量 x 的地方写成了变量 y，虽然没有语法错误，但意思完全错了；另一部分可能是程序的算法不正确，解题思路不对。解决运行错误的首要步骤就是定位错误，即找到出错的位置，才能予以纠正。通常先设法确定错误的大致位置，然后通过 C 语言提供的调试工具找出真正的错误。

为了确定错误的大致位置，可以先把程序分成几大块，并在每一块的结束位置，手工计算一个或几个阶段性结果，然后用调试方式运行程序，到每一块结束时，检查程序运行的实际结果与手工计算是否一致，通过这些阶段性结果来确定各块是否正确。对于出错的程序块，可逐条仔细检查各语句，找出错误所在。如果出错块程序较长，难以一下子找出错误，可以进一步把该块细分成更小的块，按照上述步骤进一步检查。在确定了大致出错位置后，如果无法直接看出错误，可以通过单步运行相关位置的几条语句，逐条检查，就能找出错误的语句。

还有一些程序有时计算结果正确，有时不正确，这往往是编程时，对各种情况考虑不周所致，如选择结构程序，一个分支正确，另一个分支有错误。最好的解决办法是多选几组典型的输入数据进行测试，除普通的数据外，还应包含一些边界数据和不正确的数据。比如确定正常的输入数据范围后，分别以最小值、最大值、比最小值小的值和比最大值大的值，多方面运行检查自己的程序。

 ## 1.4.2　C 语言的集成开发环境

运行 C 语言程序需要相应编译系统的支持。C/C++ 的编译系统有很多，常用的都是集成开发环境（Integrated Development Environment，IDE），即源程序的输入、修改、调试及运行都可以在同一环境下完成，功能齐全，操作方便。下面介绍几个常用的 C/C++ 的集成开发环境。

（1）Visual Studio。Visual Studio 是美国微软公司的开发工具包系列产品，功能强大，不仅可用于 C/C++ 程序开发，还支持其他许多语言。常用的版本有 Visual Studio 2010/2017/2019/2022等。Visual Studio 是 Windows 平台下专业、重量级的 C/C++ 集成开发环境，插件扩展众多，开发调试效率高，在大型项目开发中经常使用，但对初学者而言稍显复杂。

（2）Dev-C++：Dev-C++ 是 Windows 平台下一个开源、轻量级的 C/C++ 集成开发环境，其最大特点是文件小巧、轻便，非常适合初学者使用。

（3）Code::Blocks。Code::Blocks 也是一个开源、轻量级的 C/C++ 集成开发环境，具备跨平台特性。Code::Blocks 支持自动补全、语法提示和语法检查，还自带许多现成的工程模板，插件扩展也比较丰富，对于初学者来说，也是一个非常不错的选择。

常用的 C/C++ 集成开发环境还有很多。尽管它们的操作界面、基本功能有差异，但运行一个 C/C++ 语言程序的基本操作步骤是一致的。本书采用 Visual Studio 2022 集成开发环境，但这并不妨碍读者使用其他的开发环境。

本 章 小 结

（1）程序设计反映了利用计算机解决实际问题的全过程，具体要经过 4 个基本步骤：分析问题，确定数学模型或方法；设计算法，画出流程图；选择编程工具，按算法编写程序；调试程序，分析输出结果。

（2）为解决一个问题而采取的方法和步骤，就被称为算法。算法是程序设计的核心。描述算法有多种不同的工具，常用的有流程图、结构化流程图（N-S 图）和伪代码等。

（3）程序有 3 种基本结构，分别为顺序结构、选择结构和循环结构。

（4）C 语言是计算机领域的通用语言，兼有高级语言和低级语言的特点。

（5）C 语言程序由一个或多个函数构成，每个程序有且只有一个主函数 main()，程序执行由主函数开始和结束，在主函数执行过程中可以调用其他函数。

（6）C 语言程序的每个语句以分号结束，一行可以写多个语句，一个语句也可以写在多行上，但为了增强程序的可读性，通常一行只写一个语句。

（7）运行 C 语言程序要经过编辑、编译、连接和运行 4 个步骤，这些步骤通常在 C/C++ 集成开发环境中完成。

习　　题

一、选择题

1. 图 1-12 所示算法流程图的功能是求（　　）。

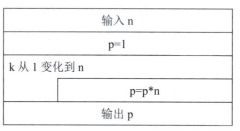

图 1-12　一种算法流程图

  A. $n!$ B. k^n C. n^n D. n^k

2. 以下不是 C 语言特点的是（　　）。

  A. C 语言简洁、紧凑   B. C 语言可移植性好

  C. C 语言可以直接对硬件进行操作   D. 能够编写出功能复杂的程序

3. C 语言程序的基本单位是（　　）。

  A. 语句   B. 程序行   C. 字符   D. 函数

4. 下列程序的输出结果是（　　）。

```
#include <stdio.h>
```

```
int main()
{
    printf("A");
    printf("B\n");
    printf("C\n");
    return 0;
}
```

  A. AB   B. ABC   C. A   D. A

   C   B   BC

                       C

5.【多选】以下叙述正确的是（   ）。

  A. 一个 C 语言程序可由一个或多个函数组成

  B. 一个 C 语言程序必须包含一个而且只能包含一个主函数

  C. C 语言程序从主函数开始执行，并在主函数结束时结束

  D. 在 C 语言程序中，注释说明的内容不参与程序执行

6.【多选】以下叙述正确的是（   ）。

  A. 用 C 语言编写的程序是一个源程序

  B. 对 C 语言程序进行编译时不检查语法错误

  C. 用 C 语言编写的程序可直接执行

  D. Visual Studio 环境下既能运行 C 语言程序，也能运行 C++ 程序

二、填空题

1. 应用程序 jisuan.c 中只有一个函数，这个函数的名称是 _____ 。

2. 一个函数由 _____ 和 _____ 两部分组成。

3. 一个 C 语言程序的执行是从 _____ 函数开始，到 _____ 函数结束。

4. C 语言程序的语句结束符是 _____ 。

5. 通过编辑程序建立的 C 语言源程序的扩展名是 _____ ；编译后生成目标程序，扩展名是 _____ ；连接后生成可执行程序，扩展名是 _____ 。

三、编写程序题

1. 编写程序，输出以下信息。

```
**********************
*   Hello, C Program!    *
**********************
```

2. 编写程序，输入 a、b、c 的值，然后输出其中的较大数。

第2章

程序的数据描述

程序可以理解为用程序设计语言对算法的一种具体实现。从组成上讲，程序包括数据和对数据的操作两部分。数据是程序加工处理的对象，操作则反映了对数据的处理方法，体现了程序的功能。在编写程序时，需要考虑有哪些原始数据，它们是什么类型的，如何表示，涉及哪些操作或运算，也就是程序的数据描述。

程序中的数据描述涉及数据类型、各类型运算对象的表示方法及运算规则，不同类型的数据有不同的操作方式和取值范围。C 语言具有丰富的数据类型和相关运算。本书前半部分（第 1 章～第 6 章）主要使用基本数据类型，把重点放在程序设计方法上。

本章要点：

- C 语言数据类型的分类

- 常量与变量的概念与使用方法

- 基本数据类型及其数据表示方法

- 算术运算与逗号运算的运算规则及表达式书写方法

2.1 C 语言的数据类型

根据数据描述信息的含义，将数据分为不同的种类，对数据种类的区分规定，被称为数据类型。一种高级程序设计语言，它的每个常量、变量或表达式都有一个确定的数据类型。数据类型明显或隐含地规定了程序执行期间变量或表达式所有可能取值的范围，以及在这些值上允许的操作。因此数据类型是一个值的集合和定义在这个值集上的一组操作的总称。

C 语言预先设定了若干种基本数据类型，程序员可以直接使用。为了使程序能描述处理现实世界中各种复杂的数据，C 语言还提供了若干种由基本数据类型构造的复杂数据类型。图 2-1 所示为 C 语言的数据类型归纳示意图。

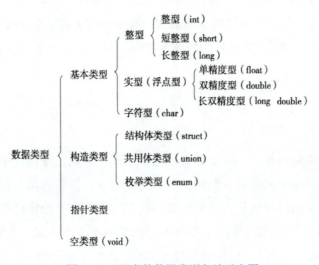

图 2-1　C 语言的数据类型归纳示意图

C 语言为每种数据类型定义了一个标识符，通常把它们称为类型名。例如，整型用 int 标识，单精度型用 float 标识，字符型用 char 标识，等等。C 语言的数据类型比其他一些高级语言要丰富，它有指针类型，还有构造其他多种数据类型的能力。例如，C 语言还可以构造结构体类型、共用体类型和枚举类型等多种数据类型。基本类型结构比较简单，构造类型一般由已有的数据类型按照一定的规则构造而成，结构比较复杂。指针类型是 C 语言中使用灵活，颇具特色的一种数据类型。

本章主要介绍基本数据类型，一是因为基本数据类型是构造其他类型的基础，二是不希望冗长繁杂的数据类型在这里影响程序设计方法的学习，而一开始把重点放在程序设计能力的培养上。其他各种数据类型将从第 8 章开始陆续详细介绍。

2.2 常量与变量

计算机所处理的数据存放在内存单元中。机器语言或汇编语言通过内存单元的地址来访问内存单元，而在高级语言中，无须通过内存单元的地址访问，而只需给内存单元命名，以后通过内存单元的名字来访问内存单元。命了名的内存单元就是常量（constant）或变量（variable）。对于常量，在程序运行期间，其内存单元中存放的数据始终保持不变。对于变量，在程序运行期间，其内存单元中存放的数据可以根据需要随时改变。

 ## 2.2.1 常量

在程序运行过程中，其值不能改变的数据对象被称为常量。常量按其值的表示形式区分它的类型。如 715、-8、0 是整型常量，-5.8、3.142、1.0 为实型常量，'5'、'M'、'a' 为字符型常量。

在程序中除使用上述字面形式的常量外，还可用标识符表示一个常量，称之为符号常量。例如：

```
#define PI 3.14159
#define N 100
```

定义了两个符号常量 PI 和 N，分别代表常量 3.14159 和 100。#define 是 C 语言的编译预处理命令，编译系统会在编译之前进行宏替换，将 PI 替换成 3.14159，将 N 替换成 100，最终在编译时 PI 和 N 均不存在，所以不能把 PI 和 N 当作变量使用。

 ## 2.2.2 变量

 ### 1. 变量的概念

为了便于理解变量的概念，在此有必要讨论一下程序和数据在内存中的存储问题。程序装入内存进行运行时，程序中的变量（数据）和语句（指令）都要占用内存空间。计算机如何找到指令，执行的指令又如何找到它要处理的数据呢？这得从内存地址说起。内存是以字节为单位的一片连续存储空间，为了便于访问，计算机系统给每个字节单元一个唯一的编号，编号从 0 开始，第一字节单元编号为 0，以后各单元按顺序连续编号，称这些编号为内存单元的地址，利用地址来使用具体的内存单元，就像用房间编号来管理一栋大楼的各个房间一样。地址的具体编号方式与计算机结构有关，如同大楼房间编号方式与大楼结构和管理方式有关一样。

在高级语言中，变量可以看作是一个特定的内存存储区，该存储区由一定字节的内存单元组成，并可以通过变量的名字来访问。在汇编语言和机器语言中，程序员需要知道内存地址，通过地址对内存直接进行操作，但内存地址不好记忆，且管理内存复杂易错。而在高级语言中，可以不用考虑具体的存储单元地址，只需直观地通过变量名来访问内存单元，不仅让内存地址有了直观易记的名字，而且程序员不用直接对内存进行操作，直观方便，这正是高级语言的优点所在。

C 语言中的变量具有 3 个属性：变量名、变量值和变量地址。变量名只不过是内存地址的名称，所以对变量的操作，等同于对变量所对应地址的内存操作。反过来，对指定内存地址的内存单元操作，等同于对相应变量的操作。这一点是今后理解指针、函数参数传递等概念的基础。

变量在它存在期间，在内存中占据一定的存储单元，以存放变量的值。变量的内存地址在程序编译时得以确定，不同的变量被分配不同大小的内存单元，也对应不同的内存地址，具体由编译系统来完成。对于程序员而言，变量所对应存储单元的物理地址并不重要，只需要使用变量名来访问相应存储单元即可。

不同的变量具有不同的数据类型，变量的数据类型决定了变量占用连续的多少个字节内存单元。变量必须先定义才能使用，否则就找不到相应的变量，编译系统将给出相应的错误信息。

2. 标识符

C 语言的标识符（identifier）主要用来表示常量、变量、函数和类型等的名字，是只起标识作用的一类符号，标识符由下画线或英文字母构成，它包括 3 类：关键字、预定义标识符和用户自定义标识符。

（1）关键字。所谓关键字，就是 C 语言中事先定义的，具有特定含义的标识符，有时又叫保留字。关键字不允许另作他用，否则编译时会出现语法错误。C 语言的关键字都用小写英文字母表示，ANSI 标准定义共有 32 个关键字，如 auto、break、case、char、const、continue、default、do、double、else、enum、extern、float、for、goto、if、int、long、register、return、short、signed、sizeof、static、struct、switch、typedef、union、unsigned、void、volatile、while。

（2）预定义标识符。除上述关键字外，还有一类具有特殊含义的标识符，它们被用作库函数名和预编译命令，这类标识符在 C 语言中被称为预定义标识符。从语法上讲，C 语言允许把预定义标识符另作他用（如作为用户自定义标识符），但这样将使这些标识符失去原来的含义，容易引起误会，因此一般不要把预定义标识符再另作他用。

（3）用户自定义标识符。用户自定义标识符是程序员根据自己的需要定义的一类标识符，用于标识变量、常量、数组、用户自定义函数、类型和文件等程序成分对象。这类标识符主要由英文字母、数字和下画线构成，但开头字符一定是字母或下画线。下画线起到字母的作用，它还可用于长标识符的描述。如有一个变量，名字为 newstudentloan，这样识别起来就比较困难，如果合理使用下画线，把它写成 new_student_loan，那么，标识符的可读性就大大增强。在 C 语言的标识符中，同一字母的大小写被当作不同字符，因此，sum、SUM、Sum 等是不同的标识符。标识符中不能有汉字，但是字符串和注释中可以有汉字。

C 语言没有限制一个标识符的长度（字符个数），但不同的 C 语言编译系统有不同的规定。不过通常规定的长度是足够的，所以在定义标识符时，不用担心标识符字符数会不会超过编译系统的限制。

在 C 语言程序中，标识符用作程序成分对象的名字，在给程序成分对象命名时，一般提倡使用能反映该对象意义的标识符，因为这样的名字对读程序有一定提示作用，有助于提高程序的可读性，尤其是当程序比较大，程序中的标识符比较多时，这一点就显得尤其重要。这就是结构化程序设计所强调的编程风格问题。

3. 变量的定义

C 语言规定，一个 C 语言程序中用到的任何变量都必须在使用前定义。定义变量时，一是定义变量的数据类型，二是定义变量的名称，三是说明变量的存储类别。在一个程序中，一个变量只能属于一个类型。定义变量的一般格式如下：

[存储类别] 类型符 变量名表；

其中，类型符是类型关键字，表示变量的数据类型；变量名表中可包含多个变量名，其间用逗号隔开；存储类别分为寄存器变量（register）、自动变量（auto）、全局变量和静态变量（static），具体意义将在第 6 章中讨论。

下面是变量定义的一些例子。

```
int x,y,z;                  // 定义 x、y、z 为整型变量
short int sum;              // 定义 sum 为短整型变量
char ch;                    // 定义 ch 为字符型变量
unsigned unit;             // 定义 unit 为无符号整型变量
float f1,f2;                // 定义 f1、f2 为单精度实型变量
double profit,cost;        // 定义 profit、cost 为双精度实型变量
```

一个定义语句中可以定义多个变量,也可以把多个变量定义写在一行,但是为了保持程序清晰可读,一般不采用这种写法,除非变量定义语句很短,不影响程序阅读和理解。

4. 变量的初始化

变量的初始化,就是在定义变量的同时赋予其与类型相一致的初值。例如:

```
int x=10,y=18;
double a,pi=3.1415926;
char c1='a',c2='b',c3='b',c4=c1;
```

其中,第 1 条定义语句对两个整型变量 x 和 y 赋了不同的初值;第 2 条定义语句只对变量 pi 赋了初值;第 3 条定义语句为 4 个字符型变量赋了初值,c1、c2 和 c3 用字符常量赋初值,且 c2 和 c3 赋了相同的初值,c4 则用已赋过初值的变量 c1 赋初值。

注意:变量若未进行初始化,则应该在程序中通过赋值语句或输入语句进行赋值后再使用,否则它们的值有可能是不确定的。若引用了该变量,则编译时出现警告信息,提示使用的局部变量没有被初始化。这时变量的值是不确定的,当然得到的结果也是不确定的、毫无意义的。

5. const 常量

在变量的类型符前面加上 const 修饰符,可以限定一个变量的值在程序运行期间不允许被改变,只能在定义时对它进行初始化。例如:

```
const float pi=3.14159;
```

定义了名为 pi 的浮点型 const 常量,其值为 3.14159。

从功能上讲,这里的 pi 和用 #define 定义的符号常量有类似的地方,称之为 const 常量。从内部实现方法上讲,它们是有本质区别的。用 #define 定义的符号常量是没有类型的,处理方法也是用常量去替换程序中的符号常量标识符,而 const 常量本质上讲是一个变量,它具有类型,也能够取地址,只是该变量的值只能被取用,而不允许被改变,故称之为只读变量。

2.3 基本数据类型

基本数据类型的主要特点是它的值不可以再分解为其他类型,并且基本数据类型是由系统预定义好的。C 语言提供整型、实型和字符型 3 种基本数据类型,程序中可直接使用它们。下面详细说明这些数据类型的特性。

2.3.1 整型数据

1. 整型数据的分类

C 语言将整型数据分成 3 种:基本整型、短整型和长整型。其中,基本整型的类型符用 int 标记;

短整型的类型符用 short int 标记，简写为 short；长整型的类型符用 long int 标记，简写为 long。

根据这 3 种整型数据在计算机内部表示的最高位是当作符号位还是数值位，整型数据又可分成带符号整数和无符号整数两类。

以上给出的 3 种类型符标记带符号的整型数据。若分别在它们之前冠以 unsigned，即 unsigned int、unsigned short、unsigned long，则标记无符号基本整型、无符号短整型和无符号长整型。无符号整型表示一个整数的存储单元中的全部二进制位都用作存放数本身，而没有符号位。

C 语言本身未规定以上各类整型数据应占的字节数，只要求 long 型数据的字节数不少于 int 型数据的字节数，short 型数据的字节数不多于 int 型数据的字节数。具体如何实现，由各编译系统自行决定。Visual Studio 系统则给 short 型数据分配 2 个字节，int 和 long 型数据都是 4 个字节。

计算机只能表示整数的一个子集。若用 2 个字节表示一个整型数据，则它的数值范围是 -32768 ～ 32767（即 -2^{15} ～ $2^{15}-1$），而表示一个无符号整型数据的数值范围是 0 ～ 65535（0 ～ $2^{16}-1$）。若用 4 个字节表示一个整型数据，则带符号整数和不带符号整数的数值范围分别是 -2 147483648 ～ 2147483647（-2^{31} ～ $2^{31}-1$）和 0 ～ 4294967295（即 0 ～ $2^{32}-1$），所以 int 和 long 型数据范围更大。

各种数据类型所占的二进制位数不同，可以用 sizeof 运算符测试所用环境下的各种数据类型所占的字节数。sizeof 的操作数可以是类型名、变量名和表达式，结果代表操作数所占的字节数。

2. 整型常量的表示形式

C 语言的整型常量有以下 3 种表示形式。

（1）十进制整数。如 120、0、-374 等。

（2）八进制整数。八进制整数是以数字 0 开头并由数字 0 ～ 7 组成的数字序列。如 0127 表示一个八进制整数，其值等于十进制数 87。

（3）十六进制整数。十六进制整数是以 0x（或 0X）开头，后接 0 ～ 9 和 A、B、C、D、E、F（或用小写字母）等字符的整数。例如，0x127 表示一个十六进制整数，其值等于十进制数 295；0xabc 也表示一个十六进制整数，其值等于十进制数 2 748。

整型常量也有相应的类型之分。一个整型常量之后加一个字母 L（或 l），则指明该常量是 long 型的，如 0L、2652L 等。这种表示方法多数用于函数调用中，若函数的形参为 long 型，则要求实参也为 long 型，此时，若以整型常量作实参，可在整型常量后接 L，以确保提供 long 型实参。一个整型常量之后加字母 U（或 u），则指明该常量是 unsigned 型的，如 10U、539U 等。在整型常量之后同时加上字母 U 和 L，则指明该常量是 unsigned long 型的，如 84UL、935UL 等。

3. 整数在计算机内部的表示方法

任何数据在计算机内部都是以二进制形式存放的，下面主要介绍整数在计算机内部的表示方法。为了区分正整数和负整数，通常约定一个数的最高位（最左边的一位）为符号位，若符号位为 0，则表示正整数，符号位为 1，表示负整数。在此约定下，有两种常用方法可以表示一个整数，它们分别是原码表示法和补码表示法。

假设一个整数在计算机中用 16 个二进制位（即 2 个字节）来表示。一个整数的原码的最高位是这个数的符号位，其余位是这个数绝对值的二进制形式。例如，5 的原码是 0000 0000 0000 0101，即 0x0005；-5 的原码是 1000 0000 0000 0101，即 0x8005。

一个正整数的补码与它的原码相同，一个负整数的补码则是把它的原码的各位（符号位除外）求反，即 0 变成 1、1 变成 0，然后在末位加 1。-5 的原码是 1000 0000 0000 0101，-5 的补码是在 1111 1111 1111 1010 的末位加 1，等于 1111 1111 1111 1011，即 0xfffb。

补码在计算机中应用十分广泛，计算机中的带符号整数都是用补码形式表示的。

对于无符号数，将该数转化为二进制数，并考虑数据类型的长度即可。例如，考虑到两字节整型数据，无符号数 $65535=2^{16}-1$ 的机内表示为 1111 1111 1111 1111。

 ## 2.3.2 实型数据

1. 实型数据的分类

实型数据又被称为浮点型数据，是指包含小数部分的数据。C 语言的实型数据分为单精度型、双精度型和长双精度型，分别用 float、double 和 long double 标记，其中长双精度型是 ANSI C 新增加的。例如：

```
float a,b;
double ave;
long double sum;
```

分别定义了两个单精度实型变量 a 和 b、双精度实型变量 ave 和长双精度实型变量 sum。

计算机只能表示有限位的实数，C 语言中的实型数据是实数的有限子集。在 Visual Studio 中，float 型数据在内存中占用 4 个字节，double 型和 long double 型数据均占用 8 个字节。

早先的 C 语言中，实型常量不分 float 型和 double 型。ANSI C 引入两个后缀字符 f（或 F）和 l（或 L），分别用于标识 float 型常量和 long double 型常量，无后缀符的常量被认为是 double 型常量。

2. 实型常量的表示形式

在 C 语言中，实型常量有以下两种表示形式。

（1）十进制小数形式。它由数字和小数点组成，如 3.23、34.0、0.0 等。

（2）指数形式。用字母 e（或 E）表示以 10 为底的指数，e 之前为数字部分，之后为指数部分，且两部分必须同时出现，指数必须为整数。例如，45e-4、9.34e2 等是合法的实型常量，分别代表 45×10^{-4}、9.34×10^{2}，而 e4、3.4e4.5、34e 等是非法的实型常量。

3. 实型数据在计算中的误差问题

计算机中表示数据的位数总是有限的，因此能表示数据的有效数字也是有限的，而在实际应用中数据的有效位数并无限制，这种矛盾，势必带来计算机计算时数据有截断误差。看下面的例子。

【例 2-1】实型数据的截断误差分析。程序如下：

```
#include <stdio.h>
int main()
{
    float x,y,z;
    x=123.123457;
    y=123.123456;
    z=x-y;
    if (z==0) printf("Zero!\n");
    printf("x=%f,y=%f,z=%f\n",x,y,z);
    return 0;
}
```

程序运行结果如下：

```
Zero!
x=123.123459,y=123.123459,z=0.000000
```

程序给单精度变量 x 和 y 分别赋值，将 x-y 的值赋给单精度变量 z，显然 z 的理论结果应该是 0.000001 ≠ 0，但运行该程序，实际输出结果是由于 z=0，所以输出 "Zero!"。z 的结果是由于 x 和 y 的误差造成的。

由于程序中变量 x 和 y 均为单精度型，只有 7 位有效数字，所以输出的前 7 位是准确的，第 8 位以后的数字 "59" 是无意义的。由此可见，由于机器存储数据时采用存储位数的限制，使用实型数据会产生一些误差，运算次数越多，误差积累就越大，所以要注意实型数据的有效位，合理使用不同的类型，避免误差带来计算错误。

由于实型常量也是有类型的，不同类型的数据按不同方式存储，且 C 语言编译系统把浮点型常量当作双精度来处理，所以当把一个浮点型常量赋给单精度变量或整型变量时，可能会损失精度。例如，上面例子中给 x 和 y 赋值的两个语句行，编译系统都会给出警告信息。意思是把一个双精度常量（double）赋给单精度变量（float），会产生截断误差。警告信息虽不影响程序的运行，但要谨慎考虑警告中的问题会不会影响程序的运行结果。如果不想把浮点型常量默认当作双精度来处理，可以在常量后边加字母 f 或 F，这样编译系统把常量按单精度处理。

当把一个浮点型常量赋给整型变量或字符型变量时，需取整后再赋值，所以也会产生误差。例如：

```
int k;
k=12.12345;
```

在编译时，编译系统会给出警告信息。意思是将双精度常量转换为整型（int），可能会丢失数据。所以，在进行各种数据计算时，要选择合适的数据类型，以避免计算误差带来结果错误。

2.3.3　字符型数据

字符型数据的类型符为 char。在 C 语言中，字符型数据由一个字符组成，在计算机内部的表示是该字符的 ASCII 值（二进制形式）。

1. 字符型常量

字符型常量是用单引号（'）引起来的一个字符，如 'a'、'A'、'4'、'+'、'?' 等都是合法的字符型常量。

注意：

在 C 语言中，表示字符型常量要注意以下几点。

（1）字符型常量只能用单引号引起来，不能用双引号或其他符号。

（2）字符常量只能是单个字符，不能是字符串。

（3）字符可以是字符集中的任意字符，但数字被定义为字符型之后就不再是原来的数值了。例如，'5' 和 5 是不同的量，'5' 是字符型常量，而 5 是整型常量。同样，'0' 和 0 是不相等的。

2. 转义字符

除以上形式的字符型常量外，C 语言还允许用一种特殊形式的字符常量，即转义字符。转义字符以反斜杠"\"开头，后跟一个或几个字符。转义字符具有特定的含义，不同于字符原有的意义，故称转义字符。例如，在 printf 函数的格式字符串中用到的"\n"就是一个转义字符，其意义是回车换行。转义字符主要用来表示那些用一般字符不便于表示的控制代码。C 语言中常用的转义字符及其含义见表 2-1。

表 2-1　C 语言中常用的转义字符及其含义

转义字符	十进制 ASCII 码值	说明
\0	0	空字符（即无字符）
\a	7	产生响铃声
\b	8	退格符（Backspace）
\f	12	换页符
\n	10	换行符
\r	13	回车符
\t	9	水平制表符（Tab）
\v	11	垂直制表符
\\	92	反斜杠
\'	44	单引号
\"	34	双引号
\ddd	—	1～3 位八进制数表示的 ASCII 码所代表的字符
\xhh	—	1～2 位十六进制数表示的 ASCII 码所代表的字符

注意：字符"\b""\n""\r"和"\t"等用于输出时的确切意义。"\b"表示往回退一格。"\n"表示以后的输出从下一行开始。"\r"表示对当前行作重叠输出（只回车，不换行）。字符"\t"是制表符，其作用是使当前输出位置横向跳格至一个输出区的第 1 列。系统一般设定每个输出区占 8 列（设定值可以改变），这样，各输出区的起始位置依次为 1、9、17 等列。例如，当前输出位置在 1 至 8 列任一位置上，则遇"\t"都使当前输出位置移到第 9 列上。

【**例 2-2**】控制输出格式的转义字符的用法。程序如下：

转义字符的用法

```
#include <stdio.h>
int main()
{
    printf("**ab*c\t*de***\ttg**\n");
    printf("h\nn***k\n");
    return 0;
}
```

程序运行结果如下：

```
**ab*c □□ *de*** □□ tg**
h
n***k
```

其中，□表示一个空格。

程序中的第 1 个 printf 函数先在第 1 行左端开始输出 **ab*c，然后遇到"\t"，它的作用是跳格，跳到下一制表位置，从第 9 列开始，故在第 9～14 列上输出 *de***。下面再遇到"\t"，它使当前输出位置移到第 17 列，输出 tg**。下面是"\n"，作用是回车换行。第 2 个 printf 函数先在第

1 列输出字符 h，后面的 "\n" 再一次回车换行，使当前输出位置跳到下一行第 1 列，接着输出字符 n***k。

广义地讲，C 语言字符集（包括英文字母、数字、下画线以及其他一些符号）中的任何一个字符均可用转义字符来表示。表 2-1 中的 \ddd 和 \xhh 正是为此而提出的。ddd 和 hh 分别为八进制和十六进制表示的 ASCII 码。如 '\101' 表示 ASCII 码为八进制数 101 的字符，即字母 A。与此类似，'\134' 表示反斜杠 "\"，'\x0A' 表示换行即 '\n'，'\x7' 表示响铃等。

3. 字符型数据和整型数据的相互通用

在计算机内部，以一个字节来存放一个字符，或者说一个字符型数据在内存中占一个字节。由于字符型数据以 ASCII 码值的二进制形式存储，它与整型数据的存储形式相类似，所以，在 C 语言中，字符型数据和整型数据之间可以相互通用，对字符型数据也能进行算术运算，这给字符处理带来很大的灵活性。

一个字符型数据可以以字符格式输出（格式说明用 "%c"），显示字符本身，也可以以整数形式输出（格式说明用 "%d"），显示字符的 ASCII 码值。

【例 2-3】字符型数据与整型数据相互通用示例。程序如下：

```c
#include <stdio.h>
int main()
{
    char c1,c2;                    // 定义两个字符型变量
    c1=100;                        //100 为 d 的 ASCII 码值
    c2=100-('a'-'A');              // 字符型数据可以参与算术运算
    printf("c1=%c,c2=%c\n",c1,c2);
    printf("%c's ASCII code=%d\n",c2,c2);
    return 0;
}
```

程序输出结果如下：

```
c1=d,c2=D
D's ASCII code=68
```

4. 字符串常量

如前所述，字符型常量是用单引号引起来的单个字符。C 语言除允许使用字符型常量外，还允许使用字符串常量。字符串常量是用双引号引起来的字符序列。例如，"a"、"123.45"、"Central South University"、" 程序设计 " 等都是字符串常量。

可以原样输出一个字符串，例如：

```c
printf("How do you do.");
```

将在屏幕上输出：

```
How do you do.
```

注意：不要将字符型常量与字符串常量混为一谈。'a' 是字符型常量，而 "a" 是字符串常量，两者有本质的区别。设有定义：

```c
char c;
```

则语句 "c='a';" 是正确的，而 "c="a";" 是错误的，不能把一个字符串常量赋给一个字符型变量。

C 语言编译系统自动在每一个字符串常量的末尾加一个字符串结束标志，系统据此判断字

符串是否结束。字符串结束标志是一个 ASCII 码值为 0 的字符，即 "\0"。从 ASCII 码表中可以看到 ASCII 码值为 0 的字符是空操作字符，它不引起任何控制动作，也不是一个可显示的字符。若有一个字符串 "CHINA"，则它在内存中占 6 个字节，最后一个字符为 '\0'，但在输出时不输出，所以字符串 "CHINA" 有效的字符个数是 5。

在 C 语言中没有专门的字符串变量，字符串如果需要存放在变量中，需要用字符数组，即用一个字符数组来存放一个字符串，这将在第 7 章中介绍。

2.4 常用数学库函数

库函数是由编译系统根据一般用户的需要编制并提供给用户使用的一组程序，也称之为系统函数或内部函数。每一种 C 语言编译系统都提供了一批库函数，不同的编译系统所提供的库函数的数目和函数名以及函数功能不完全相同。考虑到书写表达式的需要，表 2-2 列出了常用数学库函数，其他库函数见附录 3。

表 2-2 常用数学库函数

函数原型	数学含义	举例
double sqrt(double x)	$\sqrt{x}$	$\sqrt{7} \rightarrow$ sqrt(7)
double exp(double x)	e^x	$e^{1.5} \rightarrow$ exp(1.5)
double pow(double x,double y)	x^y	$2.17^{3.25} \rightarrow$ pow(2.17,3.25)
double log(double x)	$\ln x$	ln2.7 → log(2.7)
double log10(double x)	$\lg x$	lg2.7 → log10(2.7)
int abs(int n)	$\|n\|$	|-2| → abs(-2)
long labs(long n)	$\|n\|$	|-77659| → labs(-77659)
double fabs(double x)	$\|x\|$	|-27.6| → fabs(-27.6)
double sin(double x)	$\sin x$	sin1.97 → sin(1.97)
double cos(double x)	$\cos x$	cos1.97 → cos(1.97)
double tan(double x)	$\tan x$	tan0.5 → tan(0.5)
double atan(double x)	$\arctan x$	arctan0.5 → atan(0.5)
double atan2(double x, double y)	$\arctan(x/y)$	arctan(0.5/0.7) → atan2(0.5,0.7)
double ceil(double x)	—	上舍入，求不小于 x 的最小整数
double floor(double x)	—	下舍入，求不大于 x 的最大整数
int rand()	—	产生 0～32 767 之间的随机整数
void srand(unsigned seed)	—	初始化随机数发生器

调用库函数应注意以下几点。

（1）应用数学库函数时，必须包含库函数的头文件：#include <math.h> 或 #include "math.h"。

（2）函数一般带有一个或多个自变量，在程序设计中称之为参数。调用函数时，需要给这些参数提供值，函数对这些参数加以处理后，返回一个计算结果，称之为函数值。函数的一般调用格式如下：

函数名 ([参数表])

其中有些函数也可以没有参数。

调用库函数时，要求参数类型、个数、顺序应与函数定义时的一致。表 2-2 中 x、y 的类型为 double，当它们获得的值不是 double 类型时，C 语言编译系统自动将它们转换成 double 类型。函数值有确定的类型，由函数返回值类型决定。

（3）三角函数的参数为弧度，若输入的是角度值，则必须转换为弧度后求其三角函数值。例如，求 30° 的正弦值的表达式为 sin(3.141592*30/180)。

（4）ceil() 和 floor() 是两个用于取整的函数，ceil() 求不小于 x 的最小整数，而 floor() 求不大于 x 的最大整数，函数返回的结果是一个双精度数据。例如，ceil(3.14)、ceil(-3.14)、floor(3.14)、floor(-3.14) 的值分别为 4、-3、3、-4。

（5）rand() 函数产生 1 ~ 32767 之间的随机整数，它在文件 stdlib.h 中定义。在程序的开头添加命令 #include <stdlib.h> 或 #include "stdlib.h"，就可以在程序中使用该函数。调用 rand() 函数之前，使用 srand() 函数可产生不相同的随机数数列。

利用 rand() 函数构造合适的表达式可以产生任意区间的随机整数。

2.5　基本运算与表达式

C 语言的运算符非常丰富，每种运算符有不同的优先级和结合性。优先级是指表达式求值时，各运算符运算的先后次序，如人们所熟悉的"先乘除后加减"。结合性是指运算分量对运算符的结合方向。结合性确定了在相同优先级运算符连续出现的情况下的计算顺序。例如，算术运算符的结合性是从左至右，但有些运算符的结合性是从右到左。

2.5.1　C 语言运算符

运算（即操作）是对数据的加工。对于最基本的运算形式，常常可以用一些简洁的符号记述，这些符号被称为运算符或操作符，被运算的对象（数据）被称为运算量或操作数。C 语言中的数据运算主要是通过对表达式的计算完成的。表达式（expression）是将运算量用运算符连接起来组成的式子，其中的运算量可以是常量、变量或函数。由于运算量可以为不同的数据类型，每一种数据类型都规定了自己特有的运算或操作，这就形成了对应于不同数据类型的运算符集合。C 语言提供了很多数据类型，运算符也相当丰富，共有 14 类，见表 2-3。

表 2-3　C 语言运算符分类

功能	运算符
算术运算	+ - * / % ++ --
关系运算	> < >= <= == !=
逻辑运算	! && ||
赋值运算	= += -= *= /= %= <<= >>= &= |= ^=
条件运算	?:

续表

功能	运算符
位运算	<< >> ~ &	^
求字节运算	sizeof
下标运算	[ ]
指针运算	* &
取成员运算	. ->
逗号运算	,
括号运算	( )
强制类型转换运算	类型符
其他	如函数调用运算符 ( )

在学习运算符时应注意以下几点。

（1）运算符的功能。有些运算符的含义和数学中的含义一致，如加、减、乘、除等。有些运算符则是 C 语言中特有的，如 ++、-- 等。

（2）对运算量的要求。一是对运算量个数的要求。例如，有的运算符要求有两个运算量参加运算（如 +、-、*、/），称之为双目（或双元）运算符；而有的运算符（如负号运算符、地址运算符 &）只允许有一个运算量，称之为单目（或一元）运算符。二是对运算量类型的要求。如 +、-、*、/ 的运算对象可以是整型或实型数据，而求余运算符 % 要求参加运算的两个运算量都必须为整型数据。

（3）运算的优先级。如果不同的运算符同时出现在表达式中时，先执行优先级高的运算。例如，乘除运算优先于加减运算。

（4）结合方向，即结合性。在一个表达式中，有的是按从左到右的顺序运算，有的是按从右到左的顺序运算。若在一个运算量的两侧有两个相同优先级的运算符，则按结合性处理。例如 3*5/6，在 5 的两侧分别为 * 和 /，根据"先左后右"的原则，5 先和其左面的运算符结合，这就被称为"自左至右的结合方向（或称左结合性）"。在 C 语言中，并非都采取自左至右的结合方向，有些运算符的结合方向是"自右至左"的，即"右结合性"。例如，赋值运算符的结合方向就是"自右至左"的，因此对赋值表达式 a=b=c=5，根据自右至左的原则，它相当于 a=(b=(c=5))。附录 2 列出了所有运算符的优先级和结合性。

（5）注意所得结果的类型，即表达式值的类型，尤其当两个不同类型数据进行运算时，特别要注意结果值的类型。

下面先介绍算术运算和逗号运算，其他运算符将在后续章节中陆续介绍。

 2.5.2 算术运算

 1. 基本的算术运算

基本的算术运算符如下：

+（加）、-（减）、*（乘）、/（除）、%（求余）、+（取正）、-（取负）

其中，+、- 和 * 这 3 种运算符与平常使用的习惯完全一致，这里不再赘述。下面着重介绍其余各种运算符。

　　除法运算要特别注意：两个整数相除结果为整数，如 7/4 的结果为 1。在书写表达式时，要注意防止由于两个整数相除而丢掉小数部分，使运算误差过大，如 5*4/2 与 5/2*4 在数学上是等价的，但在 C 语言中其值是不相等的，前者结果是 10，后者结果是 8。但有时利用两个整数相除又能达到自动取整的效果，如设 m、n 均为整型变量（n ≠ 0），则 m-m/n*n 可得到 m 除以 n 的余数。若除数与被除数异号，则舍入的方向是因系统而异的。例如，-7/4 在有的系统中结果为 -1，而在有的系统中结果可能为 -2。

　　求余运算符要求参与运算的两个运算量均为整型数据，其结果为两个数相除的余数，如 5%3 的值为 2。一般情况下，求余运算所得结果与被除数的符号相同。如 -5%3 的值为 -2，而 5%-3 的值为 2。

　　加、减、乘、除和求余运算都是双目运算符，它们的结合性都是从左至右。

　　取正和取负这两个运算符是单目运算符，它们的结合性为从右至左，优先级高于 +、-、*、/、% 等双目运算符。

　　书写 C 语言表达式应遵循以下规则。

　　（1）表达式中所有的字符必须写在同一水平线上，每个字符占一格。

　　（2）表达式中常量的表示、变量的命名以及函数的调用要符合 C 语言的规定。

　　（3）要根据运算符的优先顺序，合理地加括号，以保证运算顺序的正确性。特别是分式中的分子分母有加减运算时，或者分母有乘法运算，要加括号表示分子分母的起始范围。

　　例如，数学式 $g\dfrac{m_1 m_2}{r^2}$ 所对应的 C 语言表达式可写成：

g*m1*m2/(r*r) 或 g*m1*m2/r/r 或 g*m1*m2/pow(r,2)

其中，pow() 是 C 语言的库函数，可直接调用。

　　又如，利用 rand() 函数产生 [a，b] 区间的随机正整数的表达式如下：

rand()%(b-a+1)+a

例如，rand()%90+10 产生 [10，99] 区间的随机正整数。

2. 自增和自减运算

　　自增（++）和自减（--）运算符是 C 语言所特有的，使用频率很高。按它们出现在运算量之前或之后，分为两种不同情况。

　　（1）前缀 ++：++ 变量。前缀 ++ 使变量的值加 1，并以增加后的值作为运算结果。这里限制变量的数据类型为整型或某种指针类型。

　　（2）前缀 --：-- 变量。与前缀 ++ 相似，不同的只是前缀 -- 使运算对象的值减 1。

　　（3）后缀 ++：变量 ++。后缀 ++ 作用于变量时，运算结果是该变量原来的值，在确定结果之后，使变量的值加 1。

　　前缀 ++ 和后缀 ++ 都能使变量的值增加 1，但是它们所代表的表达式的值却不相同。例如，设 x、y 为整型变量，且 x 的值为 4，则：

y=++x;

使 y 的值为 5，而：

y=x++;

自增和自减运算

使 y 的值为 4。

（4）后缀 -- ：变量 --。后缀 -- 作用于变量，以该变量的值为结果，即先取变量的值，然后使变量的值减 1。

后缀 -- 与前缀 -- 的区别类似于后缀 ++ 与前缀 ++ 的区别。

使用自增和自减运算符时，其运算量仅适用于变量，不能是常量或表达式，如 ++5 或 (x+y)-- 都是非法的。另外，自增和自减运算符的结合方向是自右向左，如表达式 -x++ 等价于 -(x++)。

++ 和 -- 是带有副作用的运算符，建议读者不要在一个表达式中对同一变量多次使用这样的运算符，以免发生意想不到的结果。

因 + 与 ++（- 与 -- 类似）是两个不同运算符，对于类似表达式 x+++y 会有不同的理解：(x++)+y 或 x+(++y)。C 语言编译系统的处理方法是从左至右让尽可能多的字符组成一个合法的句法单位（如标识符、数字、运算符等）。因此，x+++y 被解释成 (x++)+y，而不是 x+(++y)。

 ### 2.5.3　逗号运算

用逗号运算符将若干表达式连接起来，就是逗号运算表达式。它的一般格式如下：

> 表达式 1, 表达式 2,…, 表达式 n

逗号运算的计算顺序是从左到右逐一计算各表达式，并以表达式 n 的值为逗号运算表达式的结果。例如，逗号运算表达式：

> i=3,i*2

第 1 个表达式的值等于 3，第 2 个表达式的值等于 6，整个表达式的值也等于 6。

注意：逗号运算的优先级是最低的。所以，x=i=3,i*2 与 x=(i=3,i*2) 是不等价的。前者是逗号运算表达式，其中第 1 个表达式是赋值表达式，第 2 个表达式是算术表达式。后者是赋值表达式，即将一个逗号运算表达式的值赋给变量 x。

其实，逗号运算只是把多个表达式连接起来，在许多情况下，使用逗号运算的目的只是想分别计算各个表达式的值，而并非想使用逗号运算中最后那个表达式的值。逗号运算常用于 for 循环语句，用于给多个变量置初值，或者用于对多个变量的值进行修正等。

2.6　混合运算时数据类型的转换

在 C 语言中，同一个表达式允许不同类型的数据参加运算，这就要求在运算之前，先将这些不同类型的数据转换成同一类型，然后进行运算。这里主要讨论算术运算时的数据类型转换。

 ### 2.6.1　算术运算的隐式类型转换

算术表达式的数据类型就是该表达式的值的类型。因不同类型的数据，其内部表示形式不同，某些运算符能根据运算对象的情况，将运算对象的值从一种类型转换成另一种类型，这种类型转换是自动进行的，称作隐式类型转换。

对单目运算符而言，因为只有一个运算量，故表达式的类型就是运算量的类型。

对双目运算符而言，有两个运算量参加运算，则表达式的类型确定方法如下。

（1）若两个整型（int）运算量参加运算，则结果也是整型的。注意两个整型数相除，其值也是整型数（即商的整数部分）。

（2）若不是两个整型的运算量参加运算，则 C 语言编译系统自动对它们进行转换，一般规则是把精度低的类型转换为精度高的类型，以保证不丢失精度。图 2-2 为类型转换的规则。

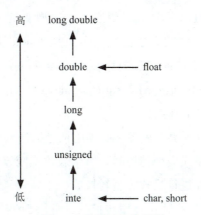

图 2-2　类型转换的规则

图 2-2 中横向向左的箭头表示必定发生的转换，所有的 char 型和 short 型都转换成 int 型，所有的 float 型都转换成 double 型。图 2-2 中纵向的箭头表示当运算对象为不同的类型时转换的方向。具体遵循的规则如下：若其中的高精度数是 unsigned 型，则另一个操作数转换成 unsigned 型；若其中的高精度数是 long 型，则另一个操作数转换成 long 型；若其中的高精度数是 double 型，则另一个操作数转换成 double 型。

假设 k 已指定为整型变量，x 为单精度实型变量，y 为双精度实型变量，z 为长整型变量，有下面的表达式：

10+'a'+k*x-y/z

运算次序如下：进行 10+'a' 的运算，先将 'a' 转换成整数 97，运算结果为 107；进行 k*x 的运算，先将 k 和 x 都转换成双精度型，运算结果为双精度型；整数 107 和 k*x 的结果相加，先将整数 107 转换成双精度型（107.000 000），运算结果为双精度型；进行 y/z 的运算，先将 z 转换成双精度型，运算结果为双精度型。将 10+'a'+k*x 的结果与 y/z 的结果相减，结果为双精度型。这些类型转换是由系统自动进行的。

图 2-2 中箭头方向只表示数据类型级别的高低，由低向高转换，不要理解为 int 型先转成 unsigned 型，再转成 long 型，再转成 double 型。如果一个 int 型数据与一个 double 型数据运算，就直接将 int 型转成 double 型。同理，一个 int 型数据与一个 long 型数据运算，先将 int 型转成 long 型。

 ### 2.6.2　显式类型转换

当算术表达式中需要违反自动类型转换规则，或者说自动类型转换规则达不到目的时，可以使用强制类型转换，或者叫显式类型转换，一般格式如下：

（类型标识符）表达式

显式类型转换也是一种单目运算符，且与其他单目运算符具有相同的优先级，它的功能是将指定的表达式强制转换成指定的类型。例如：

```
(int)(x+y)          // 强制将表达式 (x+y) 转换成 int 型
(int)x+y            // 强制将变量 x 转换成 int 型，然后与 y 相加
(double)total       // 强制将变量 total 转换成 double 型
```

显式类型转换有时非常有用。例如，若 i 为整型变量，表达式 i/2 只能得到整数，而用 (float)i/2 就能得到小数。又如，设 x 是 float 型变量，则表达式 x%3 是错误的，而用 (int)x%3 就正确了。第 7 章将要介绍的数组，当用 float 型或 double 型变量作下标时，也需要使用强制类型转换。还有，C 语言编译系统提供的数学函数大多数是 double 型的并且要求参数为 double 型，在调用这些函数时，可以用显式转换方法进行参数的类型转换或将函数值转换成需要的类型。例如，cos((double)m)、fabs((double)(m+n))、sqrt((double)(y*z-x))、exp((double)2) 等。

使用显式类型转换应注意以下几点。

（1）在进行显式类型转换时，类型关键字必须用括号括住。例如，(int)x 不能写成 int x。

（2）在对一个表达式进行显式类型转换时，整个表达式应该用括号括住。例如，(float)(a+b) 若写成 (float)a+b，就只对变量 a 进行显式类型转换。

（3）在对变量或表达式进行了显式类型转换后，并不改变原变量或表达式的类型。例如，设 x 为 float 型，y 为 double 型，则 (int)(x+y) 为 int 型，而 x+y 仍然是 double 型。

（4）将 float 型或 double 型强制转换成 int 型时，对小数部分是四舍五入还是简单地截断，取决于具体的系统。Visual Studio 采用的均是截断小数的办法。

【例 2-4】显式类型转换运算符的使用。程序如下：

```c
#include <stdio.h>
int main()
{
    float x=4.0f;
    double y=3.9;
    printf("%d\t%f\n",(int)(x*y),x*y);
    return 0;
}
```

程序运行结果如下：

```
15    15.600000
```

本 章 小 结

（1）C 语言数据类型有基本数据类型（整型、字符型、实型）、构造数据类型（结构体类型、共用体类型、枚举类型）、指针类型和空类型。

整型又分为短整型（short）、基本整型（int）和长整型（long）3 种。整型还可以分为有符号型（signed）和无符号型（unsigned）。实型分为单精度型（float）和双精度型（double），ANSI C 新增加了长双精度实型（long double）。

C 语言并不规定各种类型的数据占用多大的存储空间，具体实现由编译系统自行决定。

（2）变量是一个用于存放数值的内存存储区，根据变量的类型不同，该存储区被分配不同字节的内存单元。变量用标识符命名。变量名必须符合 C 语言标识符的命名规则，不能使用系

统已有定义的关键字作为变量名，也不要使用系统预定义的标识符作为变量名。

C 语言程序中用到的任何变量都必须在使用前进行定义。变量定义的一般格式如下：

[存储类别] 类型符 变量名表 ；

在定义变量的同时，可以给它赋初值。

（3）整型常量可以用十进制、八进制和十六进制来表示。C 语言规定，以 1 ～ 9 开头的数字表示十进制数 ；以 0 开头的数字，表示八进制数 ；以 0x 开头的数字表示十六进制数。实型常量只能用十进制，可以用小数形式或指数形式表示。

字符常量以单引号定界，占 1 个字节存储单元，在内存中以相应的 ASCII 码存放 ；字符串常量以双引号定界，占用一段连续的存储单元。要注意字符和字符串的区别。

符号常量是用一个标识符代表的常量，定义格式如下：

#define 符号常量 表达式

通过在变量的类型符前面加上 const 修饰符，可以定义 const 常量。#define 定义采用编译前宏替换的方式，而 const 常量具有变量的特性，只是该变量的值不允许被改变，故称之为只读变量。

（4）转义字符占 1 个字节，分为以下 3 类。

①控制输出格式的转义字符 ：\n、\t、\b、\r、\f 等。

②控制 3 个特殊符号输出的转义字符 ：\\、\'、\"。

③表示任何可输出的字母字符、专用字符、图形字符和控制字符。\ddd 表示 1 到 3 位八进制数（ASCII 码）所代表的字符，\xhh 表示 1 到 2 位十六进制数（ASCII 码）所代表的字符。

（5）C 语言的运算符很丰富，在学习运算符时应注意运算符的功能、运算量的要求、运算的优先级别、结合性以及表达式值的类型。

①基本的算术运算符有:+、-、*、/、%。乘号不能省略;先乘除、求余，后加减;对于除法（/）运算，两个整数相除，结果仍为整数。% 运算符只对整型数据有效。

②逗号运算符的运算规则 ：从左向右依次运算每一个表达式，逗号表达式的结果就是最后一个表达式的值。

（6）++ 或 -- 可以写在变量之前（称为前缀），也可以写在变量之后（称为后缀）。如果单独对一个变量施加前缀或后缀运算，其运算结果是相同的 ；如果对变量施加了前缀或后缀运算，并参与其他运算，那么前缀运算是先改变变量的值再参与运算，而后缀运算是先参与运算再改变变量的值。自增和自减运算符的运算对象只能是变量，而不能是表达式或常量。

（7）当表达式中含有不同类型的数据时，运算的数据类型默认按隐式类型转换，即从精度低的类型自动转换成精度高的类型 ；也可以按显式类型转换，一般格式如下：

(类型标识符) 表达式

习　　题

一、选择题

1. 在 C 语言中，合法的字符常量是（　　　）。
   A．'\084'　　　　B．'\x48'　　　　C．'ab'　　　　D．"\0"

2．以下选项中，合法的标识符是（　　　）。

    A．B01　　　　　　B．Table-1　　　　　　C．0_t　　　　　　　　D．k%

3．以下能正确定义整型变量 a、b 和 c，并为它们确定初值 5 的语句是（　　　）。

    A．int a=b=c=5;　　　　　　　　　　B．int a,b,c=5;

    C．int a=5,b=5,c=5;　　　　　　　　D．a=b=c=5;

4．下列语句执行后，c 的值是（　　　）。

```
int a=3;
char b='5',c=(char)(a+b);
```

    A．'8'　　　　　　B．53　　　　　　C．8　　　　　　D．56

5．用十进制数表示表达式 12/012 的运算结果是（　　　）。

    A．12　　　　　　B．0　　　　　　C．14　　　　　　D．1

6．设有定义"int x=11;"，则表达式 x++ * 2/3 的值是（　　　）。

    A．12　　　　　　B．8　　　　　　C．7　　　　　　D．4

7．下列程序的输出结果是（　　　）。

```
#include <stdio.h>
int main()
{
    int a=8;
    printf("%d\n",(a++,a++)*2);
    return 0;
}
```

    A．10　　　　　　B．16　　　　　　C．18　　　　　　D．20

8．【多选】下列选项中，表示整数 100 的是（　　　）。

    A．100　　　　　　B．0144　　　　　　C．0x64　　　　　　D．(int)1e2

9．【多选】求整数 m 的十位数字可以采用的表达式是（　　　）。

    A．m/10%10　　　　　　　　　　　B．m%100/10

    C．(m-m/100*100)/10　　　　　　D．m/10-m/100*10

10．【多选】设 x 是 int 类型变量，则值等于 7 的表达式是（　　　）。

    A．(5,6,7)　　　　　　　　　　　　B．(x=6,x+1,x+1)

    C．(x=6,x++)　　　　　　　　　　D．(x=6,++x)

二、填空题

1．在 C 语言中，数据有常量和变量之分。用一个标识符代表一个常量，称之为 _____ 常量。

2．在 C 语言中，字符型数据和 _____ 数据之间可以通用。

3．设有如下语句：

```
int n=10;
```

则 n++ 的结果是 _____，表达式 n++ 运算后 n 的值是 _____。

4．表达式 18/4*sqrt(4.0)/8 的值的数据类型是 _____，其值是 _____。

5．执行下列语句后，a 的值是 _____。

```
int a=12;
a+=a-=a*a;
```

6．与 m%n 等价的 C 语言表达式为 _____ 。

7．若 a、b 和 c 均是 int 型变量，则计算表达式 a=(b=4)+(c=2) 后，a 的值为 _____ ，b 的值为 _____ ，c 的值为 _____ 。

8．若有如下定义：

```
char c='\010';
```

则变量 c 中包含的字符个数为 _____ 个。

三、编写程序题

1．设有定义 "int a=3,b=4,c=5;"，先输出下列表达式的值，再输出 a、b、c 的值。

（1）a%b+b/a　　　　　　　　　　（2）(c++,++c)/(a,b)

2．输入 x，求下列表达式的值。

$$e^{2x}+\frac{x^2}{2!}-\frac{x^3}{3!}$$

顺序结构

程序实现步骤包括对数据的描述和对程序功能的描述两部分。通常，一个程序的功能描述包括数据输入、数据处理和数据输出3个步骤，其中输入输出反映了程序的交互性，一般是一个程序必需的步骤，而数据处理是指要进行的操作与运算，根据解决的问题不同而需要使用不同的语句来实现，其中最基本的数据处理语句是赋值语句。

顺序结构是结构化程序设计3种基本结构中最简单的一种结构，它只需按照处理顺序，依次写出相应的语句即可。学习程序设计，首先从顺序结构开始。通过本章的学习，读者可学会编写较简单的C语言程序。

本章要点：

- C语句的分类
- 赋值运算的运算规则与赋值语句的作用
- 格式化输入输出和字符输入输出方法
- 顺序结构程序设计方法

3.1 C 语 句

C 语言程序的基本组成单位是函数,而函数由语句构成,所以语句是程序的基本组成成分。语句能完成特定操作,语句的有机组合能实现指定的计算处理功能。C 语句最后必须有一个分号,分号是 C 语句的组成部分。

C 语言中语句的分类如图 3-1 所示。

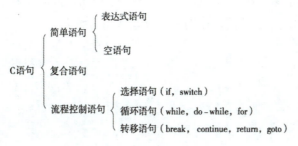

图 3-1　C 语言中语句的分类

 ## 3.1.1 简单语句

1. 表达式语句

在表达式之后加上分号就构成表达式语句。表达式也能构成语句,这是 C 语言的一个重要特点。表达式语句的一般格式如下:

```
表达式;
```

最典型的表达式语句是由赋值表达式构成的语句。例如:

```
m+=x;
i=j=k=5;
```

都是由赋值表达式构成的表达式语句。习惯将由赋值表达式构成的语句称为赋值语句。

其他表达式加分号也构成了语句。例如:

```
x+y-z;
```

也是一个语句。不过从语义上讲,该语句没有实际意义。因为求表达式 x+y-z 的值之后,没有保留,对变量 x、y、z 的值也没有影响。

另一种典型的表达式语句是函数调用之后加分号,一般格式如下:

```
函数调用;
```

该表达式语句未保留函数调用的返回值。但该表达式语句中的函数调用引起实参与形参的信息传递和函数体的执行,将使许多变量的值被设定或完成某种特定的处理,如调用输入函数使指定的变量获得输入数据,调用输出函数使输出项输出等。例如:

```
scanf("%f",&x);            // 输入函数调用语句,输入实型变量 x 的值
printf("%f",x);            // 输出函数调用语句,输出实型变量 x 的值
```

2. 空语句

空语句是什么也不做的语句,它只有一个分号。C 语言引入空语句是出于两个实用上的考虑:

一是为了构造特殊控制的需要，例如，循环控制结构需要一个语句作为循环体，当需循环执行的动作已全部由循环控制部分完成时，就需要一个空语句的循环体；二是在复合语句的末尾设置一个空语句，以便能用 goto 语句将控制转移到复合语句的末尾。另外，C 语言引入空语句使程序中连续出现多个分号不再是错误，编译系统遇到这种情况，就认为后继的分号都是空语句。

 ### 3.1.2 复合语句

用花括号将若干个语句括起来就构成了复合语句。复合语句也称为语句块，它将若干个语句变成一个顺序执行的整体，从逻辑上讲它相当于一个语句，能用作其他控制结构的成分语句。例如，交换两个整型变量 a、b 的值，作为一个复合语句写成：

```
{
    int t;
    t=a;
    a=b;
    b=t;
}
```

在构造复合语句时，为完成复合语句所要完成的操作，可能需要临时工作单元，如上面例子中的变量 t。在 C 语言的复合语句中，在语句序列之前可以插入变量定义，引入只有在复合语句内部才可使用的临时单元。

注意：复合语句的 "}" 后面不需要加分号，而 "}" 前复合语句中最后一条语句的分号不能省略。如果在复合语句后面加了分号，这个分号实际上构成了一个空语句，即相当于写了两个语句，一个是复合语句，另一个是空语句。

 ### 3.1.3 流程控制语句

C 语言中控制程序流程的语句有 3 类，共 9 种语句。

 #### 1. 选择语句

选择语句有 if 语句和 switch 语句两种。if 语句根据实现选择分支的多少又有多种格式，包括单分支、双分支和多分支 if 语句。switch 语句能实现多个分支流程。

 #### 2. 循环语句

循环语句有 while、do-while 和 for 语句 3 种。当循环语句的循环控制条件为真时，反复执行指定操作，是 C 语言中专门用来构造循环结构的语句。

 #### 3. 转移语句

转移语句有 break、continue、return 和 goto 共 4 种。它们都能改变程序原来的执行顺序并转移到其他位置继续执行。例如，循环语句中 break 语句终止该循环语句的执行，而循环语句中的 continue 语句只结束本次循环并开始下次循环，return 语句用来从被调函数返回到主调函数并带回函数的运算结果，goto 语句可以无条件转向任何指定的位置执行。

3.2 赋值运算与赋值语句

赋值语句是高级语言中用来实现运算的一个重要语句，而且赋值语句可以将运算结果存起来。C 语言将赋值也看作一种运算，赋值运算构成赋值表达式，赋值表达式后面加上分号就构成了赋值语句。

 ### 3.2.1 赋值运算

1. 赋值运算的一般格式

在 C 语言中，通常把 "=" 称为赋值号，也叫赋值运算符。它是一个双目运算符，需要连接两个运算量：左边必须是变量，右边则是表达式。赋值运算的一般格式如下：

变量 = 表达式

赋值运算的意义是先计算表达式的值，然后将该值传送到变量所对应的存储单元中，即计算表达式的值，并将该值赋给变量。赋值表达式的值即被赋值变量的值。例如：

x=67.2

将常量 67.2 赋给 x，赋值表达式的值是 67.2。

赋值运算实际上代表一种传送操作（move），即将赋值号右边表达式的值传送到左边变量所对应的存储单元中。在这里，变量与确定的内存单元相联系，既具有值属性，也具有地址属性，它可以出现在赋值运算符的左边，故称这样的表达式为左值（left value）表达式。将常量、变量、函数等运算对象用运算符连接起来的表达式，只有值属性而无地址属性，它只能出现在赋值运算符的右边，故称之为右值（right value）表达式。

注意：赋值运算符左边一定要求是左值表达式，它代表一定的内存单元，显然只有内存单元才能存放表达式的值。赋值运算符右边可以是任何表达式。

2. 复合赋值运算

在程序设计中，经常遇到在变量已有值的基础上作某种修正的运算，如 x=x+5.0。这类运算的特点是，变量既是运算对象，又是赋值对象。为避免对同一存储对象的地址重复计算，C 语言还提供了以下 10 种复合赋值运算符。

+=、-=、*=、/=、%=、<<=、>>=、&=、|=、^=

其中，前 5 种是常用的算术运算，后 5 种是关于位运算的复合赋值运算符。下面举例说明复合赋值运算的意义。

```
x+=5.0              // 等价于 x=x+5.0
x*=u+v             // 等价于 x=x*(u+v)
a+=a-=b+2          // 等价于 a=a+(a=a-(b+2))
```

一般地，记 θ 为一个双目运算符，复合赋值运算的格式如下：

xθ=e

其等价的表达式如下：

x=xθ(e)

注意：当 e 是一个复杂表达式时，等价表达式的括号是必需的。即 e 表示表达式，使用复合赋值运算符连接两个运算量时，要把右边的运算量视为一个整体。例如，x*=y+5 表示 x=x*(y+5)，而不是 x=x*y+5。

自增运算符 ++ 和自减运算符 -- 是复合赋值运算符中的特殊情况，它们分别相当于 += 和 -=。例如，x++ 包含有赋值运算 x+=1，--k 包含有赋值运算 k-=1。

 3. 赋值运算的优先级

各种赋值运算符都属于同一优先级，且优先级仅比逗号运算符高，比其他所有运算符都低。例如：

```
x=13<y,7+(y=8)
```

整个表达式是一个逗号表达式，表达式的值为 15。若将表达式改成：

```
x=(13<y,7+(y=8))
```

则整个表达式变成了一个赋值表达式，将右边逗号表达式的值赋给左边变量 x。

赋值表达式的结合性为从右到左。例如：

```
x=y=17/2
```

运算时先计算 17/2，结果为 8，将 8 赋给 y，即赋值表达式 y=17/2 的值为 8，再将该赋值表达式的值赋给 x。整个运算按照自右至左的顺序计算。

3.2.2 赋值语句

用赋值运算符连接两个运算量就得到赋值表达式，在赋值表达式后面加分号就构成赋值语句。赋值语句的一般格式如下：

```
变量 = 表达式；
```

执行赋值语句将实现一个赋值操作，即先计算表达式的值，然后将该值传送到变量所对应的存储单元中。赋值语句与赋值表达式不一样，赋值语句可以作为程序中一个独立的程序行，而赋值表达式作为一个运算量，可以出现在表达式中。当然，在进行赋值运算时，也实现了一个赋值操作。

【例 3-1】 当 $x = \sqrt{1+\pi}$ 时，求 $y = \dfrac{|x-5| + \cos 47°}{2\ln x + e^2}$ 的值。

分析：这是一个求表达式值的问题，已知 x 的值，求 y 的值。要注意，x 是一个表达式，不是一个常量，所以它不能从键盘输入，而要用赋值语句求得。y 的值由一个表达式的值得到，要注意表达式的书写规则。程序如下：

求表达式的值

```c
#include <stdio.h>
#include <math.h>
#define pi 3.14159                              // 定义符号常量
int main()
{
    double x,y;
    x=sqrt(1+pi);
    y=(fabs(x-5)+cos(47*pi/180))/(2*log(x)+exp(2.0));    // 计算表达式的值
    printf("y=%f\n",y);
    return 0;
}
```

程序运行结果如下：

```
y=0.413945
```

 ### 3.2.3 赋值时的数据类型转换

赋值表达式的类型就是被赋值变量的类型。当赋值运算符两边的数据类型不一致时，C 语言编译系统自动将赋值运算符右边表达式的数据类型转换成与左边变量相同的类型。转换的基本原则有如下几个。

（1）将整型数据赋给单、双精度变量时，数值不变，但以浮点数形式存储到变量中。

（2）将实型数据（包括单、双精度）赋给整型变量时，先舍去实数的小数部分，然后赋给整型变量。例如，a 为整型变量，则执行 a=3.145 后，a 的值为 3。

（3）将一个 double 型数据赋给 float 型变量时，截取其前面 7 位有效数字，存放到 float 型变量的存储单元（4 个字节）中，但应注意数值范围不能溢出。将一个 float 型数据赋给 double 型变量时，数值不变，有效位数扩展到 16 位，在内存中以 8 个字节存储。

（4）字符型数据赋给整型变量时，将字符的 ASCII 码值赋给整型变量。

（5）将一个占字节多的整型数据赋给一个占字节少的整型变量或字符变量（如把一个 4 字节的 long 型数据赋给一个 2 字节的 short 型变量，或者将一个 2 字节或 4 字节的 int 型数据赋给 1 字节的 char 型变量），只将其低字节原封不动地送到该变量（即发生截断）。例如：

```
int i=8810;
char ch;
ch=i;
printf("%d,%c\n",i,ch);
```

程序段运行结果如下：

```
8810,j
```

在 Visual Studio 中，int 型变量 i 占 4 个字节，其中存放十进制整数 8810，十六进制形式为 0000226A，取低 8 位的值是 6A，它代表小写字母 j（小写字母 j 的 ASCII 码值是十进制 106，即十六进制 6A）。

3.3 数据输入输出

一般 C 语言程序可以分成 3 部分：输入原始数据部分、计算处理部分和输出结果部分。输入输出是程序设计的基本操作。

 ### 3.3.1 输入输出的实现方式

所谓输入输出（input/output）是以计算机主机作为主体而言的。主机的内存储器用于存放程序运行时的数据，在高级语言中以变量来引用内存单元的内容，所以从外部设备（如键盘、磁盘文件等）将数据传送到内存（以变量为代表）的过程被称为输入，而将数据从内存传送到外部设备（如显示器、磁盘文件等）的过程被称为输出，如图 3-2 所示。其中，以键盘和显示器实现的输入输出被称为标准输入输出，以磁盘文件实现的输入输出被称为文件操作。关于文件操作将在第 10 章进行介绍，下面先介绍标准输入输出。

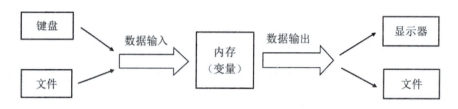

图 3-2　输入输出的实现方式

很多高级语言均提供了输入和输出语句，而 C 语言无输入输出语句。为了实现输入和输出功能，在 C 语言的库函数中提供了一组输入输出函数，其中 scanf 和 printf 函数是针对标准输入输出设备（键盘和显示器）进行格式化输入输出的函数，getchar 和 putchar 函数是字符输入输出函数。由于它们在头文件"stdio.h"中定义，所以要调用它们，应使用编译预处理命令 #include <stdio.h> 或 #include "stdio.h" 将该文件包含到程序文件中。

如果使用尖括号引用头文件，那么编译预处理程序从存放 C 语言编译系统的子文件夹中去查找该头文件。如果使用双引号引用头文件，那么编译预处理程序首先在当前文件夹中查找头文件，若找不到则去系统文件夹中查找。

3.3.2　printf 函数的格式化输出

1．printf 函数的调用格式

printf 函数的作用是将输出项按指定的格式输出，一般调用格式如下：

```
printf( 格式控制字符串 , 输出项表 )
```

其中，格式控制字符串用来确定输出项的输出格式和需要原样输出的字符。输出项可以是常量、变量或表达式，输出项表中的各输出项之间要用逗号分隔。

注意，输出项表中的每一个输出项必须有一个与之对应的格式说明。每个格式说明均以 % 开头，以一个格式符结束。输出项与格式符必须按照从左到右的顺序在类型上一一匹配。例如：

```
int x=10;
float y=12.7;
printf("x=%d,y=%f\n",x,y);
```

printf 函数的第 1 个输出项是 int 型变量 x，对应的格式说明为 %d，第 2 个输出项为 float 型变量 y，对应的格式说明为 %f。格式控制字符串中还有非格式说明的普通字符，它们原样输出。该 printf 函数调用的输出形式如下：

```
x=10,y=12.700000
```

2．输出整型数据

利用 printf 函数输出数据时，对于不同类型的数据要使用不同的格式符。对于基本整型（int 型）数据，有以下几种基本的格式符。

（1）d 格式符和 i 格式符：将输出项作为带符号整型数据，并以十进制形式输出。注意，对于 long 型数据输出，必须在格式符之前插入 l 附加格式说明符。

（2）o 格式符：将输出项作为无符号整型数据，并以八进制形式输出。由于将内存单元中的

各位值（0 或 1）按八进制形式输出，输出的数值不带符号，符号位也一起作为八进制数的一部分输出。

（3）x 或 X 格式符：将输出项作为无符号整型数据，并以十六进制形式输出。与 o 格式符一样，符号位作为十六进制数的一部分输出。

（4）u 格式符：将输出项作为无符号整型数据，以十进制形式输出。

输出短整型或无符号短整型时，在格式符前加 h 长度修饰符。输出长整型或无符号长整型时，在格式符前加长度修饰符 l（long 的首字母）。

【例 3-2】整型数据的输出格式示例。程序如下：

```c
#include <stdio.h>
int main()
{
    unsigned short x=65535;
    short y=-2;
    printf("x=%hd,%ho,%hx,%hu\n",x,x,x,x);
    printf("y=%hd,%ho,%hX,%hu\n",y,y,y,y);
    return 0;
}
```

在 Visual Studio 环境下，程序的运行结果如下：

```
x=-1,177777,ffff,65535
y=-2,177776,FFFE,65534
```

为了便于分析上述程序的运行结果，需要理解数据在计算机内部的二进制表现形式。Visual Studio 为 short 型数据分配 2 个字节，无符号数 65 535 的机内表示为 1111 1111 1111 1111。

对于有符号数，在机器内部以补码形式存放。-2 的原码为 1000 0000 0000 0010，补码是 1111 1111 1111 1110。

一个二进制数从不同使用角度可以作出不同解释。如二进制数 1111 1111 1111 1111，当看作无符号数时表示 65 535，当看作有符号数时表示 -1。

此外，在格式说明符中还可指定数据宽度（字符个数）。设 w 表示输出的数据宽度，若输出项需要的字符个数比给出的宽度 w 多，则以实际需要为准；若输出项需要的字符数比 w 少，就在左边用填充字符补足。若给出左边对齐标志 -，则在右边补填充字符。通常用空格作填充字符，若 w 之前有前导 0（此 0 不表示八进制数），则以字符 0 填充字符。

【例 3-3】数据宽度和对齐格式输出示例。程序如下：

```c
#include <stdio.h>
int main()
{
    printf("%6d,%5d\n",345,123456);
    printf("%-6d,%06d\n",345,2345);
    return 0;
}
```

在 Visual Studio 环境下，程序的运行结果如下：

```
□□□345,123456
345□□□,002345
```

其中□表示一个空格。

3. 输出实型数据

输出实数时，采用以下格式符。

（1）f格式符：以小数形式输出实型数据。小数点后的数字个数默认值为6，格式转换时采用四舍五入处理。

注意：输出数据时，实型数据的有效位数不一定都是准确的。一般地，float型有7位有效数字，double型有15位有效数字。实际上，因计算过程中的误差积累，通常不能达到所说的有效位数。

【例3-4】实型数据输出精度测试。程序如下：

```
#include <stdio.h>
int main()
{
    float x=1234.789012f;
    double y=123456789012.123456;
    printf("x=%f,y=%f\n",x,y);
    return 0;
}
```

程序运行结果如下：

```
x=1234.789062,y=123456789012.123459
```

由于x是单精度变量，可以保证7位有效数字的精度，输出x的前7位是准确的，以后的数字"062"是没有意义的。y是双精度变量，有15位有效数字，所以输出y的前15位是准确的，后面的数字"459"是没有意义的。按%f输出时，输出6位小数。

输出实数时可以指定数据宽度和小数位数，如格式说明%8.4f表示输出的数据占8列，其中包括4位小数，小数点占一位，整数部分有3位。输出实数时也可使用左边对齐标志 -，在数据宽度前也可以加前导0。例如：

```
printf("%10.8f,%-15.8f,%015.8f\n",1e4/6,1e4/6,1e4/6);
```

输出结果如下：

```
1666.66666667,1666.66666667 □□ ,001666.66666667
```

其中□表示一个空格。

（2）e或E格式符：以指数形式输出实型数据，其中e或E前面是数字部分，数字部分的小数点前有1位非零数字，小数点后面默认为6位。字符e或E开始是指数部分。也可以在e或E格式符中指定数据宽度和数字部分小数点后面的位数。例如：

```
printf("%e,%10.3E\n",1.0/3,1.0/3);
```

输出结果如下：

```
3.333333e-01, □ 3.333E-01
```

其中□表示一个空格。

（3）g或G格式符：用于输出实型数据，自动使用f格式或e（E）格式中输出宽度较短的一种格式。例如：

```
double x = 123456789012.123456;
printf("%f,%e,%g\n",x,x,x);
```

输出结果如下：

```
123456789012.123459, 1.234568e+11, 1.23457e+11
```

4. 输出字符型数据

格式符 c 和 s 分别用来输出单个字符和字符串。

（1）c 格式符：将输出项以字符形式输出。一个整型数据，只要它的值在 0 ～ 255 范围内，可以用字符形式输出，输出以该整数为 ASCII 码值的字符，反之，一个字符数据也可以用整数形式输出，输出该字符的 ASCII 码值。

（2）s 格式符：用于输出一个字符串。

【例 3-5】字符型数据和字符串输出格式示例。程序如下：

```c
#include <stdio.h>
int main()
{
    char c='a';
    int i=97;
    printf("%c,%d\n",c,c);
    printf("%c,%d\n",i,i);
    printf("%s\n","Hello World.");
    return 0;
}
```

程序运行结果如下：

```
a,97
a,97
Hello World.
```

3.3.3 scanf 函数的格式化输入

1. scanf 函数的调用格式

scanf 函数的作用是把从键盘上输入的数据传送给对应的变量，一般调用格式如下：

```
scanf( 格式控制字符串 , 输入项地址表 )
```

其中格式控制字符串的含义同 printf 函数。输入项地址表由若干个地址组成，代表每一个变量在内存中的地址。

一般从键盘读入数据，可以不指定输入数据项的数据宽度，此时数据项与数据项之间用空格或回车符分隔。例如，设变量 i、j、k 为整型变量，给变量 i、j、k 输入数据的 scanf 函数如下：

```
scanf("%d%d%d",&i,&j,&k)
```

其中，&i、&j、&k 分别表示变量 i、j、k 的存储单元地址。函数执行时，从键盘输入数据如下：

```
10 20 30 ↙
```

或

```
10 ↙
20 ↙
30 ↙
```

此时，变量 i、j、k 的值分别是 10、20 和 30。

2. scanf 函数的格式符

scanf 函数的格式符有很多，下面详细介绍常用的输入格式符。

（1）d 格式符：用来输入整型数据，将输入数据作为十进制形式的整型数据，转换成二进制形式后存储到对应数据存储地址中。

　　格式说明中可以使用赋值抑制符 *，表示对应的输入项读入后不赋给相应的变量，即跳过该输入值。带星号的格式说明不对应输入项存储地址，用它来跳过一个输入数据项。还可以在格式符前面加数据宽度说明，表示输入数据项所占的列数。例如：

```
scanf("%3d%*4d%d",&i,&j);
```

如果输入：

```
123456789 ↙
```

将使变量 i=123，j=89。取前 3 位数字赋给 i，接下来 4 位数字因赋值抑制符"*"的作用被跳过，后面的数字 89 赋给 j。

　　（2）i 格式符：与 d 格式符一样，用来输入整型数据。当输入的数据以 0 开头时，则将输入数据作为八进制整数；若以 0x 开头，则为十六进制整数；否则，将输入数据作为十进制整数。

　　（3）o 格式符：除将输入数据作为八进制形式的整型数据外，其作用与 d 格式符相同。例如：

```
scanf("%3o%o",&i,&j)
```

如果输入：

```
12323 ↙
```

将使变量 i=83（即八进制数 123），j=19（即八进制数 23）。

　　（4）x 或 X 格式符：与 o 格式符类似，不过将输入数据作为十六进制形式的整型数据。例如：

```
scanf("%x%x",&i,&j);
```

如果输入行为：

```
12 34 ↙
```

将使变量 i=18，j=52。

　　（5）u 格式符：用来输入整型数据，将输入数据作为无符号整型数据。

　　用以上格式为整型变量输入整数时，若变量类型为短整型，则必须在格式符之前加长度修饰符 h；若变量类型为长整型，则必须在格式符之前加长度修饰符 l。

　　（6）f、e 或 E、g 或 G 格式符：用来输入实型数据，对应的输入项存储地址为实型变量存储地址。若格式说明中含有长度修饰符 l，则为 double 型变量地址；若含有长度修饰符 L，则为 long double 型变量地址；否则，为 float 型变量地址。这些格式符的作用相同，可以相互替换。输入数据时，可以用小数形式或指数形式。

　　【例 3-6】实型数据输入格式示例。程序如下：

```
#include <stdio.h>
int main()
{
    double a,b,c;
    scanf("%lf%le%lG",&a,&b,&c);
    printf("%f,%f,%f\n",a,b,c);
    return 0;
}
```

程序运行结果如下：

```
1.23456 1.2345678e5 1.2345678e-3 ↙
1.234560,123456.780000,0.001235
```

　　（7）c 格式符：用来输入单个字符。对应的输入项存储地址必须为字符存储地址，把下一个输入字符存于所指的位置。此时，不再有输入整型数据那样自动跳过空格符的处理，任何输入字符都能被 c 格式读入。

（8）s 格式符：用来输入字符串，对应的输入项存储地址为字符序列（如字符数组）首地址。字符数组的输入输出将在 7.5 节详细介绍。

3. scanf 函数输入数据格式的再说明

使用 scanf 函数还要注意，若格式控制字符串中除格式说明符之外，还包含其他字符，则输入数据时，在与之对应的位置上也必须输入与这些字符相同的字符。例如：

```
scanf("%d%d%d",&x,&y,&z)
```

表示要按十进制整数的形式输入 3 个数据，分别存入整型变量 x、y、z 所对应的存储单元。要注意的是，输入数据时，在两个数据之间要以空格或回车符分隔，而不能以逗号分隔。即输入：

```
6 7 30 ↙
```

是合法的，而输入：

```
6,7,30 ↙
```

是非法的。

但是，对于输入函数调用 scanf("%d,%d,%d",&x,&y,&z)，在输入数据时，两个数据之间要以逗号分隔，而不能以空格或其他字符分隔。即输入：

```
6,7,30 ↙
```

是合法的。数据之间的逗号与 scanf 函数格式控制字符串中的逗号相对应。而输入：

```
6 7 30 ↙
```

是非法的。

前面提到用 c 格式符输入单个字符时，任何输入字符都能被 c 格式读入，为了达到输入时用空格分隔的效果，可以采用一种变通的方法，就是在 %c 前面加一个空格。例如程序：

```c
#include <stdio.h>
int main()
{
    char c1,c2,c3;
    scanf("%c %c %c",&c1,&c2,&c3);      //%c 前面有一个空格
    printf("%c,%c,%c\n",c1,c2,c3);
    return 0;
}
```

程序运行结果如下：

```
A B C ↙
A,B,C
```

3.3.4 字符输入输出函数

1. 字符输出函数 putchar

putchar 函数的作用是把一个字符输出到标准输出设备上，一般调用格式如下：

```
putchar(c)
```

其中，c 可以是字符型或整型数据。

【例 3-7】putchar() 函数应用示例。程序如下：

```c
#include <stdio.h>
int main()
{
    char c='A';
    int i;
    i=c+1;
    putchar(c);          //输出字符 A
    putchar(i);          //以字符形式输出整型变量的值
    putchar('\n');       //换行
    putchar('\141');     //输出字符 a，a 的 ASCII 码为 97，八进制为 141
    return 0;
}
```

程序运行结果如下：

```
AB
a
```

本例说明了 putchar() 函数的使用方法，其参数可以是字符型常量（包括控制字符和转义字符）、字符型变量、整型变量。

2. 字符输入函数 getchar

getchar 函数的作用是从标准输入设备上读入一个字符，一般调用格式如下：

```
getchar()
```

getchar 函数本身没有参数，其函数值就是从输入设备得到的字符。

【例 3-8】getchar() 函数应用示例。程序如下：

```c
#include <stdio.h>
int main()
{
    char c1,c2;
    c1=getchar();        //输入一个字符
    c2=getchar();        //再输入一个字符
    printf("code1=%d,code2=%d\n",c1,c2);
    return 0;
}
```

该程序输入两个字符，并将输入字符以整数形式输出。若该程序运行时，输入字符 A 和回车符，则程序输出：

```
code1=65,code2=10
```

其中，65 和 10 分别为字符 A 和回车符的 ASCII 码值。程序说明输入的第 1 个字符被读入并存于变量 c1，按着输入的回车符也作为字符被读入并存于变量 c2。

函数调用 getchar() 只能接收一个字符，得到的是字符的 ASCII 码值，可以赋给一个字符型变量，也可以赋给一个整型变量，也可以不赋给任何变量，或者返回值作为表达式的一部分。例如：

```
putchar(getchar())
```

就是以输入字符为参数调用字符输出函数。

3.4 顺序结构程序举例

通过前面的学习，读者对 C 语言程序的结构特征有了更深的理解。一个简单的 C 语言程序首先是编译预处理命令，如用 #include 命令将程序中要用到的库函数的头文件包含进来，接下来是函数，一个 C 语言程序有且只有一个 main 函数。在函数体中，首先是变量的定义部分，然后是函数功能描述部分，这一部分体现了编程思想和方法。程序实现一般分为以下 3 个步骤。

（1）输入原始数据。

（2）对原始数据进行处理。

（3）输出处理结果。

显然关键在第 2 步，即如何对原始数据进行处理。对于顺序结构而言，程序是按语句出现的先后顺序依次执行的。下面看几个例子，虽然不难，但对形成清晰的编程思路是有帮助的。

【例 3-9】从键盘输入一个 3 位整数 n，输出其逆序数 m。例如，输入 n=127，则 m=721。

分析：程序分为以下 3 步实现。

（1）输入一个 3 位整数 n。

（2）求逆序数 m。

（3）输出逆序数 m。

求逆序数

关键在第 2 步。先假设 3 位整数的各位数字已取出，分别存入不同的变量中，设个位数存入 a，十位数存入 b，百位数存入 c，则 m=a×100+b×10+c。关键是如何取出这个 3 位整数的各位数字。取出各位数字的方法，可用取余运算符 % 和整除运算符 / 实现。例如，n%10 取出 n 的个位数；n=n/10 去掉 n 的个位数，再用 n%10 取出原来 n 的十位数，以此类推。

程序如下：

```
#include <stdio.h>
int main()
{
    int n,m,a,b,c;
    scanf("%d",&n);
    a=n%10;                  // 求 n 的个位数字
    b=n/10%10;               // 求 n 的十位数字
    c=n/100;                 // 求 n 的百位数字
    m=a*100+b*10+c;          // 求 n 的逆序数
    printf("%d reversed is %d\n",n,m);
    return 0;
}
```

【例 3-10】输入一个正实数 x，分别输出 x 的整数部分和小数部分。

分析：程序分为以下 3 步实现。

（1）输入 x 的值，可用库函数 scanf 实现。

（2）求 x 的整数部分 k 和小数部分 y。求整数部分要用到取整的技巧，方法很多：强制类型转换、取整函数、赋值转换等。小数部分 y=x-k。

（3）输出 x、k 和 y 的值，可用库函数 printf 实现。

程序如下：

```
#include <stdio.h>
#include <math.h>
int main()
{
    float x,y;
```

```
    int k;
    scanf("%f",&x);
    k=floor(x);                // 求整数部分
    y=x-k;                     // 求小数部分
    printf("%f=%d+%f\n",x,k,y);
    return 0;
}
```

程序中用到了取整函数 floor，这是一个数学函数，所以要加 #include <math.h> 编译预处理命令。也可以用 k=x 或 k=(int)x 实现取整。

【例 3-11】输入整数 a 和 b，交换 a 和 b 后输出。

分析：程序分为以下 3 步实现。

（1）输入 a 和 b 的值，可用库函数 scanf 实现。

（2）交换 a 和 b 的值。

（3）输出 a 和 b 的值，可用库函数 printf 实现。

显然，关键在第 2 步。通常要交换 a 和 b 两整型变量的值，可以定义一个中间变量 temp，用于临时存放相应的数据。具体方法为，先将 a 存入 temp，再将 b 存入 a，最后将 temp 存入 b。这一过程可用图 3-3 表示。

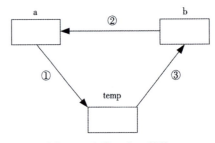

图 3-3　交换 a 和 b 的值

程序如下：

```
#include <stdio.h>
int main()
{
    int a,b,temp;
    printf(" 输入整数 a,b?");
    scanf("%d%d",&a,&b);
    temp=a;
    a=b;
    b=temp;
    printf("a=%d  b=%d\n",a,b);
    return 0;
}
```

程序运行结果如下：

```
输入整数 a,b?100 200 ↙
a=200  b=100
```

将整型变量 a 和 b 的值交换也可以不引入中间变量，程序如下：

```
#include <stdio.h>
int main()
```

```
{
    int a,b,temp;
    printf(" 输入整数 a,b ？  ");
    scanf("%d %d",&a,&b);
    a=a+b;
    b=a-b;
    a=a-b;
    printf("a=%d  b=%d\n",a,b);
    return 0;
}
```

【例 3-12】输入一个字符，输出其前驱字符和后继字符，并按 ASCII 码值从大到小的顺序输出这 3 个字符及其对应的 ASCII 码值。

分析：程序分为以下 3 步实现。

（1）输入一个字符，存入字符变量 ch，可用库函数 getchar 实现。

（2）前驱字符 ch1 和后继字符 ch2：ch1=ch-1，ch2=ch+1。

（3）按要求分别输出 ch、ch1、ch2 的值及其 ASCII 码值，可用库函数 putchar 和 printf 实现。

程序如下：

```
#include <stdio.h>
int main()
{
    char ch,ch1,ch2;
    ch=getchar();
    ch1=ch-1;                 // 求前驱字符
    ch2=ch+1;                 // 求后继字符
    putchar(ch1);
    putchar('\t');
    putchar(ch);
    putchar('\t');
    putchar(ch2);
    putchar('\n');
    printf("%d\t%d\t%d\n",ch1,ch,ch2);
    return 0;
}
```

【例 3-13】已知北京与纽约的时差关系，当北京时间为中午 12 时，纽约时间为前一天的 23 时，编程实现根据键盘输入的北京时间自动转换为纽约时间。

分析：用变量 BeiJing_Time 表示北京时间，用变量 NewYork_Time 表示纽约时间，则根据北京时间计算纽约时间的计算公式可写成 NewYork_Time=(BeiJing_Time-13+24)%24，为了避免时间出现负数，将两者时间差加 24 转换为正常的时间表示，又因为 24 点即零点，所以要再取除以 24 的余数。

程序如下：

```
#include <stdio.h>
int main()
{
    int BeiJing_Time,NewYork_Time;
    printf("Please input the BeiJing_Time:");
    scanf("%d",&BeiJing_Time);
```

```
            NewYork_Time=(BeiJing_Time-13+24)%24;
            printf("*************************\n");
            printf("%-15s%3d clock\n","BeiJing_Time",BeiJing_Time);
            printf("%-15s%3d clock\n","NewYork_Time",NewYork_Time);
            printf("*************************\n");
            return 0;
        }
```

程序运行结果如下：

```
Please input the BeiJing_Time:9 ↙
*************************
BeiJing_Time    9 clock
NewYork_Time   20 clock
*************************
```

上面 5 个例题的求解都是从分析问题着手，先集中精力分析编程思路即设计算法，再编写程序。有了算法，编写程序就不难了。例题虽然简单，但说明了程序设计的基本过程，即在解决一个问题时，如何分析问题，进而设计算法，这是应用计算机求解问题的基本步骤和方法。若不将问题分析清楚，缺乏编程的思路和方法，就急于编写程序，只能是事倍功半，甚至是徒劳无益。

本 章 小 结

（1）C 语言的语句主要有简单语句、复合语句和流程控制语句 3 类。简单语句包括表达式语句和空语句。表达式语句由各种表达式后面加分号组成；空语句由一个分号构成，常用在那些语法上需要一条语句，而实际上并不需要任何操作的场合。复合语句是用花括号括起来的语句，它在语法上构成一个语句块，程序设计时要将具有整体语法意义的程序段写成复合语句形式。流程控制语句又分为选择语句、循环语句和控制转移语句。

注意，空语句虽然什么也不做，但它的语法意义是存在的，有些地方加空语句对程序的功能没有影响，有些地方加空语句，其含义就大不相同了。

从语法上分析下列语句：

```
{x=10;y=20;z=30;};      // 一个复合语句加上一个空语句，空语句是多余的
x=10,y=20,z=30;         // 一个逗号表达式语句
x=10;y=20;z=30;         // 三个赋值语句
```

（2）C 语言程序中使用频率最高、最基本的语句是赋值语句，它是一种表达式语句。应当注意的是，赋值运算符" = "左侧一定代表内存中某存储单元，通常是变量。例如，m%n=0 是错误的表达式。

（3）C 语言中没有提供输入输出语句，在其库函数中提供了一组输入输出函数，C 语言的输入输出是调用函数来实现的。其中对标准输入输出设备进行格式化输入输出的函数是 scanf 和 printf。

（4）输入函数 scanf 的功能是接收键盘输入的数据给变量，输出函数 printf 的功能是将数据以一定格式显示输出。

printf 和 scanf 函数都要求格式转换说明符与输入项在个数、顺序、类型上一一对应。

分析下列语句：

```
int x,y;
scanf("%d%d",x,y);            //x，y 前面没有加取地址运算符
scanf("%d%d",&x,&y);         // 输入数据时，数据间用空格分隔
scanf("%d,%d",&x,&y);        // 输入数据时，数据间用逗号分隔
```

（5）putchar(c) 函数的功能是将字符型变量 c 中的字符输出到标准输出设备上。getchar 函数的功能是从标准输入设备上读入一个字符。

（6）本章介绍的语句和函数可以进行顺序结构程序设计。顺序结构的特点是结构中的语句按其先后顺序执行。若要改变这种执行顺序，需要设计选择结构和循环结构。

习　题

一、选择题

1. 以下选项中不是 C 语句的是（　　）。

　　A．{int i; i++; printf("%d\n",i);}　　　B．;

　　C．a=5,c=10　　　　　　　　　　　　D．{ ; }

2. 已知 x、y 为整型，z 为实型，c 为字符型，则下列表达式中合法的是（　　）。

　　A．z=(y+x)++　　B．x+y=z　　　　C．y=c+x　　　　D．y=z%x

3. 若有定义 "int x;"，则经过表达式 x=(float)2/3 运算后，x 的值为（　　）。

　　A．2.0　　　　　B．0　　　　　　　C．2　　　　　　　D．1

4. 已定义 c 为字符型变量，则下列语句中正确的是（　　）。

　　A．c='97';　　　B．c="97";　　　　C．c=97;　　　　　D．c="a";

5. 若变量 a 是 int 类型，并执行了语句 "a='A'+1.6;"，则正确的叙述是（　　）。

　　A．a 的值是字符　　　　　　　　B．a 的值是浮点型

　　C．不允许字符型和浮点型相加　　D．a 的值是字符 A 的 ASCII 值加上 1

6. 已知 i、j、k 为 int 型变量，若从键盘输入 1,2,3 ↙，使 i 的值为 1，j 的值为 2，k 的值为 3，以下选项中正确的输入语句是（　　）。

　　A．scanf("%2d%2d%2d",&i,&j,&k);　　B．scanf("%d %d %d",&i,&j,&k);

　　C．scanf("%d,%d,%d",&i,&j,&k);　　　D．scanf("i=%d,j=%d,k=%d",&i,&j,&k);

7. 设 n 是 int 型变量，a 是 float 型变量，用下面的语句给这两个变量输入值：

```
scanf("%d,%f", &n,&a);
```

　　为了把 100 和 765.12 分别赋给 n 和 a，则执行 scanf 函数时正确的数据输入方式为（　　）。

　　A．100 765.12 ↙　　　　　　　　　B．i=100,f=765.12 ↙

　　C．100 ↙ 765.12 ↙　　　　　　　　D．100,765.12 ↙

8. 下列语句的输出结果是（　　）。

```
printf("|%10.5f\n",12345.678);
```

　　A．|2345.67800|　　　　　　　　　B．|12345.6780|

　　C．|12345.67800|　　　　　　　　　D．|12345.678|

9．设有如下程序段：

```
int x=2022,y=2023;
printf("%d\n",(x,y));
```

则以下叙述中正确的是（　　　）。

A．printf格式说明符的个数少于输出项的个数，不能正确输出

B．输出结果为 (2022,2023)

C．输出结果为 2022

D．输出结果为 2023

10．下列程序的输出结果是（　　　）。

```
#include <stdio.h>
int main()
{
  int x='f';
  printf("%c\n",'A'+(x-'a'+1));
  return 0;
}
```

A．G B．H C．I D．J

11．【多选】在下列选项中，正确的赋值语句是（　　　）。

A．t=(0,1); B．n1*=n2/=n-=0; C．k=i=j; D．a=b+c=1;

12．【多选】先将 x 的值加 1，然后把 x 和 y 的差赋给 z。若用一条 C 语句完成操作，则相应的语句是（　　　）。

A．z=++x-y; B．z=(x+=1)-y; C．z=(++x,x-y); D．z=(x++,x-y);

二、填空题

1．复合语句是用 _____ 括起来的语句。

2．使用 C 语言库函数时，要用编译预处理命令 _____ 将有关的头文件包括到用户源文件中。使用标准输入输出库函数时，程序的开头要有编译预处理命令 _____。

3．若有程序：

```
#include <stdio.h>
int main()
{
  int i,j;
  scanf("i=%d,j=%d";&i,&j);
  printf("i=%d,j=%d\n",i,j);
  return 0;
}
```

要求给 i 赋 10，给 j 赋 20，则应该从键盘输入 _____。

4．执行下列语句后，变量 c 的值是 _____。

```
int a=10,b=9,c=8;
c=(a-=(b-5));
c=(a%11)+(b=3);
```

5．有以下程序：

```
#include <stdio.h>
int main()
```

```
{
  int k=2,i=2,m;
  m=(k+=i*=k);
  printf("%d,%d\n",m,i);
  return 0;
}
```

程序运行后的输出结果是 _____。

三、编写程序题

1．输入两个整数，求出它们的商和余数并进行输出。

2．读入 3 个双精度型浮点数，求它们的平均值并保留 1 位小数，对小数点后第 2 位数进行四舍五入，最后输出结果。

3．读入 3 个整型数给 a、b、c，然后交换它们的值：把 a 中原来的值给 b，把 b 中原来的值给 c，把 c 中原来的值给 a。

4．将 3 位整数的十位数的数字变为 0。例如，输入 3 位整数为 738，输出为 708。

5．计算图 3-4 所示圆周图形阴影部分的面积。其中圆半径为 r，正方形边长 a=2r/3。

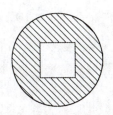

图 3-4　圆周图形

6．输入一个小写字母，输出其对应的大写字母。

7．从键盘输入一个字符，在屏幕上显示出其前后相连的 3 个字符。

8．已知 $x = 1 + \dfrac{1}{2!} + \dfrac{1}{3!} + \dfrac{1}{4!}$，$y = e^{\frac{\pi}{2}x}$，计算 $z = \dfrac{\ln(x^2 + y)}{\sin^2(xy) + 1} + 32$。

选择结构

选择结构又被称为分支结构，它根据给定的条件是否成立，决定程序的运行路线，在不同的条件下，执行不同的操作，这在实际求解问题的过程中大量存在。例如，输入学生的成绩，需要统计及格学生的人数、统计及格和不及格学生的人数、统计不同分数段学生的人数，就程序执行的路线或分支来说，这里就涉及单个分支、两个分支和多个分支的选择结构。要实现选择结构，首先涉及如何表示条件，再就是选择控制语句。通常情况下，用关系运算和逻辑运算来表示条件，位运算也可以表示条件（从语法上讲，C 语言的任何表达式都可以表示条件）。C 语言提供 if 语句和 switch 语句来实现选择结构。

本章要点：

- 关系运算、逻辑运算和位运算的运算规则
- if 选择结构的格式与执行过程
- switch 多分支选择结构的格式与执行过程
- 条件运算的运算规则
- 选择结构程序设计方法

4.1 条件的描述

C 语言提供了关系运算和逻辑运算，用来描述程序控制中的条件。

 ## 4.1.1 关系运算

 ### 1. 关系运算符

C 语言的关系运算符有：

<(小于)、<=(小于或等于)、>(大于)、>=(大于或等于)、==(等于)、!=(不等于)

关系运算符用于两个量的比较判断，表示一个条件。例如表达式 x>=7.8，若 x 的值为 13.14，则 x>=7.8 条件满足；若 x 的值为 0.0，则 x>=7.8 条件不满足。关系表达式的值是一个逻辑值：真或假。习惯称条件满足时，表达式值为真，条件不满足时表达式值为假。在 C 语言中，约定以 1（非 0）表示真，以 0 表示假。由于 C 语言中没有逻辑型数据，所以 C 语言规定用整型数据来表示逻辑值，即用整数值 1 表示逻辑真，用整数值 0 表示逻辑假。在 C 语言中，将非 0 值视为真。

在上述 6 种关系运算符中，前 4 种（<、<=、>、>=）的优先级高于后两种（==、!=）。另外，关系运算符的优先级低于算术运算符的优先级。例如：

```
a<b+c                       // 等价于 a<(b+c)
i!=j>=k                     // 等价于 i!=(j>=k)
```

2. 关系表达式

关系表达式是由关系运算符将两个表达式连接起来的式子，一般格式如下：

表达式 1 关系运算符 表达式 2

关系表达式的结果为 1（真）或 0（假）。设有 i=1，j=2，k=3，则 i>j 的值为 0，i==k>j 的值为 1（先计算 k>j，其值为 1，等于 i 的值），i+j<=k 的值为 1。

在表达式中连续使用关系运算符时，要注意正确表达运算的含义，注意运算优先级和结合性。例如，变量 x 的取值范围为 0 ≤ x ≤ 20 时，不能写成 0<=x<=20，因为关系表达式 0<=x<=20 的运算过程是，按照优先级，先求出 0<=x 的结果，再将结果 1 或 0 作 <=20 的判断，这样无论 x 取何值，最后表达式一定成立，结果一定为 1。这显然违背了原来的含义。此时，就要运用下面介绍的逻辑运算符进行连接，即应写为：

```
x>=0 && x<=20
```

 ## 4.1.2 逻辑运算

1. 逻辑运算符

C 语言的逻辑运算符有：

&&（逻辑与）、||（逻辑或）、!（逻辑非）

其中运算符 && 和 || 是双目运算符，要求有两个运算分量，用于连接多个条件，构成更复杂的

条件。运算符 ! 是单目运算符，用于对给定条件取非。逻辑运算产生的结果也是一个逻辑量：真或假，分别用 1 或 0 表示。

逻辑运算符中，! 的优先级最高，&& 和 || 的优先级最低。另外，&& 和 || 的优先级低于关系运算符的优先级，! 的优先级高于算术运算符的优先级。

 2. 逻辑表达式

逻辑表达式是用逻辑运算符将逻辑量连接起来的式子。除 ! 以外，&& 和 || 构成的逻辑表达式的一般格式如下：

p1 逻辑运算符 p2

其中，p1、p2 是两个逻辑量。

若逻辑运算符为 &&，则当连接的两个逻辑量全为真时，逻辑表达式取值为真，只要有一个为假，便取假值。若逻辑运算符为 ||，则当连接的两个逻辑量中只要有一个为真，逻辑表达式的值为真，只有两个逻辑量同时为假时，才产生假值。! 是一个单目运算符，只作用于后面的一个逻辑量。它对后面的逻辑量取非，如果逻辑量为假，便产生真值，如果逻辑量为真，便产生假值。逻辑运算的功能可用表 4-1 所示的真值表来表示。

表 4-1　逻辑运算真值表

p	q	p && q	p || q	!p
0	0	0	0	1
0	1	0	1	1
1	0	0	1	0
1	1	1	1	0

由于在 C 语言中，以 1（非 0）表示逻辑真，0 表示逻辑假，所以参与逻辑运算的分量也可以是其他类型的数据，以非 0 和 0 判定它们是真还是假。

在一个包含算术、关系、逻辑运算的表达式中，不同位置上出现的数值，应区分哪些是数值运算对象、哪些是关系运算和逻辑运算对象。例如：

2>1 && 4 && 7<3+!0

该表达式等效于 ((2>1) && 4) && (7<(3+(!0)))。表达式是从左至右计算：2 和 1 进行关系运算，2>1 的值为 1；接着进行 1&&4 的逻辑运算，结果亦为 1；再往下进行 1 && 7<3+!0 的计算。根据优先次序，先进行 !0 运算，结果为 1；再进行 3+1 运算，结果为 4；再进行 7<4 运算，结果为 0。最后进行 1&&0 的运算，得到上述表达式的计算结果为 0。

 3. 逻辑运算的重要规则

逻辑与和逻辑或运算分别有如下性质。

（1）a && b：当 a 为 0 时，不管 b 为何值，结果为 0。

（2）a || b：当 a 为 1 时，不管 b 为何值，结果为 1。

C 语言利用上述性质，在计算连续的逻辑与运算时，若有运算分量的值为 0，则不再计算后继的逻辑与运算分量，并以 0 作为逻辑与算式的结果；在计算连续的逻辑或运算时，若有运算分量的值为 1，则不再计算后继的逻辑或运算分量，并以 1 作为逻辑或算式的结果。也就是说，

对于 a && b，仅当 a 为非 0 时，才计算 b；对于 a || b，仅当 a 为 0 时，才计算 b。

例如，有下面的定义语句和逻辑表达式：

```
int a=0,b=10,c=0,d=0;
a && b && (c=a+10,d=100)
```

因为 a 为 0，无论 b && (c=a+10,d=100) 值为 1 或为 0，表达式 a && b && (c=a+10,d=100) 的值一定为 0。所以，b && (c=a+10,d=100) 部分运算不需要计算。该表达式运算完成后，c 和 d 值都不变，保持原值 0。

又如：

```
int a=5,b=10,c=0,d=0;
a && b && -(c=b*b,d=a/b)
```

表达式中的 -(c=b*b,d=a/b) 是第 2 个 && 运算符的右操作数，若加上一对圆括号更清晰。所以，可写成：

```
a && b && (-(c=b*b,d=a/b))
```

因为 a、b 均为非 0，该逻辑运算表达式值还不能确定，(-(c=b*b,d=a/b)) 需要计算。该表达式运算完成后，其值为 0，c 为 100，d 为 0。

对于逻辑或运算，有下面的定义语句和逻辑表达式：

```
int a=1,b=10,c=0,d=0;
a || b || (c=a+10,d=100)
```

因为 a 为非 0，无论 b || (c=a+10,d=100) 值为 0 或为 1，表达式 a || b || (c=a+10,d=100) 的值都为 1。所以，表达式 b || (c=a+10,d=100) 不需要计算。该表达式运算完成后，c 和 d 值不变，保持原值 0。

又如：

```
int a=0,b=0,c=0,d=0;
a || b || (c=a+b,d=100)
```

因为 a、b 均为 0，该逻辑运算表达式值还不能确定，(c=a+b,d=100) 需要计算。该表达式运算完成后，其值为 1，c 为 0，d 为 100。

在程序设计中，常用关系表达式和逻辑表达式表示条件。下面将通过具体示例来进行说明。

【例 4-1】写出下列条件：

（1）判断年份 year 是否为闰年。

（2）判断 ch 是否为小写字母。

（3）判断 m 能否被 n 整除。

（4）判断 ch 既不是字母也不是数字字符。

条件 1：我们知道，每 4 年一个闰年，但每 100 年少一个闰年，每 400 年又增加一个闰年。所以年份 year 是闰年的条件可用逻辑表达式描述为：

```
(year%4==0 && year%100!=0) || year%400==0
```

在 C 语言的逻辑表达式中，对一个数值不等于 0 的判断，可用其值本身代之。对于等于 0 的判断，可用其值取非代之。上式判断 year 为闰年的逻辑表达式可简写如下：

```
(!(year%4) && year%100) || !(year%400)
```

条件 2：考虑到字母在 ASCII 码表中是连续排列的，ch 中的字符是小写字母的条件可用逻辑表达式描述为：

```
ch>='a' && ch<='z'
```

条件 3：m 能被 n 整除，即 m 除以 n 的余数为 0，故表示条件的表达式为：

m%n==0 或 !(m%n) 或 m-m/n*n==0

条件 4：先写 ch 是字母（包括大写或小写字母）或数字字符的条件，然后将该条件取非，故表示条件的表达式为：

!((ch>='A' && ch<='Z') || (ch>='a' && ch<='z') || (ch>='0' && ch<='9'))

4.1.3 位运算

位运算就是直接对整数按二进制位（bit）进行操作，其运算符主要有：&、|、~、^、>> 和 <<，其中前 4 个是位逻辑运算符，后两个是移位运算符。因为二进制数每一位的结果要么是 1 要么是 0，刚好对应于逻辑量的真和假，所以位运算与逻辑运算有一些相似的地方。

1. 位逻辑运算

位逻辑运算是对二进制数按位进行与、或、异或、取反运算，运算规则如下。

（1）按位与运算。若两个操作数的相应位均为 1，则结果中的对应位为 1；若两个操作数的相应位中有一位为 0，则结果中的对应位为 0。C 语言用 & 运算符实现按位与运算。例如，-5&3 的值为 3，其中 -5 的补码（为简便起见，用 8 位二进制数表示）为 1111 1011，3 的补码为 0000 0011，按位与的结果为 0000 0011，即值为十进制数 3。

（2）按位或运算。若两个操作数的相应位有一位为 1，则结果中的对应位为 1；若两个操作数的相应位均为 0，则结果中的对应位为 0。C 语言用 | 运算符实现按位或运算。例如，-5|3 的值是 -5。-5 与 3 按位或后得 11111011，其真值为 -0000101，即十进制数 -5。

（3）按位异或运算。若两个操作数的相应位不相同，则结果中的对应位为 1；若两个操作数的相应位相同，则结果中的对应位为 0。C 语言用 ^ 运算符实现按位异或运算。例如，-5^3 的值为 -8。-5 与 3 按位异或后得 11111000，其真值是 -0001000，即十进制数 -8。

（4）按位取反运算。将操作数中所有值为 0 和所有值为 1 的位分别在结果的对应位中设置为 1 和 0。C 语言用 ~ 运算符实现按位取反运算。例如，~9 的值为 -10。将 00001001 按位取反后得 11110110，其真值是 -0001010，即十进制数 -10。

2. 移位运算

移位运算是将操作数的位移动指定的位数，分为左移和右移两种，运算规则如下。

（1）左移位运算。左移位运算是把其左操作数的位向左移动右操作数指定的位数。C 语言用 << 运算符实现左移位运算。移动时右边（最低位）空出的位补 0。例如，3<<2 将 00000011 左移 2 位，右边补 0，得结果 00001100，即 12，相当于 3×2×2 的结果。

（2）右移位运算。右移位运算是把其左操作数的位向右移动右操作数指定的位数。C 语言用 >> 运算符实现右移位运算。移动对象为正数时，高位补 0；为负数时，高位补 1。例如，-3>>2 将 1111 1101（-3 的补码）右移 2 位，高位补 1，得 11111111，其真值是 -0000001，即十进制数 -1。

3. 位运算的应用

位运算在程序设计中是很有用的运算。例如，一个整数 n 和 1 进行按位与运算，若结果为 1，则说明 n 为奇数，结果为 0，则说明 n 为偶数。利用这个规律可以判断整数的奇偶性。

又如，对操作数每左移一位相当于乘以 2，左移 n 位相当于乘以 2^n。每右移一位相当于除以 2，右移 n 位相当于除以 2^n。所以，1<<10 得到 2^{10} 的结果 1024，比用函数 pow(2,10) 实现不仅更方便，而且具有更好的计算效率。

在实际应用时，要注意位运算符与逻辑运算符的区别。例如，& 是按位与运算符，&& 是逻辑与运算符，两者代表不同的运算。-5 & 3 的结果为 3，而 -5 && 3 的结果为 1，因为 -5 和 3 都是非 0，代表逻辑真，两者进行逻辑与运算，得到的结果为真，在 C 语言中输出 1。

4.2　if 选择结构

选择结构是根据给定的条件成立或不成立，分别执行不同的语句，可分为单分支、双分支和多分支选择结构。C 语言提供了实现选择结构的 if 和 switch 语句。本节介绍 if 选择结构程序设计的方法。

4.2.1　单分支 if 选择结构

单分支 if 选择结构的一般格式如下：

```
if( 表达式 )
    语句
```

单分支 if 选择结构的执行过程：计算表达式的值，若值为非 0，则执行语句，然后执行 if 语句的后继语句；若值为 0，则直接执行 if 语句的后继语句。其执行过程如图 4-1 所示。

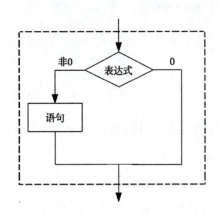

图 4-1　单分支 if 选择结构的执行过程

注意：

（1）if 后面的表达式必须用圆括号括起来。

（2）因为在 if 语句中以表达式的结果是非 0 还是 0 作为判断条件是否成立的标准，所以作为条件的表达式不一定必须是结果为 1 或 0 的关系表达式或逻辑表达式，可以是任意表达式。例如语句：

```
if ('B') printf("%d\n",'B');
```

是合法的，将输出大写字母 B 的 ASCII 码值 66。

又如：

```
if (a) x=y;
```

等价于：

```
if (a!=0) x=y;
```

而以下语句：

```
if (!a) x=y;
```

等价于：

```
if (a==0) x=y;
```

语句"if(1) …"表示条件总成立，"if(0) …"表示条件总不成立。

if 语句中表示条件的表达式的多样性，可以使程序的描述灵活多变，但从提高程序可读性的要求讲，还是直接表达逻辑判断为好，因为这样更能表达程序员的思想意图，有利于日后对程序的维护。

（3）表达式后面的语句可以是一个简单语句，也可以是一个语句块。当包含两个或两个以上的简单语句时，应该用花括号写成复合语句的形式，构成一个语句块。例如：

```
if (x>y) {x=10;y=20;}
```

若将语句中的花括号去掉，则语句含义就不同了。通常可以将单分支 if 语句写成：

```
if ( 表达式 )
{
    语句块
}
```

当语句块中只包含一个语句时，花括号可以省略。

【例 4-2】输入两个整数 a 和 b，按从大到小的顺序输出。

分析：前面介绍过交换两个整数 a 和 b 的算法。现在，可应用该算法来编写程序。如果 a<b，交换 a 和 b，否则不交换。程序如下：

```
#include <stdio.h>
int main()
{
    int a,b,temp;
    printf(" 输入 a,b:");
    scanf("%d%d",&a,&b);
    if (a<b)                   // 若 a<b，交换 a 和 b，否则不交换
    {
        temp=a;
        a=b;
        b=temp;
    }
    printf("a=%d  b=%d\n",a,b);
    return 0;
}
```

程序运行结果如下：

```
输入 a,b:100 200 ↙
a=200  b=100
```

 ## 4.2.2 双分支 if 选择结构

双分支 if 选择结构的一般格式如下：

```
if ( 表达式 ) 语句 1 else 语句 2
```

双分支 if 选择结构的执行过程：计算表达式的值，若值为非 0，则执行语句 1，否则执行语句 2，语句 1 或语句 2 执行后再执行 if 语句的后继语句。其执行过程如图 4-2 所示。

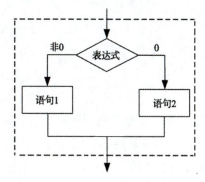

图 4-2　双分支 if 选择结构的执行过程

注意：与单分支 if 语句一样，表达式后面或 else 后面的语句若包含多个语句，应将它们写成复合语句的形式。例如：

if (i%2==1) {x=i/2;y=i*i;} else {x=i;y=i*i*i;}

请读者分析下列 if 语句与上述 if 语句的区别：

if (i%2==1) x=i/2,y=i*i; else x=i,y=i*i*i;

【例 4-3】输入三角形的 3 个边长，求三角形的面积。

分析：构成三角形的充分必要条件是任意两边之和大于第三边，即 a+b>c,b+c>a,c+a>b。其中，a、b、c 是三角形的 3 个边长。

若上述条件成立，则可按照海伦公式计算三角形的面积：

$$s = \sqrt{p(p-a)(p-b)(p-c)}$$

其中，p=(a+b+c)/2。

程序如下：

```c
#include <stdio.h>
#include <math.h>
int main()
{
    float a,b,c,p,s;
    printf("enter a,b,c:\n");
    scanf("%f,%f,%f",&a,&b,&c);
    if (a+b>c && a+c>b && b+c>a)
    {
        p=(a+b+c)/2;
        s=sqrt(p*(p-a)*(p-b)*(p-c));
        printf("a=%7.2f,b=%7.2f,c=%7.2f\n",a,b,c);
        printf("area=%7.2f\n",s);
    }
    else
    {
        printf("a=%7.2f,b=%7.2f,c=%7.2f\n",a,b,c);
        printf("input data error");
    }
    return 0;
}
```

程序运行结果如下：

```
enter a,b,c:（第 1 次运行）
4,5,6 ↙
a= 4.00,b= 5.00,c= 6.00
area= 9.92
enter a,b,c:（第 2 次运行）
3,1,5 ↙
a= 3.00,b= 1.00,c= 5.00
input dada error
```

程序运行时，选择结构的每一条分支不可能同时被执行，每次只能执行一个分支。所以在检查选择结构程序的正确性时，设计的原始数据应包括每一种情况，保证每一条分支都检查到。如例 4-3 中，第 1 次运行时，输入的 3 个边长能构成一个三角形，求出其面积。第 2 次运行时，输入的 3 个边长不能构成一个三角形，提示用户输入数据有误。

【例 4-4】输入 x，求对应的函数值。

$$y = \begin{cases} \ln(\sqrt{x^2+1}) & x \leq 0 \\ \sin x^3 + |x| & x > 0 \end{cases}$$

求分段函数的值

分析：可以看出，这是一个具有两个分支的分段函数，为了求函数值，可以采用双分支结构来实现。程序如下：

```c
#include <stdio.h>
#include <math.h>
int main()
{
float x,y;
    scanf("%f",&x);
    if (x<=0)
        y=log(sqrt(x*x+1));
    else
        y=sin(x*x*x)+fabs(x);
    printf("x=%f,y=%f\n",x,y);
    return 0;
}
```

还可以采用单分支结构来实现，程序如下：

```c
#include <stdio.h>
#include <math.h>
int main()
{
  float x,y;
  scanf("%f",&x);
  if (x<=0) y=log(sqrt(x*x+1));
  if (x>0) y=sin(x*x*x)+fabs(x);
  printf("x=%f,y=%f\n",x,y);
  return 0;
}
```

第 1 个 if 语句可以不用，直接求函数值即可，程序可以改写成：

```c
#include <stdio.h>
#include <math.h>
```

```
int main()
{
    float x,y;
    scanf("%f",&x);
    y=log(sqrt(x*x+1));
    if (x>0) y=sin(x*x*x)+fabs(x);
    printf("x=%f,y=%f\n",x,y);
    return 0;
}
```

请思考，第 2 个 if 语句能否不用，即保留第 1 个 if 语句，将第 2 个 if 语句改为直接求函数值，并分析原因。

 ### 4.2.3　多分支 if 选择结构

多分支 if 选择结构的一般格式如下：

```
if ( 表达式 1)
    语句 1
else if ( 表达式 2)
    语句 2
else if ( 表达式 3)
    语句 3
    …
else if ( 表达式 m)
    语句 m
else
    语句 n
```

多分支 if 选择结构的执行过程：多分支 if 选择结构的执行过程如图 4-3 所示。当表达式 1 的值为非 0 时，执行语句 1，否则判断表达式 2 的值是否为 0，非 0 时，执行语句 2，否则处理表达式 3，依次类推。若表达式的值都为 0，则执行 else 后面的语句 n。

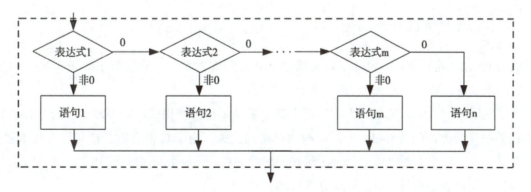

图 4-3　多分支 if 选择结构的执行过程

注意：

（1）不管有几个分支，程序执行完一个分支后，其余分支将不再执行。请思考，当表达式 1 和表达式 2 都为非 0 时，语句的执行路线如何？

（2）else if 不能写成 elseif，也就是 else 与 if 之间要有空格。

【例 4-5】输入一个字符，若为大写字母，则输出其后继字符，若为小写字母，则输出其前驱字符，若为其他字符则原样输出。

分析：程序分为 3 个分支，可以用 3 个单分支结构实现，也可以用多分支 if 选择结构实现。多分支结构的程序如下：

```c
#include <stdio.h>
int main()
{
    char c;
    c=getchar();
    if (c>='A' && c<='Z')
        putchar(c+1);              //输出后继字符
    else if (c>='a' && c<='z')
        putchar(c-1);              //输出前驱字符
    else
        putchar(c);                //输出原字符
    return 0;
}
```

 ### 4.2.4 if 选择结构的嵌套

if 语句中可以再嵌套 if 语句。C 语言规定，在嵌套的 if 语句中，else 子句总是与前面最近的、不带 else 的 if 相结合。例如，有以下形式的 if 语句：

（1）

```
if ( 表达式 1)
if ( 表达式 2) 语句 1 else 语句 2
```

（2）

```
if ( 表达式 1)
{ if ( 表达式 2) 语句 1 else 语句 2 }
```

（3）

```
if ( 表达式 1)
{ if ( 表达式 2) 语句 1 }
else 语句 2
```

（1）和（2）是等价的，else 子句与第二个 if 语句配对。（3）将没有 else 子句对应的内嵌 if 语句写成复合语句，else 子句与第一个 if 语句配对。

为了使嵌套层次清晰明了，在程序的书写上常常采用缩排格式，即不同层次的 if-else 出现在不同的缩排级上，但是 if-else 的匹配与缩排格式无关。由于 C 语言的 if 语句没有终端语句，所以在 if 嵌套的情况下要特别注意 else 和 if 的配对关系，避免引起逻辑上的混乱。

【**例 4-6**】硅谷公司员工的工资计算方法如下：

（1）工作时数超过 120 小时者，超过部分加发 15%。

（2）工作时数低于 60 小时者，扣发 700 元。

（3）其余按每小时 84 元计发。

输入员工的工号和该号员工的工作时数，计算应发工资。

分析：为了计算应发工资，首先分两种情况，即工时数小于或等于 120 小时和大于 120 小时。工时数超过 120 小时时，实发工资有规定的计算方法。而当工时数小于或等于 120 小时时，又分为大于 60 和小于或等于 60 两种情况，分别有不同的计算方法。所以程序分为 3 个分支，即工时数 >120、60< 工时数≤ 120 和工时数≤ 60，可以用多分支 if 结构实现，也可以用 if 的嵌套实现。

if 嵌套的程序如下：

```
#include <stdio.h>
int main()
{
    int gh,gs,gz;
    scanf("%d%d",&gh,&gs);
    if (gs>120)
      gz=gs*84+(gs-120)*84*0.15;
    else
      if (gs>60)
        gz=gs*84;
      else
        gz=gs*84-700;
    printf("%d 号职工应发工资 %d\n",gh,gz);
    return 0;
}
```

【例 4-7】根据键盘输入的 3 个数，找出最大数并输出。

分析：在例 1-2 中介绍过求 20 个数中最大数的算法。这里是求 3 个数中的最大数，具体方法是，输入 3 个数到 x、y、z 后，先假定第 1 个数是最大数，即将 x 送到 max 变量，然后将 max 分别和 y、z 比较，两次比较后，max 的值为 x、y、z 中的最大数。这里用嵌套的 if 结构来实现，先看下面的程序：

```
#include <stdio.h>
int main()
{
    float x,y,z,max;
    printf("Enter 3 real numbers x,y,z:\n");
    scanf("%f,%f,%f",&x,&y,&z);
    max=x;
    if (z>y)
      if (z>x)
        max=z;
    else
      if (y>x)
        max=y;
    printf("The max is %f\n",max);
    return 0;
}
```

程序的一次运行情况如下：

```
Enter 3 real numbers x,y,z:
11.7,26.7,23.9 ↙
The max is 11.700000
```

可以看出程序的运行结果是错的，那么为什么会出现错误结果呢？从书写形式上看，似乎 else 应与第 1 个 if 配对，即满足图 4-4（a）所示的逻辑关系。实际上，C 语言规定：当 if 没有

程序设计（慕课版）/ 70

与它配对的其他 else 时，else 总是与离自己最近的 if 配对。本程序段中，else 与第 2 个 if 配对，它所描述的逻辑关系应该是图 4-4（b）。

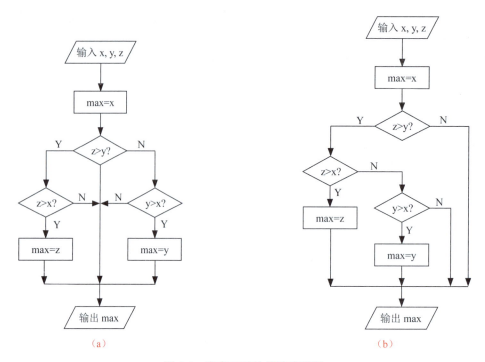

图 4-4　嵌套 if 结构算法流程图

正确的程序如下：

```
#include <stdio.h>
int main()
{
    float x,y,z,max;
    printf("Enter 3 real numbers x,y,z:\n");
    scanf("%f,%f,%f",&x,&y,&z);
    max=x;
    if (z>y)
    {                              // 相对于出错程序，这里加了花括号
        if (z>x)
            max=z;
    }
    else
    {
        if (y>x)
            max=y;
    }
    printf("The max is %f\n",max);
    return 0;
}
```

程序中嵌套使用了 if 语句，有的是 if-else 结构形式，有的没有 else。如果一个分支内只是一个 if 语句，有时可以省略表示该分支的花括号，但要特别注意 if 和 else 语句的配对关系。为避免混淆，必要时加上花括号。

4.2.5 容易混淆的 == 和 = 运算符

这是 C 语言程序设计中极易出错的一个问题，有必要单独提出来讲述。把等于运算符 == 和赋值运算符 = 交换使用，通常不会发生语法错误，也就是说，程序能编译通过并能运行，但运算结果往往不正确，所以这类错误较隐蔽，不易被发现。

出现这种错误的原因有两个方面。一方面，由于在数学上用 "=" 表示等于，这一点许多人已经习以为常了，所以特别容易混淆（其实容易混淆的地方还有很多，如标识符的定义、表达式的书写、标准函数的调用等）。另一方面，由于在 C 语言中，任何具有值的表达式都可以作为选择控制或循环控制的判断条件，表达式值为 0，认为是 "假"，表示条件不成立，表达式值为非 0，认为是 "真"，表示条件成立，而 C 语言的赋值表达式会产生一个值，即赋值运算符左边变量的值，所以赋值表达式可以表示条件。但这时逻辑上的含义却大大不同了。例如，假定把语句：

```
if (StudentID==5) score+=20;
```

不小心写成：

```
if (StudentID=5) score+=20;
```

第 1 条 if 语句能够判断学生的学号（StudentID）是否为 5，给学号为 5 的学生的成绩（score）加 20 分，而第 2 条 if 语句先计算条件表达式，该表达式是一个赋值语句，它的值为 5。因为任何非 0 值都被当作 "真"，所以 if 语句的条件总是满足的，也就是说，不论学生的学号是多少，他总可以加 20 分。在这里，语法上并没有错误，但逻辑上有错，所以程序得不到正确结果。

4.3 条 件 运 算

条件运算是 C 语言中唯一的一个三目运算，有 3 个运算分量。它的一般格式如下：

```
表达式 1? 表达式 2: 表达式 3
```

条件运算的运算规则是先求表达式 1 的值，若表达式 1 的值为非 0（真），则求表达式 2，并以表达式 2 的值为条件运算的结果（不再计算表达式 3）。若表达式 1 的值为 0（假），则求表达式 3，并以表达式 3 的值为条件运算的结果（不再计算表达式 2）。例如：

```
x>y?x:y
```

若 x>y 条件为真，则条件运算取 x 的值，否则取 y 的值。

条件运算的优先级高于赋值运算，但低于关系运算、逻辑运算和算术运算。例如：

```
max=x>y?x:y+1
```

等价于：

```
max=((x>y)?x:(y+1))
```

条件运算符的结合性为从右至左。当多个条件表达式嵌套使用时，每个后续的 ":" 总与前面最近的、没有配对的 "?" 相联系。例如：

```
x>y?x:u>v?u:v
```

等价于：

```
x>y?x:(u>v?u:v)
```

使用条件表达式可以使程序简洁明了。例如，赋值语句 z=a>b?a:b 中使用了条件表达式，很简洁地表示了判断变量 a 与 b 的最大值并赋给变量 z 的功能。所以，使用条件表达式可以简化程序。

另外，条件运算的 3 个运算分量的数据类型可以各不相同。例如：

```
i>j?20:31.5
```

当条件运算中，表达式 2 与表达式 3 的类型不一致时，C 语言约定在表达式 2 与表达式 3 中，类型低的向类型高的转换。因此，上式当 i>j 时，条件表达式的值为 20.0，否则为 31.5。

【例 4-8】 生成 3 个随机整数，输出其中最大的数。

这里用条件表达式来实现，程序如下：

```c
#include <stdio.h>
int main()
{
    float x,y,z,max;
    x=rand();                    //产生随机整数
    y=rand();
    z=rand();
    max=x>y?x:y;
    max=max>z?max:z;
    printf("x=%d,y=%d,z=%d\n",x,y,z);
    printf("max=%d\n",max);
    return 0;
}
```

例 4-7 和例 4-8 中介绍了求 3 个数中的最大数的实现方法，可以选择单分支、多分支、if 结构嵌套和条件表达式来实现，这说明了程序实现方法的多样性，需要不断进行分析和总结，以选择最简洁、效率最高的实现方法。

4.4 switch 多分支选择结构

尽管用 if-else if 结构或嵌套的 if 语句可以实现多分支，但当分支较多时，程序在结构上不够精巧。C 语言提供了一个更为方便的实现多分支结构的语句 switch，一般格式如下：

```
switch( 表达式 )
{
    case 常量表达式 1: 语句 1;break;
    case 常量表达式 2: 语句 2;break;
        …
    case 常量表达式 m: 语句 m;break;
    default: 语句 n;break;
}
```

其中，switch 后面的表达式和 case 后面的常量表达式一般是整型或字符型。

switch 语句的执行过程：当表达式的值与某一个 case 后面的常量表达式的值相等时，就执行此 case 后面的语句并继续执行下一个 case 后面的语句，直至 switch 语句结束。若所有 case 中的常量表达式的值都不与表达式的值匹配，则执行 default 后面的语句，如图 4-5 所示。

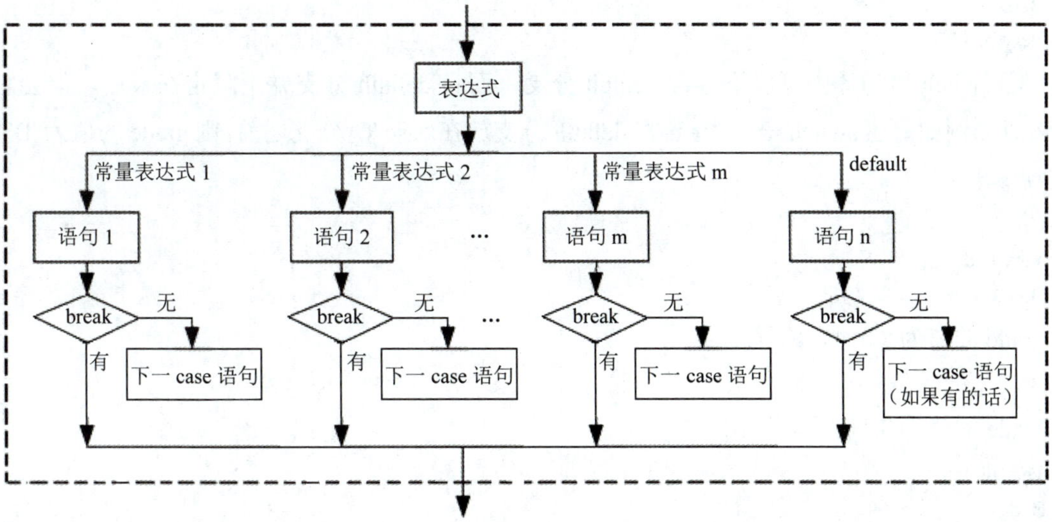

图 4-5 switch 语句的执行过程

使用 switch 语句时应注意以下几点。

（1）每一个 case 后的常量表达式的值应当互不相同,但不同的常量表达式可以共用一个语句。例如，有 switch 语句：

```
switch (k)
{
    case 1:
    case 2:printf("AAA\n");break;
    case 3:
    case 4:
    case 5:printf("BBB\n");
}
```

当 k=1、2 时，均输出：

```
AAA
```

当 k=3、4、5 时，均输出：

```
BBB
```

（2）为了在执行某个 case 分支后，使流程跳出 switch 结构，即终止 switch 语句的执行，总是将 break 语句与 switch 语句一起使用，即把 break 语句作为每个 case 分支的最后一条语句，当执行到 break 语句时，使流程跳出本条 switch 语句，转去执行 switch 语句的后继语句。若不使用 break 语句，则一旦进入某个 case 后面的语句，就由此开始顺序执行后面各 case 语句。例如，有 switch 语句：

```
switch (grade)
{
    case 'A':printf("Very good\n");
    case 'B':printf("Good\n");
    case 'C':printf("Bad\n");
    default :printf("Very bad\n");
}
```

执行时，若 grade 的值为 'B'，则输出：

```
Good
```

```
Bad
Very bad
```

（3）switch 语句体中可以不包含 default 分支，而且 default 分支并不限定在最后，但会影响执行结果。例如上述 switch 语句中，若将 default 分支放在 case 'C' 分支之前，则 grade 的值为 'B' 时，将连续输出：

```
Good
Very bad
Bad
```

grade 的值为 'C' 时，将输出：

```
Bad
```

grade 的值为 'D' 时，将输出：

```
Very bad
Bad
```

【例 4-9】输入两个运算量和一个运算符，完成加、减、乘、除运算，输出运算结果。

分析： 利用 switch 语句实现，加、减、乘、除运算有 4 个分支，default 分支提示输入的运算符有误。当进行除法运算时，要注意避免除数为 0 的情况，这时应给出相应的提示。程序如下：

```c
#include <stdio.h>
int main()
{
    float x,y,z;
    char ch;
    printf("Enter an operator(+,-,*,/):\n");
    ch=getchar();
    printf("Enter two numbers:");
    scanf("%f,%f",&x,&y);
    switch (ch)
    {
        case '+':z=x+y;printf("x+y=%f",z);break;
        case '-':z=x-y;printf("x-y=%f",z);break;
        case '*':z=x*y;printf("x*y=%f",z);break;
        case '/':if (y==0) printf("division by zero\n");
                else {z=x/y;printf("x/y=%f",z);} break;
        default:printf("The error operator");
    }
    return 0;
}
```

4.5 选择结构程序举例

选择结构是程序设计中很重要的结构，为了加深理解，为后面进一步学习打好基础，下面再举几个例子。

【例 4-10】输入一个整数，判断它是否为水仙花数。所谓水仙花数，是指这样的一些 3 位整数：各位数字的立方和等于该数本身，如 153。

分析： 关键的一步是先分别求 3 位整数个位、十位、百位数字，再根据条件判断该数是否为水仙花数。程序如下：

```
#include <stdio.h>
int main()
{
    int x,a,b,c;
    scanf("%d",&x);
    a=x%10;                        // 求个位数字
    b=(x/10)%10;                   // 求十位数字
    c=x/100;                       // 求百位数字
    if (x==a*a*a+b*b*b+c*c*c)
        printf("%d 是水仙花数 \n",x);
    else
        printf("%d 不是水仙花数 \n",x);
    return 0;
}
```

【例 4-11】编写一个菜单程序，用以完成数制转换。

（1）输入 1，将十进制转换为十六进制。

（2）输入 2，将十六进制转换为十进制。

（3）输入 3，将十进制转换为八进制。

（4）输入 4，将八进制转换为十进制。

分析：菜单程序先要显示菜单项，然后提示用户选择不同的菜单项，再根据用户的选择转去执行不同的操作，这里要用到多分支选择结构。

用多分支 if 结构的程序如下：

```
#include <stdio.h>
int main()
{
    int choice,value;
    printf("\n1  to convert decimal into hex\n");
    printf("2  to convert hex into decimal\n");
    printf("3  to convert decimal into octal\n");
    printf("4  to convert octal into decimal\n");
    printf("Please input your choice:");
    scanf("%d",&choice);
    if (choice==1)
    {
        printf("Please input a decimal number:");
        scanf("%d",&value);
        printf("%d be converted into a hex as %x.\n",value,value);
    }
    else if (choice==2)
    {
        printf("Please input a hex number:");
        scanf("%x",&value);
        printf("%x be converted into a decimal number as %d.\n",value,value);
    }
    else if (choice==3)
    {
        printf("Please input a decimal number:");
        scanf("%d",&value);
        printf("%d be converted into an octal number as %o.\n",value,value);
    }
    else
    {
```

```
        printf("Please input an octal number:");
        scanf("%o",&value);
        printf("%o be converted into a decimal number as %d.\n",value,value);
    }
    return 0;
}
```

此例的程序用 switch 语句来实现也是十分方便的，请读者自行完成。

【例 4-12】求一元二次方程 $ax^2+bx+c=0$ 的根。

分析：一元二次方程根和系数的关系可归纳如下。

（1）当 $a \neq 0$ 时，方程有两个根 root1、root2。

①当 $\Delta=b^2-4ac \geq 0$ 时，方程有两个实根。

②当 $\Delta=b^2-4ac<0$ 时，方程有一对共轭复根。

计算公式：

$$\text{root}_{1,2} = \begin{cases} \dfrac{-b \pm \sqrt{\Delta}}{2a} & \Delta \geq 0 \\[3mm] \dfrac{-b \pm \sqrt{-\Delta}i}{2a} & \Delta < 0 \end{cases}$$

注意：在计算实根时，若 $b^2 \gg 4ac$，则 $\Delta \approx b^2$，当 $b>0$ 时，$\dfrac{-b+\sqrt{\Delta}}{2a}$ 的值接近于 0，而 $\dfrac{-b-\sqrt{\Delta}}{2a}$ 的值的绝对值就大；当 $b<0$ 时，$\dfrac{-b-\sqrt{\Delta}}{2a}$ 的值接近于 0，而 $\dfrac{-b+\sqrt{\Delta}}{2a}$ 的值的绝对值就大。在数值计算中，由于两个非常接近的数相减会影响精度，所以接近于 0 的那个根的精度受到影响，为避免这种情况，可先计算绝对值大的根，然后用下面的公式计算较小的根：

$$\text{较小的根} = \frac{c}{a \times \text{较大的根}}$$

（2）当 $a=0$ 时，若 $b \neq 0$，则方程退化为 $bx+c=0$，仅有一个实根 $-c/b$。若 $b=0$，则方程无意义。程序如下：

```
#include <stdio.h>
#include <math.h>
int main()
{
    double a,b,c,delta,re,im,root1,root2;
    printf("Input a,b,c\n");
    scanf("%lf%lf%lf",&a,&b,&c);
    if (a!=0.0)                    // 有两个根
    {
        delta=b*b-4.0*a*c;         // 求判别式
        re=-b/(2.0*a);
        im=sqrt(fabs(delta))/(2.0*a);
        if (delta>=0.0)            // 有两个实根，先求绝对值大的根
        {
            root1=re+(b<0.0?im:-im);
            root2=c/(a*root1);
            printf("The roots are: %7.5f,%7.5f\n",root1,root2);
        }
        else                       // 求两个复根
            printf("The roots are complex %7.5f+%7.5fi and %7.5f-%7.5fi\n",
```

```
        re,fabs(im),re,fabs(im));
    }
    else                    // 当 a=0.0 时
        if (b!=0.0)
            printf("Single root is %7.5f\n",-c/b);
        else
            printf("The equation is defenerate.\n");
    return 0;
}
```

程序运行结果如下：

```
Input a,b,c              （第 1 次运行）
1 2 1 ↙
The roots are: -1.00000,-1.00000
Input a,b,c              （第 2 次运行）
2 6 1 ↙
The roots are: -2.82288,-0.17712
Input a,b,c              （第 3 次运行）
1 2 3 ↙
The roots are complex -1.00000+1.41421i and -1.00000-1.41421i
```

【例 4-13】输入年、月，求该月的天数。

分析：用 year、month 分别表示年、月，day 表示每月的天数。注意到以下两点：

（1）每年的 1 月、3 月、5 月、7 月、8 月、10 月、12 月，每月有 31 天；4 月、6 月、9 月、11 月，每月有 30 天；2 月闰年有 29 天，平年有 28 天。

（2）年份能被 4 整除，但不能被 100 整除，或者能被 400 整除的年均是闰年。程序如下：

```
#include <stdio.h>
int main()
{
    int year,month,day;
    scanf ("%d,%d",&year,&month);
    switch (month)
    {
        case 1:
        case 3:
        case 5:
        case 7:
        case 8:
        case 10:
        case 12:day=31;break;
        case 4:
        case 6:
        case 9:
        case 11:day=30;break;
        case 2:if ((year%4==0 && year%100!=0) || year%400==0)day=29;else day=28;
    }
    printf("%d,%d,%d\n",year,month,day);
    return 0;
}
```

【例 4-14】计算以下分段函数的值。

$$y = \begin{cases} 2x & x < 2 \\ 10 - 3x & 2 \leqslant x \leqslant 20 \\ 1 - \sin x & x > 20 \end{cases}$$

分析：显然可以采用 if 多分支选择结构来编写程序。下面采用 switch 多分支选择结构来实现，关键是如何构造 switch 语句的表达式。

构造表达式如下：

```
1*(x<2)+2*(x>=2 && x<=20)+3*(x>20)
```

由于关系表达式和逻辑表达式的值只能为 1 或 0，所以当 x 属于第 1 个分支（即 x<2）时，表达式的值为 1；当 x 属于第 2 个分支（即 $2 \leqslant x \leqslant 20$）时，表达式的值为 2；当 x 属于第 3 个分支（即 x>20）时，表达式的值为 3。于是以该表达式作为 switch 语句的表达式，用 switch 语句实现多分支结构，程序如下：

```c
#include <stdio.h>
#include <math.h>
int main()
{
    float x,y;
    int selection;
    printf(" 输入 x=");
    scanf("%f",&x);
    selection=(int)(1*(x<2)+2*(x>=2 && x<=20)+3*(x>20));
    switch (selection)
    {
        case 1:y=2*x; break;
        case 2:y=10-3*x; break;
        case 3:y=(float)(1.0-sin(x));
    }
    printf("y=%0.5f\n",y);
    return 0;
}
```

程序运行结果如下：

```
输入 x=-3 ↙
y=-6.00000
输入 x=10 ↙
y=-20.00000
输入 x=25 ↙
y=1.13235
```

本 章 小 结

（1）根据某种条件的成立与否而采用不同的程序段进行处理的程序结构被称为选择结构。选择结构又可分为单分支、双分支和多分支 3 种情况。一般采用 if 语句实现单分支、双分支或多分支结构程序，用 switch 语句实现多分支结构程序。虽然用嵌套 if 语句也能实现多分支结构程序，但用 switch 语句实现的多分支结构程序更加简洁明了。

（2）if 语句条件表达式的书写非常灵活，通常用关系表达式或逻辑表达式表示，也可以用一般表达式表示。因为表达式的值非 0 为真，0 为假，所以具有值的表达式均可作为 if 语句的控制条件。要特别注意区分等于运算符 == 和赋值运算符 =，不要混淆。请分析以下两个语句的差异：

```
if (x=x%2*2) y=100;
if (x==x%2*2) y=100;
```

（3）逻辑表达式可以表示更复杂的条件，在其求值过程中，并不是所有的运算都一一计算，而是当表达式值已能确定时，其右部的运算就不再进行。

①a && b && c：只有 a 为真（非 0）时，才需要判别 b 的值，只有 a 和 b 都为真的情况下才需要判别 c 的值。对 && 运算符，只有 a 为非 0 时，才继续进行右面的运算。

②a‖b‖c：只有 a 为假（0）时，才需要判别 b 的值，只有 a 和 b 都为假的情况下才需要判别 c 的值。对 ‖ 运算符，只有 a 为 0 时，才继续进行其右面的运算。

要注意逻辑表达式的书写方法。分析下面的语句：

```
if (10<=x<=20) y=10*x;
```

语句执行时先计算条件表达式，"10<=x" 的值等于 1 或 0，都小于 20，所以不管 x 取多少，条件均满足。如果将语句改为 "if(x>=10 && x<=20) y=10*x;"，其逻辑含义就完全不同了。

（4）位运算是 C 语言有别于其他高级语言的运算，它使 C 语言具有了某些低级语言的功能，使程序可以进行二进制的运算。位运算符主要有：&（按位与）、|（按位或）、^（按位异或）、~（按位取反）、<<（左移）、>>（右移）。

（5）if 语句有各种形式，要注意其书写格式，理解其执行过程。if 语句中表示条件的表达式一定要加括号。各个分支中执行的语句可以是一个简单语句，也可以是多个简单语句组成的一个语句块，即含有多个语句时，一定要写成复合语句。例如，下面程序段包含两个语句，一个是 if 语句，另一个是输出语句。

```
if (x>y)
max=x;
printf ("max=%d\n",max）;
```

若将后面的两个语句用花括号括起来，则语句的逻辑含义就不同了。

（6）采用嵌套 if 语句还可以实现较为复杂的多分支结构程序。在嵌套 if 语句中，一定要弄清楚 else 与哪个 if 结合。C 语言规定，else 与其前最近的同一复合语句的不带 else 的 if 结合。书写嵌套 if 语句往往采用缩进的阶梯式写法，目的是便于看清 else 与 if 结合的逻辑关系，但这种写法并不能改变 if 语句的逻辑关系。

（7）条件运算符需要 3 个操作对象。用条件运算符组成的表达式为条件表达式，其格式如下：

```
表达式 1? 表达式 2: 表达式 3
```

当表达式 1 为非 0 时，以表达式 2 的结果作为条件表达式的结果；当表达式 1 为 0 时，以表达式 3 的结果作为条件表达式的结果。条件运算符的结合方向为从右至左。

（8）使用 switch 语句的关键在于构造其中的表达式。switch 后的表达式的类型常用 int 或 char。case 后的常量表达式类型一定与表达式类型匹配；case 后常量表达式的值必须互不相同；case 和 default 出现次序一般不影响执行结果，default 子句可以省略。

switch 语句只有与 break 语句相结合，才能设计出正确的多分支结构程序。break 语句能终止执行它所在的 switch 语句。用 switch 语句和 break 语句实现的多分支结构程序可读性好，逻辑关系一目了然。case 子句后如没有 break 语句，将顺序向下执行各 case 子句的语句。

习　　题

一、选择题

1. 设有定义 "int x=1,y=1;"，表达式 (!x ‖ y--) 的值是（　　）。

A．0　　　　　　B．1　　　　　　C．2　　　　　　D．-1

2．语句"printf("%d",(a=2) && (b=-2);"的输出结果是（　　）。

A．无输出　　　　B．结果不确定　　　C．-1　　　　　　　D．1

3．当 c 的值不为 0 时，在下列选项中能正确将 c 的值赋给变量 a，b 的是（　　）。

A．c=b=a;　　　　　　　　　　　B．(a=c) ‖ (b=c);

C．(a=c) && (b=c);　　　　　　　D．a=c=b;

4．以下程序段运行后，y 的值是（　　）。

```
int a=0,y=10;
if (a=0) --y;
```

A．8　　　　　　　B．11　　　　　　　C．9　　　　　　　　D．10

5．与语句"y=x>0?1:x<0?-1:0;"功能相同的 if 语句是（　　）。

A．if (x>0) y=1;　　　　　　　　B．if (x)

　　else if (x<0) y=-1;　　　　　　　if (x>0) y=1;

　　else y=0;　　　　　　　　　　　　else if (x<0) y=-1;

　　　　　　　　　　　　　　　　　　　else y=0;

C．y=-1　　　　　　　　　　　　D．y=0;

　　if (x)　　　　　　　　　　　　　if (x>=0)

　　if (x>0) y=1;　　　　　　　　　if (x>0) y=1;

　　else if (x==0) y=0;　　　　　　else y=-1;

　　else y=-1;

6．已知"int x=10,y=20,z=30;"，则执行下列语句后，x、y、z 的值是（　　）。

```
if (x>y)
 z=x; x=y; y=z;
```

A．x = 10，y = 20，z = 30　　　　B．x = 20，y = 30，z = 30

C．x = 20，y = 30，z = 10　　　　D．x = 20，y = 30，z = 20

7．以下程序（　　）。

```
#include <stdio.h>
int main()
{
    int a=5,b=0,c=0;
    if (a=b+c) printf("***\n");
    else printf("$$$\n");
    return 0;
}
```

A．有语法错误不能通过编译　　　　B．可以通过编译但不能通过连接

C．输出 ***　　　　　　　　　　　D．输出 $$$

8．若有定义"float w;int a,b;"，则合法的 switch 语句是（　　）。

A．switch(w)　　　　　　　　　　B．switch(a);

　　{　　　　　　　　　　　　　　　　{

　　　case 1.0: printf("*\n");　　　　　case 1 printf("*\n");

　　　case 2.0: printf("**\n");　　　　case 2 printf("**\n");

　　}　　　　　　　　　　　　　　　　}

C. switch(b)

  {

   case 1:printf("*\n");

   default:printf("\n");

   case 1+2:printf("**\n");

  }

D. switch(a+b);

  {

   case 3:printf("*\n");

   case 1+2:printf("**\n");

   default: printf("\n");

  }

9. 有以下程序：

```c
#include <stdio.h>
int main()
{
  int a=15,b=21,m=0;
  switch(a%3)
  {
    case 0:m++;break;
    case 1:m++;
    switch(b%2)
    {
      default:m++;
      case 0:m++;break;
    }
  }
  printf("%d\n",m);
  return 0;
}
```

程序运行后的输出结果是（   ）。

 A．1   B．2   C．3   D．4

10.【多选】判断整数 n 是否为偶数，可以使用的条件有（   ）。

 A．n-n/2*2==0   B．!(n%2)   C．(n & 1)==0   D．!(n & 1)

11.【多选】以下合法的 if 语句形式是（   ）。

 A．if (0) ;

 B．if (x=y) x+=10;

 C．if (x!=y) scanf("%d",&x); else scanf("%d",&y);

 D．if (x==y) {x++; y++;}

二、填空题

1．条件 20<x<30 或 x<-100 的 C 语言表达式是 _____。

2．若 x 为 int 类型，以最简单的形式写出与逻辑表达式 !x 等价的 C 语言关系表达式为 _____。

3．设整型变量 m、n、a、b、c、d 的值均为数值 1，表达式 (m=a>b) && (n=c>b) 运算后，m、n 的值分别是 _____。

4．以下程序段运行后，y 的值是 _____。

```c
int a=0,y=10;
```

```
if (a=0) y--;
else if (a>0) y++;
else y+=y;
```

5. 若从键盘输入 58，则以下程序输出的结果是 _____。

```
#include <stdio.h>
int main()
{
    int a;
    scanf("%d",&a);
    if (a>50) printf("%d",a);
    if (a>40) printf("%d",a);
    if (a>30) printf("%d",a);
}
```

6. 以下程序输出的结果是 _____。

```
#include <stdio.h>
int main()
{
    int a=5,b=4,c=3,d;
    d=(a>b>c);
    printf("%d\n",d);
}
```

三、编写程序题

1. 输入一个字符，若为数字字符，则输出对应的数值，否则原样输出。

2. 输入一个整数，若为奇数则输出其平方根，否则输出其立方根。

3. 输入整数 x、y 和 z，若 $x^2+y^2+z^2$ 大于 1000，则输出 $x^2+y^2+z^2$ 千位以上的数字，否则输出 3 数之和。

4. 对 n（n>0）个学生进行分班，每班 k（k>0）个人，最后不足 k 人也编一个班，问要编几个班？用条件表达式实现，若 n%k 为 0，则班数为 n/k，否则班数为 n/k+1。

5. 某运输公司在计算运费时，按运输距离（s）对运费打一定的折扣（d），其标准如下：

s<250	没有折扣
250 ≤ s<500	2.5% 折扣
500 ≤ s<1000	4.5% 折扣
1000 ≤ s<2000	7.5% 折扣
2000 ≤ s<2500	9.0% 折扣
2500 ≤ s<3000	12.0% 折扣
3000 ≤ s	15.0% 折扣

输入基本运费 p、货物重量 w、距离 s，计算总运费 f。总运费的计算公式为 f=p×w×s×(1-d)。其中 d 为折扣，由距离 s 根据上述标准求得。

循环结构

循环结构的基本思想是重复,即利用计算机运算速度快以及能进行逻辑控制的特点,重复执行某些语句,以满足大量的计算要求。例如,求多个数据之和可以分解为求两个数据之和的重复,即重复做当前的累加和与新的累加数之和。当然这种重复不是简单机械地重复,每次重复都有其新的内容。也就是说,虽然每次循环执行的语句相同,但语句中一些变量的值是变化的,而且当循环到一定次数或满足条件后能结束循环。

循环是计算机解题的一个重要特征,也是程序设计的一种重要技巧。C 语言提供了 3 种用于实现循环结构的语句:while、do-while 和 for。在程序设计过程中,要学会对比分析,选择最合适的实现方法。

本章要点:

- while 循环结构的格式与执行过程
- do-while 循环结构的格式与执行过程
- for 循环结构的格式与执行过程
- 不同循环结构的特点
- 循环结构程序设计方法

5.1　while 循环结构

while 循环结构就是通过判断循环条件是否满足来决定是否继续循环的一种循环结构，也被称为条件循环。它的特点是先判断循环条件，条件满足时执行循环。

 ## 5.1.1　while 语句的格式

while 语句的一般格式如下：

```
while( 表达式 )
    语句
```

while 语句中的表达式表示循环的条件，可以是任何表达式，常用的是关系表达式和逻辑表达式。表达式必须加圆括号。语句是重复执行的部分，称作循环体。

while 语句的执行过程：先计算表达式的值，如果值为非 0，重复执行循环体语句一次，直到表达式值为 0 才结束循环，执行 while 语句的下一语句，如图 5-1 所示。

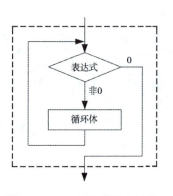

图 5-1　while 语句的执行过程

循环体可以是单个语句，也可以是一个语句块。当循环体由多个语句构成时，必须用复合语句组成一个语句块，否则会产生逻辑错误。例如求 p=5!，用 while 语句描述如下：

```
p=1;
i=1;
while(i<=5)
{
  p*=i;
  i++;
}
```

语句中的花括号是必须的，若去掉花括号，则重复执行的语句只有 "p*=i;"，"i++;" 变成了 while 语句的后继语句，显然是不行的。

while 语句的一般格式可以理解为如下形式。

```
while( 表达式 )
{
    语句块
}
```

当语句块中只有一个语句时，花括号可以省略。

5.1.2　while 循环的应用

学习循环结构，要把算法设计作为重点。要学会如何构造循环体，学会确定终止循环的条件和循环变量的初值。一旦解决了这些问题，就可直接应用循环语句编写循环结构程序了。

【例 5-1】计算 1+2+3+…+100 的值。

分析：这是求若干个数之和的累加问题。定义变量 s 存放累加和，变量 n 存放累加项，累加问题可用递推式来描述：

$$s_i = s_{i-1} + n_i \quad (s_0 = 0, \; n_1 = 1)$$

即第 i 次的累加和 s 等于第 i-1 次的累加和加上第 i 次的累加项 n。从循环的角度看，即本次循环的累加和 s 等于上次循环的累加和加上本次的累加项 n，可用赋值语句 "s=s+n;" 来实现。

这里用的方法被称为迭代法，即设置一个变量（称之为迭代变量），其值在原来值的基础上按递推关系计算出来。迭代法就用到了循环的概念，把求若干个数之和的问题转化为求两个数之和（即到目前为止的累加和与新的累加项之和）的重复，这种把复杂计算过程转化为简单过程的多次重复的方法，是计算机解题的一个重要特征。

此例的累加项 n 的递推式如下：

$$n_i = n_{i-1} + 1$$

即累加项 n 每循环一次在原值的基础上加 1，可用赋值语句 "n=n+1;" 或 "n++;" 来实现（n=1, 2, 3, …, 100）。

循环体要实现两种操作："sum+=n;" 和 "n++;"，并置 s 初值为 0，n 初值为 1。最后可以跟踪变量 s 和 n 值的变化，验证（或称静态检查）一下是否符合题意。思路清楚后就可以编写程序了。

程序如下：

```c
#include <stdio.h>
int main()
{
    int sum=0,n=1;
    while (n<=100)              // 循环条件
    {
        sum+=n;                 // 实现累加求和
        n++;                    //n 增 1
    }
    printf("1+2+3+…+9+100=%d\n",sum);
    return 0;
}
```

思考：如果将循环体语句 "sum+=n;" 和 "n++;" 互换位置，程序应如何修改？

【例 5-2】已知 $y = 1 + \dfrac{1}{3} + \dfrac{1}{5} + \cdots + \dfrac{1}{2n-1}$，求 y<3 时的最大 n 值及对应的 y 值。

分析：这也是一个求若干个数之和的累加问题，终止循环的条件是累加和 y ≥ 3，用 N-S 图表示算法，如图 5-2 所示。当退出循环时，y 的值已超过 3，因此要减去最后一项，n 的值相应也要减去 1。又由于最后一项累加到 y 后，n 又增加了 1，故 n 还要减去 1，即累加的项数是 n-2。

求值

图 5-2　求 y 值的算法

程序如下：

```
#include <stdio.h>
int main()
{
    int n=1;
    float y=0.0,f;
    while(y<3)
    {
        f=1.0/(2*n-1);              // 求累加项
        y+=f;                       // 累加
        n++;
    }
    printf("y=%f,n=%d\n",y-f,n-2);          // 退出循环时的 y 值和 n 值与待求 y 和 n 不同
    return 0;
}
```

程序运行结果如下：

y=2.994438,n=56

对于循环结构程序，为了验证程序的正确性，往往用某些特殊数据来运行程序，看结果是否正确。对于本题，如果说求 y<3 时的最大 n 值结果不便推算，但求 y<1.5 时的最大 n 值结果是显而易见的，所以在调试程序时，可先求 y<1.5 时的最大 n 值，程序应能得到正确结果。当然，在特殊数据下程序正确，还不能保证程序一定正确，但起码在特殊数据下程序不正确，程序一定不正确。

思考：请读者思考以下 3 个问题。

（1）求 y ≥ 3 时的最小 n，如何修改程序？

（2）求 y 的值，直到累加项小于 10^{-6} 为止，如何修改程序？

（3）n 取 100，求 y 的值，如何修改程序？

【例 5-3】翻译密文。为使电文保密，往往按一定规律将其转换成密文，收报人再按约定的规律将其译回原文。例如，可以按以下规律将电文变成密文：将字母 A 变成字母 E，a 变成 e，即变成其后的第 4 个字母，W 变成 A，X 变成 B，Y 变成 C，Z 变成 D。字母按上述规律转换，非字母字符不变，如 Windows! 转换为 Amrhsaw!。输入一行字符，要求输出其相应的密文。

分析：先考虑一个字符如何译码，先判定它是否为大写字母或小写字母，若是，则将其值加 4（变成其后的第 4 个字母），若加 4 以后字符值大于 Z（或 z），则表示原来的字母在 V（或 v）

之后，应将它转换为 A～D（或 a～d）之一，办法是使它的值减 26。再考虑一行字符如何译码：一行字符由若干个字符组成，所以对一行字符进行译码，只要上述处理重复若干次，直到输入换行符为止。翻译密文的算法如图 5-3 所示。

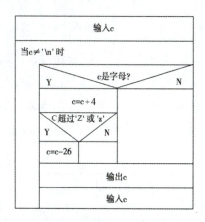

图 5-3 翻译密文的算法

程序如下：

```c
#include <stdio.h>
int main()
{
    char c;
    while((c=getchar())!='\n')
    {
        if ((c>='a' && c<='z') || (c>='A' && c<='Z'))      // 当 c 是字母时作处理
        {
            c=c+4;
            if (c>'Z' && c<='Z'+4 || c>'z') c=c-26;        // 当 c 超过大写 Z 或小写 z 时作处理
        }
        printf("%c",c);
    }
    return 0;
}
```

在 while 后面的表达式中，c=getchar() 两边要加括号，因为赋值运算的优先级比关系运算低，加括号后保证先做赋值运算，再作比较。另外，while 循环中内嵌的 if 语句若写成：

```c
if (c>'Z' || c>'z') c=c-26;
```

则当字母为小写时都满足 c>'Z' 条件，从而执行 "c=c-26;" 语句，这就会出错。因此必须限制其范围 c>'Z' && c<='Z'+4，即原字母为 W 到 Z，在此范围以外的不是大写字母 W～Z，不应按此规律转换。

思考： 为什么对小写字母不按此处理，即写成 c>'z' && c<='z'+4，而只需写成 c>'z' 即可？

5.2　do-while 循环结构

do-while 循环结构也是一种条件循环，它的特点是先执行循环体中的语句，再通过判断表达式的值决定是否继续循环。

5.2.1 do-while 语句的格式

do-while 语句的一般格式如下：

```
do
    语句
while( 表达式 );
```

do-while 语句中的表达式表示循环的条件，可以是任何表达式，常用的是关系表达式和逻辑表达式。表达式必须加圆括号。语句是重复执行的部分，称作循环体。

do-while 语句的执行过程：先执行循环体一次，然后求表达式的值，若其值为非 0，则重复执行循环体一次，直到表达式值为 0，结束循环，执行 do-while 语句的下一语句，如图 5-4 所示。

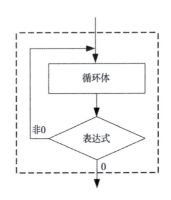

图 5-4 do-while 语句的执行过程

do-while 语句是先执行循环体一次，然后根据表达式的值确定是否再执行循环体。因此，do-while 语句控制的循环次数至少为一次。

5.2.2 do-while 循环的应用

【例 5-4】输入两个整数 m 和 n，求 m ～ n 之间的所有奇数之和。

分析：用 i 作循环控制变量，i 从 m 变化到 n，每循环一次增 1。用 s 作累加变量，s 的初值为 0。循环体中判断 i 是否为奇数，若是则将 i 累加到 s。这也属于累加求和问题。程序如下：

```
#include <stdio.h>
int main()
{
    int i,m,n,s=0;
    scanf("%d%d",&m,&n);
    i=m;
    do
    {
        if (i%2==1) s+=i;        //i 为奇数时累加
        i++;                      //i 增 1
    }while(i<=n);
    printf("s=%d\n",s);
    return 0;
}
```

【例 5-5】求 $\sin x = x - \dfrac{x^3}{3!} + \dfrac{x^5}{5!} - \dfrac{x^7}{7!} + \cdots$，直到最后一项的绝对值小于 10^{-6} 时，停止计算。x 为角度，其值从键盘输入。

求 sin x

分析：显然这是一个累加求和问题，不难得到算法，如图 5-5 所示。

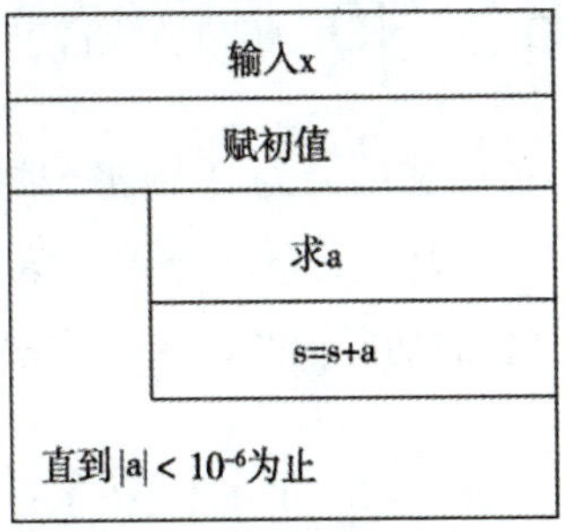

输入 x
赋初值
求 a
s=s+a
直到 |a| < 10⁻⁶为止

图 5-5　求 $\sin x$ 值的算法

关键是如何求累加项，较好的办法是利用前一项来求下一项，即用递推的办法来求累加项。

第 i 项：

$$a_i = (-1)^{i-1} \frac{x^{2i-1}}{(2i-1)!}$$

第 i-1 项：

$$a_{i-1} = (-1)^i \frac{x^{2i-3}}{(2i-3)!}$$

所以第 i 项与第 i-1 项之间的递推关系如下：

$$a_1 = x$$

$$a_i = -\frac{x^2}{(2i-2)(2i-1)} a_{i-1} \qquad (i = 2,3,4,\cdots)$$

即本次循环的累加项 a 可从上一次循环累加项的基础上递推出来。程序如下：

```c
#include <stdio.h>
#include <math.h>
int main()
{
    int i=1;
    float x,x1,a,s;
    scanf("%f",&x);
    x1=x*3.14159/180;          // 将角度化为弧度
    s=x1;
    a=x1;
    do
    {
        i++;
        a*=(-x1*x1)/(2*i-2)/(2*i-1);    // 求累加项
        s+=a;
    }while(fabs(a)>=1e-6);     //|a| ≥ 1e-6 时继续循环，否则退出循环
    printf("x=%f,sinx=%f\n",x,s);
    return 0;
}
```

程序运行结果如下：

```
37 ↙
x=37.000000,sinx=0.601815
```

5.3　for 循环结构

for 循环结构是 C 语言中最有特色、使用最为灵活的一种循环结构。一般情况下，对于事先能确定循环次数的循环问题，使用 for 循环是比较方便的。for 循环也被称为计数循环。但 for 循环并不局限于已知循环次数的循环，它的功能很强，应用非常广泛。

5.3.1　for 语句的格式

for 语句的一般格式如下：

```
for( 表达式 1; 表达式 2; 表达式 3)
    语句
```

for 语句中的 3 个表达式可以是任何 C 语言表达式，语句是重复执行的部分，称作循环体。例如：

```
for(printf("*");scanf("%d",&x),t=x;printf("*"))
    printf("x=%d t=%d\n",x,t);
```

在此 for 语句中，表达式 1 和表达式 3 是 "printf("*")"，表达式 2 是 "scanf("%d",&x),t=x"，这是一个逗号运算表达式，以 t=x 的值作为此表达式的值，因此当给 x 输入 0 时，表达式的值为假，使循环结束。for 语句的循环体部分是函数调用语句 "printf("x=%d t=%d\n",x,t);"。

for 语句的执行过程如图 5-6 所示，具体包括以下几步。

（1）求表达式 1。

（2）求表达式 2，并判定其值为 0 或非 0。若值为非 0，转步骤（3）；否则结束 for 语句。

（3）执行循环体，然后求表达式 3。

（4）转向步骤（2）。

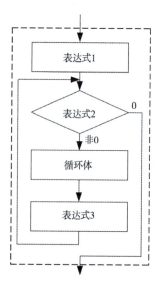

图 5-6　for 语句的执行过程

由 for 语句的执行过程可知，表达式 1 的作用是为循环控制的有关变量赋初值，表达式 2 是循环控制条件，表达式 3 用于修正有关变量，语句是重复执行部分。for 语句可以用 while 语句描述如下：

```
表达式 1;
while( 表达式 2)
{
    语句 ;
    表达式 3;
}
```

 5.3.2　for 循环的应用

【例 5-6】Fibonacci 数列定义如下：

$$\begin{cases} f_1 = 1 \\ f_2 = 1 \\ f_n = f_{n-1} + f_{n-2} \quad n > 2 \end{cases}$$

求 Fibonacci 数列的前 30 项。

分析：设待求项（即 f_n）为 f，待求项前面的第 1 项（即 f_{n-1}）为 f1，待求项前面的第 2 项（即 f_{n-2}）为 f2。首先根据 f1 和 f2 推出 f，再将 f1 作为 f2，f 作为 f1，为求下一项作准备。如此一直递推下去。

```
              1       1       2       3       5
第 1 次：  f2 +   f1  →   f
                   ↓       ↓
第 2 次：          f2 +   f1  →   f
                           ↓       ↓
第 3 次：                  f2 +   f1  →   f
```

程序如下：

```c
#include <stdio.h>
int main()
{
    long f,f1,f2;
    int i;
    f2=1;
    f1=1;
    printf("%12ld%12ld",f2,f1);
    for(i=3;i<=30;i++)
    {
        f=f2+f1;
        printf("%12ld",f);
        if (i%5==0) printf("\n");        // 控制一行输出 5 个数
        f2=f1;                           // 更新 f1、f2，为求下一项作准备
        f1=f;
    }
    return 0;
}
```

程序中 if 语句用于控制输出格式，使输出 5 项后换行，每行输出 5 个数。程序运行结果如下：

```
      1       1       2       3       5
      8      13      21      34      55
     89     144     233     377     610
    987    1597    2584    4181    6765
  10946   17711   28657   46368   75025
 121393  196418  317811  514229  832040
```

编写程序时，要注意选择合适的数据类型，否则会得到错误的结果。若将程序中 f、f1、f2 的类型定义为 short 类型（输出时对应的格式说明改为 %12d），则在 Visual Studio 环境下运行程序时，前 23 项是对的，从第 24 项开始结果不正确，如第 24 项输出为 -19168。出现错误的原因是从第 24 项起超出了 short 型数据的表示范围。Visual Studio 为 short 型数据分配 2 个字节，其表示数据的范围为 $-2^{15} \sim 2^{15}-1$，即 $-32768 \sim 32767$，而第 24 项已达到 46368。

为什么 46368 是输出为 -19168 呢？46368 的二进制形式如下：

```
1011 0101 0010 0000
```

以 %d 格式输出，将该数看作一个带符号的数，所以这是一个数的补码表示，其原码如下：

```
1100 1010 1110 0000
```

对应的十进制数是 -19168。

【例 5-7】输入 20 个数，求出其中的最大值与最小值。

分析：算法思路可参考例 1-2。程序如下：

```c
#include <stdio.h>
int main()
{
    float x,max,min;
    int i;
    scanf("%f",&x);
    max=min=x;
    for(i=2;i<=20;i++)          //for 循环控制比较 19 次
    {
        scanf("%f",&x);
        if (x>max)  max=x;
        else if (x<min)  min=x;
    }
    printf("max=%f,min=%f\n",max,min);
    return 0;
}
```

5.3.3 for 语句的各种变形

for 语句的变形

for 语句使用非常灵活，表达能力极强，主要表现在语句中的 3 个表达式可以部分或全部省略（但分号必须保留），也可以由多个表达式构成一个逗号表达式，从而有各种各样的变形。但也不提倡写怪异的 for 语句，从而破坏程序的可读性。

1. 在 for 语句中省略表达式

for 语句中的 3 个表达式可以部分或全部省略，下面给出语句的 4 种基本变形。

（1）表达式 1 移至 for 语句前，但它后面的分号必须保留。这时 for 语句的形式如下：

```
表达式 1;
for(; 表达式 2; 表达式 3)
   语句
```

下面以求 p=5! 的程序为例说明 for 语句的各种用法。由于该程序非常简单，下面只列出循环结构部分。程序的循环结构一般写成：

```
p=1;
for(i=1;i<=5;i++)
   p*=i;
```

若省略表达式 1，将其放在循环结构之前，则程序段写成：

```
p=1; i=1;
for(;i<=5;i++)
   p*=i;
```

由于表达式 1 在赋初值语句之后执行，所以把它放在赋初值语句之后、for 语句之前。对 for 语句而言，省略了表达式 1。

（2）表达式 3 移至循环体语句之后，但它前面的分号必须保留。这时 for 语句的形式如下：

```
for( 表达式 1; 表达式 2;)
{
   语句 ;
   表达式 3;
}
```

对于求 p=5! 的程序段，省略表达式 3，将其放在循环体中，则程序段写成：

```
p=1;
for(i=1;i<=5;)
{
   p*=i;
   i++;
}
```

由于表达式 3 在循环体语句之后执行，所以把它放在循环体语句之后，相当于循环体中多了一个语句。

（3）省略表达式 2，但两个分号必须保留，这时构成无限循环。无限 for 循环，其循环体中必须包含 break 语句，否则会产生死循环。这时 for 语句的形式如下：

```
for ( 表达式 1;; 表达式 3)
   语句 ;
```

对于求 p=5! 的程序段，省略表达式 2，在循环体中使用 if 语句控制执行 break 语句来终止循环，则程序段写成：

```
p=1;
for(i=1;;i++)
{
   p*=i;
   if (i==5) break;
}
```

表达式 2 相当于循环的条件表达式，将其省略后，循环变成一个无休止的循环。为了能正常结束循环，在循环体中使用 if 语句控制执行 break 语句来终止循环。

（4）表达式 1、表达式 2、表达式 3 全部省略，但两个分号必须保留，这是上面 3 种形式的综合。这时 for 语句的形式如下：

```
for(;;)
    语句；
```

对于求 p=5! 的程序段，将 3 个表达式全部省略，则程序段写成：

```
p=1; i=1;
for(;;)
{
    p*=i;
    if (i==5) break;
    i++;
}
```

2. 在 for 语句中使用逗号表达式

逗号运算主要应用于 for 语句中。表达式 1 和表达式 3 可以是逗号表达式。可以将 for 语句前的赋初值语句放在表达式 1 中，也可以将循环体中的语句放在表达式 3 中。另外，在有两个循环变量参与循环控制的情况下，逗号表达式也是很有用的。

对于求 p=5! 的程序段，将赋初值语句放在表达式 1 中，则程序段写成：

```
for(p=1,i=1;i<=5;i++)
    p*=i;
```

由于赋初值语句在表达式 1 之前执行，所以把它放在表达式 1 的开头，赋初值语句与原来的 i=1 构成逗号表达式，作为循环语句新的表达式 1。

3. 循环体为空语句

当循环体为空语句时，for 语句的形式如下：

```
for( 表达式 1; 表达式 2; 表达式 3)
    ;
```

对于求 p=5! 的程序段。当循环体为空语句时，程序段可写成：

```
for(p=1,i=1;i<=5;p*=i,i++)
    ;
```

由于循环体在表达式 2 之后、表达式 3 之前执行，所以把循环体语句放在表达式 3 的开头，循环体语句与原来的 i++ 构成逗号表达式，作为循环语句新的表达式 3，从而也就没有循环体语句了。但从语法上来说，循环结构必须有循环体语句，否则出现语法错误。为此，用空语句作为循环体，既满足语法要求，也符合了实际上循环体中什么也不做的现实。

有时，为了产生一段延时，也可以用空语句作为循环体。i 循环 60000 次，但什么也不做，目的就是耗时间，则程序段可写成：

```
for(i=0;i<60000;i++);
```

从以上讨论可知，for 语句书写形式十分灵活，在 for 的一对括号中，允许出现各种表达式，有的甚至与循环控制毫无关系，这在语法上是合法的。但初学者一般不要这样做，因为它使程序杂乱无章，降低了程序可读性。

5.4　与循环有关的控制语句

在循环体内使用 break 语句、continue 语句和 goto 语句，可以改变循环的执行方式。

5.4.1 break 语句

break 语句有两个用途：一是在 switch 语句中用来使流程跳出 switch 结构，继续执行 switch 语句后面的语句；二是用在循环体内，迫使所在循环立即终止，即跳出所在循环体，继续执行循环结构后面的语句。

【例 5-8】求两个整数 a 与 b 的最大公约数。

分析：找出 a 与 b 中较小的一个，则最大公约数必在 1 与较小整数的范围内。使用 for 语句，循环变量 i 从较小整数变化到 1。一旦循环控制变量 i 同时整除 a 与 b，则 i 就是最大公约数，然后使用 break 语句强制退出循环。程序如下：

```c
#include <stdio.h>
int main()
{
    int a,b,i;
    scanf("%d,%d",&a,&b);
    if (a>b) {i=b;b=a;a=i;}        // 保证 a 为较小的数
    for(i=a;i>=1;i--)
        if (a%i==0 && b%i==0)      // 第 1 次能同时整除 a 和 b 的 i 为最大公约数
            {printf("gcd is %d\n",i);break;}
    return 0;
}
```

求两个数的最大公约数还可用辗转相除法，基本步骤如下：

（1）求 a/b 的余数 r。

（2）若 r=0，则 b 为最大公约数，否则执行步骤（3）。

（3）将 b 的值放在 a 中，r 的值放在 b 中。

（4）转到步骤（1）。

请读者自行画出 N-S 图，并编写程序。

5.4.2 continue 语句

continue 语句用来结束本次循环，即跳过循环体中尚未执行的语句，在 while 和 do-while 循环中，continue 语句将使控制直接转向条件测试部分，从而决定是否继续执行循环。在 for 循环中，遇到 continue 语句后，首先计算 for 语句中表达式 3 的值，再执行条件测试（表达式 2），最后根据测试结果来决定是否继续执行 for 循环。

continue 语句和 break 语句的主要区别在于：continue 语句只结束本次循环，而不是终止整个循环的执行；break 语句则是结束所在循环，跳出所在循环体。

【例 5-9】求 1 ~ 100 之间的全部奇数之和。程序如下：

```c
#include <stdio.h>
int main()
{
    int x=0,y=0;
    for(;;)
    {
        x++;
        if (x%2==0) continue;      //x 为偶数直接进行下一次循环
```

```
            else if (x>100) break;        //x>100 时退出循环
            else y+=x;                     // 实现累加
        }
        printf("y=%d\n",y);
        return 0;
    }
```

本程序只是为了说明 continue 和 break 两语句的作用。for 语句中的表达式 2 省略，相当于循环条件永远成立。当 x 为偶数时，执行 continue 语句直接进行下一次循环。当 x 的值大于 100 时，执行 break 语句跳出循环体。

 ### 5.4.3 goto 语句

goto 语句可以转向同一函数内任意指定位置执行，称之为无条件转向语句。它的一般格式如下：

```
goto 语句标号；
```

其中，语句标号用标识符后跟冒号表示，在程序中，它可以和变量同名。

goto 语句无条件转向语句标号所标识的语句执行，它将改变顺序执行方式。例如，在输入学生的成绩时，若输入的是非法成绩，则可用下面带 goto 语句的程序段要求用户重新输入合法成绩。

```
label1: scanf("%d", &x);
if (x>100 || x<0)
{
    printf("data error! Input again\n");
    goto label1;
}
```

由于 goto 语句转移的任意性，改变了程序的执行流程，程序的可读性变差。所以结构化程序设计中不提倡使用 goto 语句。但在某种场合下，使用 goto 语句可以提高程序的执行效率。例如，在嵌套 switch 语句的内层 switch 语句中，利用 break 语句只能一层一层地退出，若采用 goto 语句，可以一次退出多层 switch 语句。

5.5 三种循环语句的比较

C 语言中构成循环结构的有 while、do-while 和 for 循环语句。也可以通过 if 和 goto 语句的结合构造循环结构。从结构化程序设计角度考虑，不提倡使用 if 和 goto 语句构造循环，一般采用 while、do-while 和 for 循环语句。下面对它们进行比较。

（1）for 语句和 while 语句先判断循环控制条件，后执行循环体，而 do-while 语句是先执行循环体，后进行循环控制条件的判断。for 语句和 while 语句可能一次也不执行循环体，而 do-while 语句至少执行一次循环体。for 和 while 循环属于当型循环，而 do-while 循环属于直到型循环。

（2）do-while 语句和 while 语句多用于循环次数不确定的情况，而对于循环次数确定的情况，使用 for 语句更方便。

（3）do-while 语句更适合于第 1 次循环肯定执行的场合。例如，输入学生成绩，为了保证输入的成绩均在合理范围内，可以用 do-while 语句进行控制。

```
do
   scanf("%d",&n);
while(n>100 || n<0);
```

只要输入的成绩 n 不在 [0,100] 中（即 n>100 || n<0），就在 do-while 语句的控制下重新输入，直到输入合法成绩为止。这里肯定要先输入成绩，所以采用 do-while 循环较合适。

用 while 语句实现：

```
scanf("%d", &n);
while(n>100 || n<0)
   scanf("%d",&n);
```

用 for 语句实现：

```
scanf("%d",&n);
for(;n>100 || n<0;)
   scanf("%d",&n);
```

显然，用 for 语句或 while 语句不如用 do-while 语句自然。

（4）do-while 语句和 while 语句只有一个表达式，用于控制循环是否进行。for 语句有 3 个表达式，不仅可以控制循环是否进行，而且能为循环变量赋初值及不断修改循环变量的值。for 语句比 while 和 do-while 语句功能更强，更灵活。for 语句中 3 个表达式可以是任何合法的 C 语言表达式，而且可以部分省略或全部省略，但其中的两个分号不能省略。

（5）虽然针对不同情况可以选择不同的循环语句，以使编程方便、程序简洁，但从功能上讲，3 种循环语句可处理同一个问题，它们可以相互替代。下面通过例子来说明。

【例 5-10】输入一个整数 m，判断其是否为素数。

分析：素数是大于 1，且除了 1 和它本身以外，不能被其他任何整数所整除的整数。为了判断整数 m 是否为素数，一个最简单的办法是用 2、3、4、5、…、m-1 这些数逐个去除 m，看能否整除，若全都不能整除，则 m 是素数，否则 m 不是素数。当 m 较大时，用这种方法，除的次数太多，可以有许多改进办法，以减少除的次数，提高运行效率。其中一种方法是用 2、3、4、…、$\sqrt{m}$ 去除，若都不能整除，则 m 是素数，这是因为如果小于或等于 $\sqrt{m}$ 的数都不能整除 m，那么大于 $\sqrt{m}$ 的数也不能整除 m。

用反证法证明。设有大于 $\sqrt{m}$ 的数 j 能整除 m，则它的商 k 必小于 $\sqrt{m}$，且 k 能整除 m（商为 j）。这与原命题矛盾，假设不成立。

下面用 3 种不同的循环语句来编写程序。

程序 1：用 while 语句实现。

```
#include <stdio.h>
#include <math.h>
int main()
{
   int m,i,j;
   scanf("%d",&m);
   j=sqrt(m);
   i=2;
   while(i<=j)
   {
      if (m%i==0) break;        // 不是素数时退出循环，此时 i ≤ j
```

```
        i++;
    }
    if (i>j && m>1)
        printf("%d is a prime number.\n",m);
    else
        printf("%d is not a prime number.\n",m);
    return 0;
}
```

程序 2：用 do-while 语句实现。

```
#include <stdio.h>
#include <math.h>
int main()
{
    int m,i,j;
    scanf("%d",&m);
    j=sqrt(m);
    i=2;
    do
    { if (m%i==0) break;        //不是素数时退出循环，此时 i≤j
        i++;
    }while(i<=j);
    if (i>j && m>1)
        printf("%d is a prime number.\n",m);
    else
        printf("%d is not a prime number.\n",m);
    return 0;
}
```

程序 3：用 for 语句实现。

```
#include <stdio.h>
#include <math.h>
int main()
{
    int m,i,j;
    scanf("%d",&m);
    j=sqrt(m);
    for(i=2;i<=j;i++)
        if (m%i==0) break;        //不是素数时退出循环，此时 i≤j
    if (i>j && m>1)
        printf("%d is a prime number\n",m);
    else
        printf("%d is not prime number\n",m);
    return 0;
}
```

从上述比较可以看出，实现循环结构的 3 种语句各具特点，一般情况下，它们可以相互通用。但在不同情况下，选择不同的语句可能使编程更方便，程序更简洁，所以在编写程序时要根据实际情况进行选择。

5.6 循环的嵌套

如果一个循环结构的循环体又包括一个循环结构，就称之为循环的嵌套，或者称之为多重循环结构。实现多重循环结构仍可以用前面讲的 3 种循环语句。因为任一循环语句的循环体部分都可以包含另一个循环语句，这种循环语句的嵌套为实现多重循环提供了方便。

多重循环的嵌套层数可以是任意的。可以按照嵌套层数，分别叫作二重循环、三重循环等。处于内部的循环叫作内循环，处于外部的循环叫作外循环。

在设计多重循环时，要特别注意内、外循环之间的关系，以及各语句放置的位置，不要弄错。

【例 5-11】 求 [100,1000] 以内的全部素数。

分析：可分为以下两步。

（1）判断一个数是否为素数，可采用例 5-10 的程序。

（2）将判断一个数是否为素数的程序段，对指定范围内的每一个数都执行一遍，即可求出某个范围内的全部素数。这种方法被称为穷举法，也叫枚举法，即首先依据题目的部分条件确定答案的大致范围，然后在此范围内对所有可能的情况逐一验证，直到全部情况验证完。若某个情况经验证符合题目的全部条件，则为本题的一个答案。若全部情况经验证不符合题目的全部条件，则本题无解。穷举法是一种重要的算法设计策略，可以说是计算机解题的一大特点。

程序如下：

```c
#include <stdio.h>
#include <math.h>
int main()
{
    int m,i,j,n=0,flag;
    printf("\n");
    for(m=101;m<=1000;m++)
    {
        flag=1;                    //flag=1 为素数标志
        j=sqrt(m);
        i=1;
        while((++i<=j) && flag)
            if (m%i==0) flag=0;    //m 不为素数时使 flag 为 0
        if (flag)
        {
            printf("%5d",m);
            n++;                   //n 统计素数个数
            if (n%10==0) printf("\n");
        }
    }
    return 0;
}
```

关于本程序再说明以下 3 点。

（1）注意到大于 2 的素数全为奇数，所以 m 从 101 开始，每循环一次 m 值加 2。

（2）n 的作用是统计素数的个数，控制每行输出 10 个素数。

（3）本例中判断一个数是否为素数的程序段较例 5-10 又有了变化。只是想说明，程序的描述方法是千变万化的，为人们发挥创造力、施展聪明才智提供了广阔的空间，或许这正是程序设计的魅力所在。虽然程序的描述方法千变万化，但算法设计的基本思路是共同的，读者应抓住算法的核心，以不变应万变。

【例 5-12】计算 f_{ij}、s_i 和 m 各值。

其中，$f_{ij} = \sqrt{x_i^2 + y_j^2}$，$s_i = \sum\limits_{j=1}^{10} f_{ij}$，$m = \prod\limits_{i=1}^{5} s_i$，$x_i = 2,4,6,8,10$，$y_j = 0.1,0.2,0.3,\cdots,1.0$。

分析：该问题要求对 5 个 x 值、10 个 y 值，计算出 50 个 f 值，然后每 10 个 f 值相加得到一个 s 值，共得到 5 个 s 值，最后这 5 个 s 相乘，得到一个 m 值。可以用一个二重循环来计算和输出各值。

每个 s 值是由 10 个 f 值累加得到的。累加前 s 要清 0。m 是由 5 个 s 值累乘得到的，累乘前 m 应置 1。x 和 y 都是有规律的值，可以由循环变量 i、j 得到。程序如下：

```c
#include <stdio.h>
#include <math.h>
int main()
{
    float x,y,f,s,m;
    int i,j;
    m=1.0;
    for(i=1;i<=5;i++)
    {
        x=i*2.0;                    // 求 x
        s=0.0;
        for(j=1;j<=10;j++)
        {
            y=j/10.0;               // 求 y
            f=sqrt(x*x+y*y);        // 求 f
            printf("%f\t",f);
            if (j%5==0) printf("\n"); // 控制每行输出 5 个 f 值
            s+=f;                   // 每 10 个 f 之和求得一个 s
        }
        printf("s=%f\n",s);
        m=m*s;                      //m 是 5 个 s 之积
    }
    printf("\nm=%f\n",m);
    return 0;
}
```

该程序中请注意赋初值语句的位置。

5.7　循环结构程序举例

至此，已经介绍了结构化程序设计的 3 种基本结构：顺序结构、选择结构和循环结构。这些内容是程序设计的基础。特别是循环结构程序设计方法，对培养程序设计能力非常重要，希望读者能熟练掌握。但学习程序设计没有捷径可走，只有多看、多练、多思考，通过不断编程实践，才能真正掌握好程序设计的思路和方法。下面再介绍一些应用性较强的例子。

【例 5-13】验证哥德巴赫猜想：任何大于 2 的偶数，都可表示为两个素数之和。

分析：哥德巴赫猜想是一个古老而著名的数学难题，迄今未得出最后的理论证明。这里只是对有限范围内的数，用计算机加以验证，不算严格的证明。

读入偶数 n，将它分成 p 和 q，使 n=p+q。p 从 2 开始（每次加 1），q=n-p。若 p、q 均为素数，则输出结果，否则将 p+1 再试。程序如下：

```
#include <stdio.h>
#include <math.h>
int main()
{
    int n,p,q,j,fp,fq;
    scanf("%d",&n);
    p=1;
    do
    {
        p++;
        if (p>n/2) break;
        q=n-p;
        fp=1;                    // 判断 p 是否为素数
        for(j=2;j<=(int)sqrt(p);j++)
            if (p%j==0) fp=0;
        fq=1;                    // 判断 q 是否为素数
        for(j=2;j<=(int)sqrt(q);j++)
            if (q%j==0) fq=0;
    }while(fp==0 || fq==0);
    if (fp && fq)
        printf("%d=%d+%d\n",n,p,q);
    else
        printf("The try is failed.");
    return 0;
}
```

在程序中，外循环由 do-while 语句实现，其循环的重复次数是不固定的。它依赖于 fp 和 fq 是否同时为 1。fp 和 fq 同时为 1，结束循环，这时验证成功。p 的值大于 n/2 时，退出 do-while 循环，说明验证失败。

在该外循环内包括两个并列的内循环，它们都是由 for 语句实现的，循环的终止分别与 p 和 q 的值有关，也可以说是依赖于外循环的，因为外循环的每次重复，p 和 q 的值也相应改变。

程序还有可以改进的地方。在判断一个数是否为素数时，不一定必须从 2 测试到它的开方。如果中途发现它已被一个数整除，可以立刻结束循环，确定它不是素数。另外，在确定 p 已不是素数时，没有必要再判断 q 是否为素数，可以马上将 p 加 1，再判断。程序的改进留给读者自己完成。

【例 5-14】求 $f(x)$ 在 $[a,b]$ 上的定积分 $\int_a^b f(x)\mathrm{d}x$。

分析：求一个函数 $f(x)$ 在 $[a,b]$ 上的定积分，其几何意义就是求曲线 $y=f(x)$ 与直线 $x=a$、$x=b$、$y=0$ 所围成的图形的面积。

为了求得图形面积，先将区间 $[a,b]$ 分成 n 等份，每个区间的宽度为 $h=(b-a)/n$，对应地将图形分成 n 等份，每个小部分近似一个小曲边梯形。近似求出每个小曲边梯形面积，然后将 n 个小曲边梯形的面积加起来，就得到总面积，即定积分的近似值。n 越大，近似程度越高。这就是函数的数值积分方法。

近似求每个小曲边梯形的面积，常用的方法有如下几种。

（1）用小矩形代替小曲边梯形，求出各个小矩形面积，然后累加。此种方法被称为矩形法。

求定积分

（2）用小梯形代替小曲边梯形，此种方法被称为梯形法。

（3）用抛物线代替该区间的 $f(x)$，然后求出抛物线与 $x=a+(i-1)h$、$x=a+ih$、$y=0$ 围成的小曲边梯形面积，此种方法被称为辛普森法。

以梯形法为例，如图 5-7 所示。

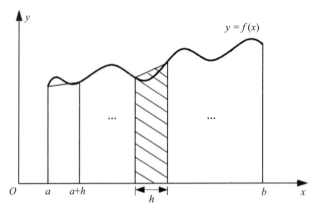

图 5-7　梯形法求定积分

第 1 个小梯形的面积：$s_1 = \dfrac{f(a)+f(a+h)}{2} \cdot h$

第 2 个小梯形的面积：$s_2 = \dfrac{f(a+h)+f(a+2h)}{2} \cdot h$

......

第 n 个小梯形的面积：$s_n = \dfrac{f[a+(n-1)\cdot h]+f(a+n\cdot h)}{2} \cdot h$

设 $f(x) = \dfrac{1}{1+x}$，程序如下：

```c
#include <stdio.h>
int main()
{
    float a,b,h,x,s=0,f0,f1;
    int n,i;
    scanf("%f,%f,%d",&a,&b,&n);
    h=(b-a)/n;
    x=a;
    f0=1/(1+x);
    for(i=1;i<=n;i++)
    {
        x=x+h;                  // 求 x
        f1=1/(1+x);             // 求新的函数值
        s=s+(f0+f1)*h/2;        // 求小梯形的面积并累加
        f0=f1;                  // 更新函数值
    }
    printf("s=%f",s);
    return 0;
}
```

程序运行结果如下：

0,2,1000 ✓

s=1.098614

【例5-15】用牛顿迭代法求方程$f(x)=2x^3-4x^2+3x-7=0$在$x=2.5$附近的实根，直到满足$|x_n-x_{n-1}|\leqslant 10^{-6}$为止。

分析：迭代法的关键是确定迭代公式、迭代的初始值和精度要求。牛顿迭代法是一种高效的迭代法，它的实质是以切线与x轴的交点作为曲线与x轴交点的近似值以逐步逼近解，如图5-8所示。

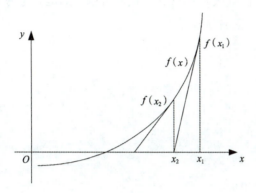

图 5-8　牛顿迭代法

牛顿迭代公式为：

$$x_n = x_{n-1} - \frac{f(x_{n-1})}{f'(x_{n-1})} \qquad (n=1,2,3\cdots)$$

其中，$f'(x)$为$f(x)$的一阶导数。

程序如下：

```c
#include <stdio.h>
#include <math.h>
int main()
{
    double x1,x2,d;
    x2=2.5;
    do
    {
        x1=x2;
        d=(((2.0*x1-4.0)*x1+3.0)*x1-7.0)/((6.0*x1-8.0)*x1+3.0);
        x2=x1-d;
    }while(fabs(d)>1.0e-6);
    printf("The root is %.6f.\n",x2);
    return 0;
}
```

程序运行结果如下：

The root is 2.085481.

关于迭代初值x_0的选取问题，理论上可以证明，只要选取满足条件$f(x_0)f''(x_0))>0$的初始值x_0，就可保证牛顿迭代法收敛。当然迭代初值不同，迭代的次数也就不同。

【例5-16】将1元钱换成1分、2分、5分的硬币有多少种方法。

分析：设x为1分硬币数，y为2分硬币数，z为5分硬币数，则有方程：

$$x+2y+5z=100$$

可以看出，这是一个不定方程，没有唯一的解。这类问题无法使用解析法求解，只能将所有可能的 x、y、z 值一个一个地去试，看是否满足上面的方程，如满足则求得一组解。和前面介绍过的求素数问题一样，程序也是采用穷举法。使用穷举法的关键是正确确定穷举范围。若穷举的范围过大，则程序的运行效率将降低。分析问题可知，最多可以换出 100 个 1 分硬币，最多可以换出 50 个 2 分硬币，最多可以换出 20 个 5 分硬币。所以 x 的可能取值为 0 ～ 100，y 的可能取值为 0 ～ 50，z 的可能取值为 0 ～ 20。据此可以恰当地确定穷举范围。

使用三重 for 循环，编写程序如下：

```c
#include <stdio.h>
int main()
{
    int x,y,z;
    int count=0;
    for(x=0;x<=100;x++)
        for(y=0;y<=50;y++)
            for(z=0;z<=20;z++)
                if ((x+2*y+5*z)==100.0)
                {
                    printf("x=%d,y=%d,z=%d\n",x,y,z);
                    count++;
                }
    printf("There are %d methods.\n",count);
    return 0;
}
```

实际上，在 x、y、z 中任意两个变量的值确定以后，可以直接求出第 3 个变量的值，从而可用两重循环来实现。为提高程序的执行效率，尽量减少循环次数，y 和 z 由循环变量控制，由 y 和 z 确定 x。相应程序段如下：

```c
for(y=0;y<=50;y++)
    for(z=0;z<=20;z++)
    {
        x=100-2*y-5*z;
        if (x>=0)
        {
            printf("x=%d,y=%d,z=%d\n",x,y,z);
            count++;
        }
    }
printf("There are %d methods.\n",count);
```

【例 5-17】甲、乙、丙、丁、戊 5 人在某天夜里合伙去捕鱼，到第 2 天凌晨时都疲惫不堪，于是各自找地方睡觉。日上三竿，甲第 1 个醒来，他将鱼分为 5 份，把多余的一条鱼扔掉，拿走自己的一份。乙第 2 个醒来，也将鱼分为 5 份，把多余的一条鱼扔掉，拿走自己的一份。丙、丁、戊依次醒来，也按同样的方法拿鱼。求出他们合伙至少捕了多少条鱼。

分析：根据题意，总计将所有的鱼进行了 5 次平均分配，每次分配时的策略是相同的，即扔掉一条后剩下的鱼正好分为 5 份，然后拿走自己的一份，余下其他 4 份。假定鱼的总数为 x，则 x 可以按照题目的要求进行 5 次分配，x-1 后可被 5 整除，余下的鱼为 4×(x-1)÷5。若 x 满足上述要求，则 x 就是问题的解。

这里可以采用试探法。试探法的思路是，按某种顺序从某一满足条件的初始试探解出发，逐步试探生成满足条件的试探解。当发现当前试探解不可能是真正的解时，就选择下一个试探解，并继续试探。在试探法中，放弃当前试探解而寻找下一个试探解的过程被称为回溯。所以试探法也称作回溯法。程序如下：

```c
#include <stdio.h>
int main()
{
    int n,i,x,flag=1;                      //flag 为控制标记
    for(n=6;flag;n++)                      // 利用试探法，试探值 n 逐步加大
    {
        for(x=n,i=1;flag && i<=5;i++)      // 判断是否可按要求进行 5 次分配
            if ((x-1)%5==0) x=4*(x-1)/5;
            else flag=0;                    // 若不能分配则置 flag=0，退出分配过程
        if (flag) break;                    // 若分配过程正常，找到结果，退出试探的过程
        else flag=1;                        // 否则继续试探下一个数
    }
    printf("Total number of fish catched is %d.\n", n);
    return 0;
}
```

程序运行结果如下：

Total number of fish catched is 3121.

试探法与穷举法不同。穷举法按某种顺序枚举出全部可能解，每当枚举出一种可能解之后，便用给定条件判断该可能解是否符合条件：若符合条件，则输出本解；若不符合条件，则舍弃本解。穷举法的计算量是相当大的。事实上，对于许多问题，多数可能解都不会是问题的解，因而就不必去枚举和检测它们。试探法正是针对这类问题而提出来的比穷举法效率更高的算法。

本 章 小 结

（1）循环结构又被称为重复结构，它可以控制某些语句重复执行，重复执行的语句被称为循环体，而决定循环是否继续执行的是循环条件。在 C 语言中，可用 while 语句、do-while 语句和 for 语句来实现循环结构。一般情况下，用某种循环语句写的程序段，也能用另外两种循环语句实现。while 语句和 for 语句属于当型循环，即"先判断，后执行"；而 do-while 语句属于直到型循环，即"先执行，后判断"。在实际应用中，for 语句多用于循环次数明确的问题，而无法确定循环次数的问题采用 while 语句或 do-while 语句比较自然。

注意：

① while 语句和 do-while 语句中的条件表达式一定要加括号。

②当循环体部分不止一个语句时，一定要加花括号组成复合语句。如果不加花括号，循环体的范围只有一个语句。

③应当避免由于不恰当地使用分号，造成循环控制错误。分析下列程序段。

程序段 a：

```
    n=1;
    sum=0;
    while(n<=100);                  // 多加分号（空语句），造成死循环
    {
       sum+=n;
       n++;
    }
```

程序段 b：

```
sum=0;
for(n=1;n<=100;n++);               // 多加分号（空语句），造成逻辑错误
    sum+=n;
```

程序段 c：

```
n=1;
sum=0;
do
{ sum+=n;
  n++;
}while(n<=100)                     //do-while 循环中，while 后面要加分号，漏掉分号会出现语法错误
```

④ for 语句中有 3 个表达式，每个表达式之间用分号分隔。3 个表达式有各自不同的逻辑功能，表达式 1 是赋初值表达式，在进入循环之前执行；表达式 2 是循环条件表达式，在循环入口执行；表达式 3 是修正表达式，在循环体之后执行。3 个表达式可以放在 for 语句中，也可以放在其逻辑位置。同样，可以将同一逻辑位置上的其他语句写在 for 语句中，由此 for 语句产生多种变形。例如，把循环体也写进表达式 3 中，循环体为空语句，以满足循环语句的语法要求。但在使用各种变形 for 语句时，要考虑程序的可读性，不提倡使用不符合大众习惯的 for 语句。

（2）多重循环又被称为循环嵌套，即在循环语句的循环体内又包含另一个完整的循环结构。

（3）为了避免出现无终止的循环，要注意循环结束条件的使用，也就是说在循环执行中，要修改循环变量，还要注意循环的初始条件。分析循环第一次和最后一次执行时的情况有助于写出正确程序。如果程序执行时出现了死循环而无法正常结束，可以按 <Ctrl+C> 组合键或 <Ctrl+Break> 组合键强行退出。

（4）出现在循环体中的 break 语句和 continue 语句能改变循环的执行流程。它们的区别在于：break 语句能终止整个循环语句的执行，而 continue 语句只能结束本次循环，跳过其后的语句直接转去判断循环条件，开始下次循环。break 语句还能出现在 switch 语句中，而 continue 语句只能出现在循环语句中。

这两个语句可以使循环的执行和退出更为灵活，但不符合结构化的程序设计思想，建议少用。

（5）goto 语句可以方便快速地转到指定的任意位置继续执行，正是它的任意性破坏了程序的可读性，因而结构化程序设计中不提倡使用 goto 语句。

（6）对典型的循环问题，如累加求和、求定积分、解一元方程、解不定方程等，在设计算法时，要先找出问题的规律，有了基本思路后，再去编写程序。本章涉及的算法设计策略有递推法、迭代法、穷举法和试探法。这些策略无一例外地利用了循环的思想。

递推法是利用问题本身所具有的递推关系求问题解的一种方法，其基本思想是在规定的初始条件下，借助于已知项逐项推出未知项。递推的例子很多，例如求数列的第 n 项、累加问题等。

递推过程可以利用数组来实现，一个数组元素存放一个递推项（关于数组将在第 7 章介绍）。

迭代法是设定一个迭代变量，由旧值算出变量新值。构造迭代算法的关键就是确定迭代变量并建立迭代关系。可以用递推法建立迭代关系，例如累加问题可用"s=s+n;"语句来实现，在这里 s 是迭代变量。应当说明，递推与迭代是既有联系又有区别的两个概念。递推不一定采取迭代，例如，利用数组实现递推，每次递推出不同的数组元素，这里不存在用一个新值去代替变量的原值，因此，不属于迭代。但递推常常采用迭代方法处理。迭代法在数值计算方面有十分广泛的应用。

穷举法也叫枚举法，它的基本思路是对众多可能解按某种顺序进行逐一枚举和检验，并从中找出那些符合要求的可能解作为问题的解。穷举法的计算量是相当大的。

试探法也称作回溯法，其思路是按某种顺序从某一满足条件的初始试探解出发，逐步试探生成满足条件的试探解。当发现当前试探解不可能是解时，就选择下一个试探解，并继续试探。试探法是比穷举法效率更高的算法。

习　题

一、选择题

1．设有以下程序段：

```
int k=10;
while(k) k--;
```

则下面描述中正确的是（　　　）。

    A．while 循环执行 10 次　　　　　　B．循环是无限循环

    C．循环体语句一次也不执行　　　　　D．循环体语句执行一次

2．C 语言中 while 和 do-while 循环的主要区别是（　　　）。

    A．do-while 的循环体至少无条件执行一次

    B．while 的循环控制条件比 do-while 的循环控制条件严格

    C．do-while 允许从外部转到循环体内

    D．do-while 的循环体不能是复合语句

3．下列循环语句中有语法错误的是（　　　）。

    A．while(x=y) 5;　　　　　　　　　B．while(0);

    C．do 2; while(x==b);　　　　　　　D．do x++ while(x==10);

4．下面有关 for 循环的正确描述是（　　　）。

    A．for 循环只能用于循环次数已经确定的情况

    B．for 循环是先执行循环体语句，后判断表达式

    C．在 for 循环中，不能用 break 语句跳出循环体

    D．for 循环的循环体语句中，可以包含多条语句，但必须用花括号括起来

5．对 for(表达式 1;; 表达式 3) 可理解为（　　　）。

    A．for(表达式 1;0; 表达式 3)　　　　B．for(表达式 1;1; 表达式 3)

    C．for(表达式 1; 表达式 1; 表达式 3)　　D．for(表达式 1; 表达式 3; 表达式 3)

6. 下列说法中正确的是（　　）。

    A．break 用在 switch 语句中，而 continue 用在循环语句中

    B．break 用在循环语句中，而 continue 用在 switch 语句中

    C．break 能结束循环，而 continue 只能结束本次循环

    D．continue 能结束循环，而 break 只能结束本次循环

7. 以下程序的输出结果是（　　）。

```c
#include <stdio.h>
int main()
{
    int i;
    for(i='A';i<'I';i++,i++) printf("%c",i+32);
    printf("\n");
    return 0;
}
```

    A．编译不通过，无输出　　　　　　　　B．aceg

    C．acegi　　　　　　　　　　　　　　　D．abcdefghi

8. 以下程序中，while 循环的循环次数是（　　）。

```c
#include <stdio.h>
int main()
{
    int i=0;
    while(i<10)
    {
        if (i<1) continue;
        if (i==5) break;
        i++;
    }
    return 0;
}
```

    A．1　　　　　　　B．10　　　　　　　C．6　　　　　　　D．无限循环

9. 【多选】在下列程序段中，构成死循环的是（　　）。

    A．int i=100;　　　　　　　　　　B．for(; ;);

        while (1)

        { i=i%100+1; if (i>100) break; }

    C．int k=1000;　　　　　　　　　　D．int s=36;

        do {++k;} while (k>=1000);　　　　　while (s) ++s;

10. 【多选】求 5! 的程序段有（　　）。

    A．int p=1,i=1;　　　　　　　　　　B．int p=1,i;

        for(;i<=5;)　　　　　　　　　　　　for(i=1;;i++)

          p*=i++;　　　　　　　　　　　　{

                          p*=i;

                          if (i==5) break;

                  }

C. int p=1,i=1;
     for(;;)
     {
        p*=i++;
        if (i>5) break;
     }

D. int p=1,i=1;
     for(;;)
     {
        p*=i;
        if (i==5) break;
        i++;
     }

二、填空题

1．执行下面程序段后，k 值是 _____。

```
k=1;
n=263;
do
{
  k*=n%10;
  n/=10;
}while(n);
```

2．若 i 为整型变量，则以下 for 循环的执行次数是 _____。

```
for(i=2;i==0;) printf("%d",i--);
```

3．执行语句"for(i=1;i++<4;);"后，变量 i 的值是 _____。

4．以下程序的输出结果是 _____。

```
#include <stdio.h>
int main()
{
  int i=10, j=0;
  do
  {
    j=j+i;i--;
  }while(i>2);
  printf("%d\n",j);
  return 0;
}
```

5．以下程序的输出结果是 _____。

```
#include <stdio.h>
int main()
{
  int x=15;
  while(x>10 && x<50)
  {
    x++;
    if (x/3){x++;break;}
    else continue;
  }
  printf("%d\n",x);
  return 0;
}
```

三、编写程序题

1. 利用下列公式计算 π 的近似值（n 取 1 000）。

$$\frac{\pi}{4} = 1 - \frac{1}{3} + \frac{1}{5} - \frac{1}{7} + \cdots + \frac{1}{4n-3} - \frac{1}{4n-1}$$

2. 输入角度 x，求 $\cos x$ 的近似值。

$$\cos x = x - \frac{x^2}{2!} + \frac{x^4}{4!} - \frac{x^6}{6!} + \cdots$$

直到最后一项的绝对值小于 10^{-6} 时为止。

3. 由键盘输入一个正整数，找出大于或等于该数的第 1 个素数。

4. 求满足如下条件的 3 位数：它除以 9 的商等于它各位数字的平方和。例如 224，它除以 9 的商为 24，而 $2^2+2^2+4^2=24$。

5. 因子之和等于它本身的数为完数。例如，28 的因子是 1，2，4，7，14，且 1+2+4+7+14=28，则 28 是完数。求 [2,1000] 中的所有完数。

6. 利用迭代公式：

$$y_{n+1} = \frac{2}{3} y_n + \frac{a}{3y_n^2}$$

求 $y = \sqrt[3]{a}$。初始值 $y_0=a$，误差为 10^{-5}。a 从键盘输入。

7. 输入 20 个字符，分别统计其中英文字母、空格和其他字符的个数。

8. 计算下列不定方程共有多少组自然数解。

$$\begin{cases} x^2 + y^2 = 10000 \\ x \leqslant y \end{cases}$$

函数

应用计算机求解复杂的实际问题时，总是把一个大任务按功能分解成若干个容易解决的子任务，各个子任务解决了，大任务也就完成了。从程序设计角度讲，一个子任务被称为一个功能模块，在 C 语言中用函数（function）来实现，所以函数是实现模块化程序设计的重要方法。此外，对于反复要用到的某些程序段，如果每次都重复书写，将是十分烦琐的，如果写成函数，当需要时直接调用就可以了，这样可以提高程序设计的效率。

函数是组成 C 语言程序的基本单位，所以函数的定义、调用和使用方法是学习 C 语言的重要内容。而且通过对函数的学习，可以仔细领会模块化程序设计的基本思想，为将来进行团队合作，协同完成大型软件的开发奠定良好基础。

本章要点：

- 函数的定义与调用方法
- 函数调用时的参数传递规则
- 递归的概念与函数递归调用的过程
- 变量的作用域和存储类别

6.1　C 语言程序的模块结构

一个用 C 语言开发的软件往往由许多功能模块组成，各个功能模块彼此有一定的联系，功能上各自独立。在 C 语言中，用函数来实现功能模块的定义。通常一个具有一定规模的 C 语言程序由多个函数组成。其中有且仅有一个主函数，由主函数来调用其他函数。根据需要，其他函数之间可以相互调用。同一个函数可以被一个或多个函数调用一次或多次。也就是说，C 语言程序的全部功能都是由函数实现的。每个函数相对独立并具有特定的功能。可以通过函数间的调用来实现程序总体功能。C 语言程序的模块结构如图 6-1 所示。

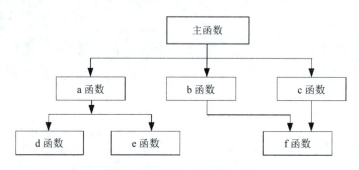

图 6-1　C 语言程序的模块结构

在 C 语言中，主函数可以调用其他函数，而其他函数均不能调用主函数。通常把调用其他函数的函数称为主调函数，而将被调用的函数称为被调函数。可见主函数只能是主调函数，而其他非主函数既可以是主调函数，也可以是被调函数。图 6-1 中的 C 语言程序由一个主函数和 6 个其他函数组成，主函数 main 和其他函数构成程序的层次模块结构。在执行 main 函数时，调用了 a 函数、b 函数和 c 函数，而在执行 a 函数时，分别调用了 d 函数和 e 函数。在执行 b 函数和 c 函数时，调用了 f 函数。

C 语言编译系统提供了很多非常有用的库函数，可根据需要进行调用，但调用前要将相应的头文件包含到程序中来。前面各章程序中的第 1 行都是 #include 命令，这是一条编译预处理命令，作用是将 C 语言编译程序提供的头文件包含到当前程序中。库函数不是 C 语言本身的组成部分，而是由 C 语言编译系统提供的一些非常有用的功能函数。库函数是编译过的文件。例如，C 语言没有输入输出语句，也没有直接处理字符串的语句，但是 C 语言编译系统以库函数的方式提供了这些功能。另外，还有大量的数学函数及其他函数可供用户直接调用。这些库函数的类型和宏定义都保存在相应的头文件中，而对应的子程序则存放在运行库（.lib）中，用户只要在程序的函数外部用 #include < 头文件 > 或 #include " 头文件 " 命令包含指定的头文件，就可以调用相关的库函数。

绝大多数 C 语言程序都包含对库函数的调用。调用库函数的时候，还要注意函数形式参数个数、类型以及函数返回值的类型。

C 语言中，函数可按多种方式来分类。

（1）从使用的角度来分，函数可以分为标准函数和用户函数。标准函数（也称系统函数或库函数）是指由系统提供的、已定义好（即已在 C 语言库函数头文件中定义）的函数。用户函数（也称自定义函数）是指用户在源程序文件中定义的函数。

（2）从形式上来分，函数可以分为无参函数和有参函数。这是根据函数定义时是否设置参数来划分的。

（3）从作用范围来分，函数可以分为外部函数和内部函数。外部函数是指可以被任何源程序文件中的函数调用的函数。内部函数是指只能被其所在的源程序文件中的函数调用的函数。

（4）从返回值来分，可以分为无返回值函数和有返回值函数。

6.2　函数的定义与调用

在 C 语言中，函数的含义不是数学上的函数值与表达式之间的对应关系，而是一种运算或处理过程，即将一个程序段完成的运算或处理放在函数中完成，这就要先定义函数，然后根据需要调用它，而且可以多次调用，这体现了函数的优点。

6.2.1　函数的定义

C 语言函数的定义包括对函数名、函数的参数、函数返回值的类型与函数功能的描述。其一般格式如下：

```
类型符 函数名 ( 形式参数说明 )
{
    声明与定义部分
    语句部分
}
```

1. 函数首部

函数首部用于对函数的特征进行定义。类型符用于标识函数返回值的类型。当函数不返回值时，习惯用 void 来标记。另外，当函数返回 int 型值时，类型符 int 可以省略。

函数名是一个标识符，一个 C 语言程序除有一个且只有一个 main() 函数外，其他函数的名字可以随意命名。一般给函数命名一个能反映函数功能，有助于记忆的标识符。

在函数定义中，函数名后括号内的形式参数（formal parameter）是按需要而设定的，也可以没有形式参数，但函数名后一对圆括号必须保留。形式参数简称形参或虚参。

当函数有形参时，在形参表中，除给出形参名外，还要指出它的类型，一般格式如下：

类型符 形参名 1, 类型符 形参名 2,…, 类型符 形参名 n

例如：

```
double max(double x,double y)
{
    …
}
```

定义函数 max() 返回 double 型值，它有 x 和 y 两个形参，都被定义为 double 型。

2. 函数体

在函数定义的最外层由花括号括起来的部分称作函数体。在函数体的前面部分可以包含函数体中程序对象的声明和变量定义，声明和定义之后是描述函数功能的语句部分。例如：

```
double max(double x,double y)
{
    return x>y?x:y;
}
```

这是一个求 x 和 y 中较大数的函数。

函数体中的 return 语句用于传递函数的返回值，一般格式如下：

return 表达式 ;

说明：

（1）一个函数中可以有多个 return 语句，当执行到某个 return 语句时，程序的控制流程返回调用函数，并将 return 语句中表达式的值作为函数值带回。

（2）若函数体内没有 return 语句，就一直执行到函数体的末尾，然后返回调用函数。这时也有一个不确定的函数值被带回。

（3）若不需要带回函数值，一般将函数定义为 void 类型。

（4）return 语句中表达式的类型应与函数返回值的类型一致。不一致时，以函数返回值的类型为准。

 3. 空函数

C 语言还允许函数体为空的函数，其格式如下：

函数名 ()
{}

调用此函数时，什么工作也不做。这种函数定义出现在程序中有以下目的：在调用该函数处，表明这里要调用某函数；在函数定义处，表明此处要定义某函数。因函数的算法还未确定，或者暂时来不及编写，或者有待于完善和扩充程序功能等，未给出该函数的完整定义。特别在程序开发过程中，通常先开发主要的函数，次要的函数或准备扩充程序功能的函数暂写成空函数，使能在程序还未完整的情况下调试部分程序，又能为以后程序的完善和功能扩充打下一定的基础。因此空函数在 C 语言程序开发中经常被采用。

 6.2.2 函数的调用

有了函数定义，凡要完成该函数功能处，就可调用该函数来完成。函数调用的一般格式如下：

函数名 (实在参数表)

当有多个实在参数（actual parameter）时，实在参数之间用逗号分隔。如下语句：

y=max(u,v);

其中的 max(u,v) 就是对函数 max 的调用。若调用的是无参函数，则调用格式如下：

函数名 ()

其中函数名之后的一对圆括号不能省略。

函数调用时提供的实在参数（简称实参）应与被调函数的形参按顺序一一对应，而且参数类型要一致。

按调用函数在程序中的作用不同，其有以下两种不同的应用方式。

（1）将函数调用作为一个独立的语句，如前面例子中经常使用的输入输出函数调用。这种应用方式不要求或无视函数的返回值，需要的只是函数完成的操作。

（2）函数调用作为表达式中的一个运算量。这种应用方式要求函数调用能返回一个值，参与表达式的计算。例如：

```
y=max(u,v)+2.0;
printf("%f\n",max(u,v));
```

其中函数调用 max(u,v)，前者利用函数调用的返回值继续计算表达式的值；后者利用函数调用的返回值输出。

【例 6-1】求五边形面积（如图 6-2 所示），长度 k1 ～ k7 从键盘输入。

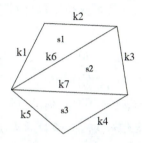

求五边形面积

图 6-2　五边形

分析：求五边形的面积可以变成求 3 个三角形面积的和。由于要 3 次计算三角形的面积，为了程序简单起见，可将计算三角形面积定义成函数，然后在主函数中 3 次调用它，分别得到 3 个三角形的面积，然后相加得到五边形的面积。程序如下：

```
#include <stdio.h>
#include <math.h>
double ts(double a, double b, double c)
{
    double s;
    s=(a+b+c)/2;
    s=sqrt(s*(s-a)*(s-b)*(s-c));
    return s;
}
int main()
{
    double k1,k2,k3,k4,k5,k6,k7,s;
    scanf("%lf%lf%lf%lf%lf%lf%lf",&k1,&k2,&k3,&k4,&k5,&k6,&k7);
    s=ts(k1,k2,k6)+ts(k6,k3,k7)+ts(k7,k4,k5);
    printf("area=%f\n",s);
    return 0;
}
```

程序运行结果如下：

```
2 2 2 2 2 3.5 3.5 ↙
area=6.742962
```

 ### 6.2.3　对被调用函数的声明和函数原型

 **1. 函数的声明**

由于 C 语言可以由若干个文件组成，每一个文件可以单独编译，所以在编译程序中的函数调用时，如果不知道该函数参数的个数和类型，编译系统就无法检查形参和实参是否匹配。为

了保证函数调用时，编译程序能检查出形参和实参是否满足类型相同、个数相等的条件，并由此决定是否进行类型转换，必须为编译程序提供所用函数的返回值类型和参数的类型、个数，以保证函数调用成功。这里提出函数声明的概念。

一般被调函数应放在主调函数之前定义。若被调函数的定义在主调函数之后出现，就必须在主调函数中对被调函数加以声明，函数声明的一般格式如下：

类型符 函数名 (形参类型 1 形参名 1，形参类型 2 形参名 2，⋯);

这种形式的函数声明只是对已定义的函数名及其返回值的类型、参数个数及参数类型作声明，以便让编译程序预先知道该标识符是函数和函数返回值的类型，为该函数的调用编译出正确的目标代码。

注意：函数的声明和函数的定义形式上类似，但两者有本质的不同。主要区别在以下几方面。

（1）函数的定义是编写一段程序，除上面内容之外，应有函数具体的功能语句，即函数体，而函数的声明仅是对编译系统的一个说明，不含具体的执行动作。

（2）在程序中，函数的定义只能有一次，而函数的声明可以有多次，有多少个主调函数要调用该被调函数，就应在各个主调函数中各自进行声明。

【例 6-2】计算并输出 y 的值。

$$y=\sum_{t=1}^{4}\frac{4f(t^2)}{f\left(\dfrac{t}{2}-1\right)-3g(t^2+2)}$$

其中

$$f(x)=\frac{e^x-|x-12|}{x+10\cos(x-1)}$$

$$g(x)=\begin{cases}\dfrac{1}{x^2} & x<0 \\ 0 & x=0 \\ \ln(x^2+5) & x>0\end{cases}$$

程序如下：

```c
#include <stdio.h>
#include <math.h>
int main()
{
    int t;
    float y=0.0;
    float f(float x),g(float x);
    for(t=1;t<=4;t++)
        y+=4.0*f((float)(t*t))/(f(t/2.0-1.0)-3*g(t*t+2.0));
    printf("y=%f\n",y);
    return 0;
}
float f(float x)
{
    float z;
    z=(exp(x)-fabs(x-12))/(x+10*cos(x-1));
```

```
        return z;
}
float g(float x)
{
        float z;
        if (x<0) z=1.0/(x*x);
        else if (x==0) z=0.0;
        else z=log(x*x+5);
        return z;
}
```

程序由 main()、f() 和 g() 这 3 个函数组成。main() 在调用 f() 和 g() 之前对它们进行了声明。以下几种情况下，可省略函数声明。

（1）如果被调函数的定义出现在调用它之前，根据 C 语言的定义隐含着声明原则，可以不必对被调函数作声明。例 6-1 是这种情况。

（2）如果被调函数的返回值是整型或字符型，也可以不对它作声明。因为编译系统发现程序调用一个还未被定义或声明的函数时，就假定它的返回值是整型的，而字符型又是与整型相通的。

（3）如果被调函数的声明已出现在函数定义之前（特别是在程序文件的开头处），那么位于该函数声明之后定义的所有函数都可调用该函数，而不必另加声明。

除以上 3 种情况外，包括调用另一个源程序文件中定义的函数，都应对被调函数在调用它之前作声明。

2. 函数原型的概念

在对被调函数作声明时，编译系统需知道被调函数有几个参数，各自是什么类型，而参数的名字是无关紧要的，因此，对被调函数的声明也被称为函数原型，函数原型也可以简化如下：

类型符 函数名 (形参类型 1, 形参类型 2,…)

在例 6-2 的主函数中，函数原型可以改写成：

float f(float),g(float);   // 仅声明各形参的类型，不必指出形参的名

通常将一个文件中需调用的所有函数原型写在文件的开始。

6.2.4　带参数的宏定义

C 语言有两种宏定义命令：带参数的宏定义和不带参数的宏定义。不带参数的宏定义格式比较简单，通常用来定义符号常量。例如：

#define PI 3.14159

在定义宏时还可以加上参数，这就构成了带参数的宏，一般格式如下：

#define 宏名 (参数表) 带有参数的字符序列

其含义为，在对程序进行预处理时，将带有实参的宏按宏定义中指定的字符序列进行替换，字符序列中的参数用相应的实参原样替换。例如，有宏定义：

#define max(a,b) (a)>(b)?(a):(b)

则程序中的语句 y=max(x,10) 经过替换后变为：

    y=(x)>(10)?(x):(10);

在定义带参数的宏时，要注意宏名与后面的括号之间不能有空格，且所有的参数均应出现于右边的字符序列中。

在书写带参数的宏时，要防止由于使用表达式参数带来的错误。例如，定义了一个用于计算圆面积的宏：

```
#define circle_area(r) r*r*3.14159
```

如果在后面的程序中用"s=circle_area(10.26);"或"s=circle_area(x);"这样的形式去调用这个宏，不会出现问题。但是如果要计算：

```
s=circle_area(x+16);
```

就会出现：

```
s=x+16*x+16*3.14159;
```

的错误结果。如果重新定义这个宏：

```
#define circle_area(r) ((r)*(r)*3.14159);
```

此时替换结果如下：

```
s=((x+16)*(x+16)*3.14159)
```

重新定义宏后，就没有问题了。在定义带参数的宏时通常将每个参数和整个字符序列都用括号括起来，以防止计算错误。

带参数的宏和带参数的函数形式上很相似，但处理方式上有本质的区别。函数调用时先求实参表达式的值，再传给形参。而带参数的宏只是简单的字符替换，宏展开时并不对实参表达式求值。函数调用时临时分配存储单元，宏替换并不分配存储单元，也没有返回值。

例 6-1 的程序也可以用带参数的宏来实现，程序如下：

```
#include <stdio.h>
#include <math.h>
#define p(a,b,c) (((a)+(b)+(c))/2.0)
#define ts(a,b,c) (sqrt(p(a,b,c)*(p(a,b,c)-(a))*(p(a,b,c)-(b))*(p(a,b,c)-(c))))
int main()
{
    double k1, k2, k3, k4, k5, k6, k7, s;
    scanf("%lf%lf%lf%lf%lf%lf%lf", &k1, &k2, &k3, &k4, &k5, &k6, &k7);
    s = ts(k1, k2, k6) + ts(k6, k3, k7) + ts(k7, k4, k5);
    printf("area=%f\n", s);
    return 0;
}
```

带参数的宏 ts 用于利用海伦公式计算三角形面积，在 ts 宏定义中又引用前面的宏定义 p。

6.3 函数的参数传递

调用带参数的函数时，主调函数与被调函数之间会有数据传递。形参是函数定义时由用户定义的形式上的变量，实参是函数调用时，主调函数为被调函数提供的原始数据。在 C 语言中，实参向形参传送数据的方式是"值传递"，即实参的值传给形参，是一种单向传递方式，不能由形参传回给实参。在函数执行过程中，形参的值可能被改变，但这改变对原来与它对应的实参没有影响。

　　C 语言函数参数采用值传递的方法，其含义是，在调用函数时，将实参变量的值取出来，复制给形参变量，使形参变量在数值上与实参变量相等。在函数内部使用形参变量的值进行处理。C 语言中的实参可以是一个表达式，调用时先计算表达式的值，再将结果（值）复制到形参对应的存储单元中，一旦函数执行完毕，这些形参存储单元都将被释放，其所保存的值不再保留。形参是函数的局部变量，仅在函数内部才有意义，所以不能用它来向主调函数传递函数计算的结果。

　　值传递的优点在于被调函数不可能改变主调函数中变量的值，而只能改变它的局部的临时副本。这样就可以避免被调函数的操作对主调函数中的变量可能产生的副作用。

　　C 语言中，在值传递方式下，既可以在函数之间传递"变量的值"，也可以在函数之间传递"变量的地址"。

　　下面先讨论变量名作形参时的参数结合。后面章节还会分别介绍数组名、各种类型的指针变量作函数形参。当形参是变量名时，所对应的实参可以是常量、变量或表达式。在函数未被调用时，形参并不占用内存单元。只有当函数被调用时，系统才为形参分配内存单元。函数调用结束后，形参所占内存单元就被系统回收。

【例 6-3】分析形参和实参的结合过程。

```c
#include <stdio.h>
double max(double x,double y)
{
    x=x>y?x:y;
    return x;
}
int main()
{
    double a,b,c;
    scanf("%lf%lf",&a,&b);
    c=max(a,b);
    printf("max(%lf,%lf)=%lf\n",a,b,c);
    return 0;
}
```

函数参数传递过程

　　该程序包括主函数和 max 函数，在主函数中调用 max 函数。函数调用发生时，先为被调用函数 max 的形参 x、y 分配存储单元，然后调用出的实参 a、b 的值分别赋给形参 x 和 y。接着执行 max 函数。遇 return 语句，计算 return 语句中的表达式并返回，控制回到调用 max 函数处继续执行。在这里 max 函数返回 a 和 b 中大的值。回到调用处继续执行，使该值赋给变量 c，最后输出程序结果。这里实参 a 所对应的形参 x 在 max 函数中发生了变化，但这并不影响 a 的值。

　　设输入 a、b 的值分别为 375.0 和 860.0，则参数结合过程如图 6-3 所示。调用 max 函数时，通过参数结合，形参 x 得到的值是 375.0，y 得到的值是 860.0，执行 max 函数时，将条件表达式的值赋给 x，x 值变为 860.0，但 x 所对应的实参 a 并不改变。

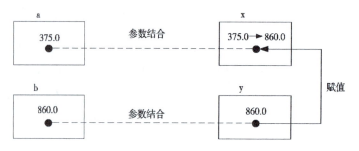

图 6-3　变量名作形参时的参数结合

6.4　函数的嵌套调用与递归调用

函数的嵌套调用是 C 语言的一个语言特征，它是指函数里又调用函数，这里调用的函数可以是其他函数，也可以是调用函数本身，当被调用的函数就是调用函数本身时，就形成了递归调用，所以递归调用是嵌套调用的一种特例。因为递归调用很特殊，反映了一种逻辑思想，用它来解决某些问题时显得简练，所以单独介绍。

 ### 6.4.1　函数的嵌套调用

在 C 语言的函数定义内不能再定义别的函数，但一个函数为实现它的功能，可以调用其他函数。例如，从主函数出发，主函数调用函数 a()，函数 a() 又调用函数 b()，函数 b() 又调用函数 c()，等等。这样从主函数出发，在调用一个函数的过程中，又可调用另一函数，就是通常所说的函数嵌套调用。函数嵌套调用时，有一个重要的特征，先被调用的函数后返回。例如，待函数 c() 完成计算返回后，函数 b() 继续计算（可能还要调用其他函数），待计算完成，返回到函数 a()，函数 a() 计算完成后，才返回到主函数。图 6-4 所示为函数嵌套调用控制流程，其中编号表示执行控制变化的顺序。

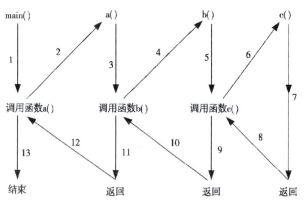

图 6-4　函数嵌套调用控制流程

【例 6-4】用弦截法求方程 $f(x) = x^3 - 5x^2 + 16 - 8 = 0$ 的根。

分析：用弦截法求方程根的基本步骤如下所述。

（1）取两个不同点 x_1、x_2，若 $f(x_1)$ 和 $f(x_2)$ 异号，则 (x_1, x_2) 区间内必有一个根。如果 $f(x_1)$

与 $f(x_2)$ 同号，则应改变 x_1、x_2，直到 $f(x1)$、$f(x2)$ 异号为止。

（2）连接 $(x_1, f(x_1))$ 和 $(x_2, f(x_2))$ 两点，过这两点的直线（即弦）交 x 轴于 x，如图 6-5 所示。

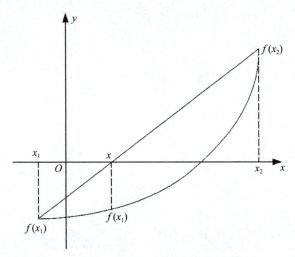

图 6-5　弦截法求方程的根

x 点坐标可用下式求出：

$$x = \frac{x_1 f(x_2) - x_2 f(x_1)}{f(x_2) - f(x_1)}$$

再从 x 求出 $f(x)$。

（3）若 $f(x)$ 与 $f(x_1)$ 同号，则根必在 (x,x_2) 区间内，此时将 x 作为新的 x_1。若 $f(x)$ 与 $f(x_2)$ 同号，则表示根在 (x_1,x) 区间内，将 x 作为新的 x_2。

（4）重复步骤（2）和（3），直到 $|f(x)|$ 是一个很小的数（如 10^{-6}）。此时认为 $f(x) \approx 0$，x 是方程的解。

分别用以下几个函数来实现有关功能。

（1）用函数 $f(x)$ 来求 $f(x)$ 的值。

（2）用函数 xpoint(x1,x2) 来求 x 点的纵坐标。

（3）用函数 root(x1,x2) 来求 (x_1,x_2) 区间的那个实根。显然，执行 root 函数过程中要用到函数 xpoint，而执行 xpoint 函数过程中要用到 f 函数，即函数嵌套调用。

程序如下：

```
#include <stdio.h>
#include <math.h>
float f(float x)                      // 定义 f 函数，求 f(x) 的值
{
   float y;
   y=((x-5.0)*x+16.0)*x+8.0;
   return y;
}
float xpoint(float x1,float x2)       // 定义 xpoint 函数，求出弦与 x 轴的交点
{
   float y;
   y=(x1*f(x2)-x2*f(x1))/(f(x2)-f(x1));
   return y;
}
```

```
float root(float x1, float x2)        // 定义 root 函数，求方程近似根
{
  int i;
  float x,y,y1;
  y1=f(x1);
  do
  {
    x=xpoint(x1,x2);
    y=f(x);
    if (y*y1>0)                    //f(x) 与 f(x1) 同号
      {y1=y;x1=x;}
    else
      x2=x;
  }while(fabs(y)>=1e-6);
  return(x);
}
int main()
{
  float x1,x2,f1,f2,x;
  do
  {
    printf("Input x1,x2:\n");
    scanf("%f,%f",&x1,&x2);
    f1=f(x1);
    f2=f(x2);
  }while(f1*f2>=0);
  x=root(x1,x2);
  printf("A root of equation is %8.4f\n",x);
  return 0;
}
```

程序运行情况如下：

Input x1,x2
-2,4 ↙
A root of equation is -0.4356

 6.4.2 函数的递归调用

 1. 递归的基本概念

递归是指在连续执行某一处理过程时，该过程中的某一步要用到它自身的上一步或上几步的结果。在一个程序中，若存在程序自己调用自己的现象就构成了递归。递归是一种常用的程序设计方法。在实际应用中，许多问题的求解方法具有递归特征，利用递归描述这种求解算法，思路清晰简洁。

C语言允许函数的递归调用。在调用一个函数的过程中又出现直接或间接地调用该函数本身，称之为函数的递归调用。若函数 a 在执行过程中又调用函数 a 自身，则称函数 a 为直接递归。若函数 a 在执行过程中先调用函数 b，函数 b 在执行过程中又调用函数 a，则称函数 a 为间接递归。程序设计中常用的是直接递归。

数学上递归定义的函数是非常多的。例如，当 n 为自然数时，求 n 的阶乘 $n!$。

$n!$ 的递归表示：

$$n! = \begin{cases} 1 & n \leq 1 \\ n(n-1)! & n > 1 \end{cases}$$

从数学角度来说，如果要计算出 $f(n)$ 的值，就必须先算出 $f(n-1)$，而要求 $f(n-1)$ 就必须先求出 $f(n-2)$。这样递归下去直到计算 $f(0)$ 时为止。若已知 $f(0)$，就可以向回推，计算出 $f(1)$，再往回推计算出 $f(2)$，一直往回推计算出 $f(n)$。

2. 递归程序的执行过程

用一个简单的递归程序来分析递归程序的执行过程。

【例 6-5】求 n! 的递归函数。

根据 n! 的递归表示形式，用递归函数描述如下：

```
int fac(int n)
{
  if (n<=1) return 1;
  else return n*fac(n-1);
}
```

求 n! 的递归函数

在函数中使用了 n*fac(n-1) 的表达式形式，该表达式中调用了 fac 函数，这是一种函数自身调用，是典型的直接递归调用，fac 函数是递归函数。显然，就程序的简洁来说，函数用递归描述比用循环控制结构描述更自然、更简洁。但是，对初学者来说，递归函数的执行过程比较难以理解。以计算 3! 为例，设有某函数以 m=fac(3) 形式调用函数 fac，它的计算流程如图 6-6 所示。

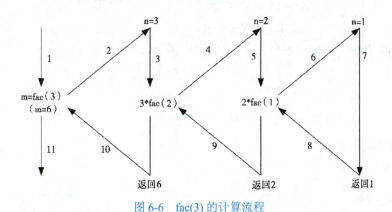

图 6-6　fac(3) 的计算流程

fac(3) 的计算流程大致如下。

为计算 3!，以 fac(3) 去调用函数 fac，n=3 时，函数 fac 值为 3*2!，用 fac(2) 去调用函数 fac，n=2 时，函数 fac 值为 2*1!，用 fac(1) 去调用函数 fac，n=1 时，函数 fac 计算 1!，以结果 1 返回；返回到发出调用 fac(1) 处，继续计算得到 2! 的结果 2 返回；返回到发出调用 fac(2) 处，继续计算得到 3! 的结果 6 返回。

递归计算 n! 有一个重要特征，为求 n 有关的解，化为求 n-1 的解，求 n-1 的解又化为求 n-2 的解，依次类推。特别地，对于 1 的解是可立即得到的。这是将大问题分解为小问题的递推过程。有了 1 的解以后，接着是一个回溯过程，逐步获得 2 的解，3 的解，……，直至 n 的解。

在编写递归函数时，必须使用 if 语句建立递归的结束条件，使程序能够在满足一定条件时结束递归，逐层返回。如果没有这样的 if 语句，在调用该函数进入递归过程后，就会无休止地执行下去而不会返回，这是编写递归程序时经常发生的错误。在例 6-5 中，$n \leq 1$ 就是递归的结束条件。

3. 数值型递归问题的求解方法

在掌握递归的基本概念和递归程序的执行过程之后，还应掌握编写递归程序的基本方法。编写递归程序要注意两点，一要找出正确的递归算法，这是编写递归程序的基础；二要确定算法的递归结束条件，这是决定递归程序能否正常结束的关键。

可以将计算机所求解的问题分为两大类：数值问题和非数值问题。两类问题具有不同的性质，所以解决问题的方法也是不同的。

对于数值问题，编写递归程序的一般方法是，建立递归数学模型，确定递归终止条件，将递归数学模型转换为递归程序。数值问题由于可以表达为对数学公式求解，所以可以从数学公式入手，推出问题的递归定义，然后确定问题的边界条件，这样就可以较容易地确定递归的算法和递归结束条件。

【例 6-6】用递归方法计算下列多项式函数的值。

$$p(x,n) = x - x^2 + x^3 - x^4 + \cdots + (-1)^{n-1} x^n \qquad (n > 0)$$

分析：这是一个数值计算问题。函数的定义不是递归定义形式，对原来的定义进行如下数学变换。

$$\begin{aligned}
p(x,n) &= x - x^2 + x^3 - x^4 + \cdots + (-1)^{n-1} x^n \\
&= x\left[1 - (x - x^2 + x^3 - \cdots + (-1)^{n-2} x^{n-1}) \right] \\
&= x[1 - p(x, n-1)]
\end{aligned}$$

经变换后，可以将原来的非递归定义形式转化为等价的递归定义：

$$p(x,n) = \begin{cases} x & n = 1 \\ x[1 - p(x, n-1)] & n > 1 \end{cases}$$

由此递归定义，可以确定递归算法和递归结束条件。

递归函数的程序如下：

```
double p(double x, int n)
{
    if (n==1) return (x);
    else return (x*(1-p(x,n-1)));
}
```

4. 非数值型递归问题的求解方法

对于非数值问题，编写递归程序的一般方法是，确定问题的最小模型并使用非递归算法解决，分解原来的非数值问题建立递归模型，确定递归模型的终止条件，将递归模型转换为递归程序。

非数值问题本身难以用数学公式表达。求解非数值问题的一般方法是要设计一种算法，找到解决问题的一系列操作步骤。如果能够找到解决问题的一系列递归的操作步骤，同样可以用递归的方法解决非数值问题。寻找非数值问题的递归算法可从分析问题本身的规律入手，按照下列步骤进行分析。

（1）从化简问题开始。将问题进行简化，将问题的规模缩到最小，分析问题在最简单情况下的求解方法。此时找到的求解方法应当十分简单。

（2）对于一个一般的问题，可将一个大问题分解为两个（或若干个）小问题，使原来的大问题变成这两个（或若干个）小问题的组合，其中至少有一个小问题与原来的问题有相同的性质，只是在问题的规模上与原来的问题相比较有所缩小。

（3）将分解后的每个小问题作为一个整体，描述用这些较小的问题来解决原来大问题的算法。

由步骤（3）得到的算法就是一个解决原来问题的递归算法。由步骤（1）将问题的规模缩到最小时的条件就是该递归算法的递归结束条件。

【例 6-7】利用递归函数打印图 6-7 所示的数字金字塔图形。

```
                1
               1 2 1
              1 2 3 2 1
             1 2 3 4 3 2 1
            1 2 3 4 5 4 3 2 1
           1 2 3 4 5 6 5 4 3 2 1
          1 2 3 4 5 6 7 6 5 4 3 2 1
         1 2 3 4 5 6 7 8 7 6 5 4 3 2 1
        1 2 3 4 5 6 7 8 9 8 7 6 5 4 3 2 1
```

图 6-7　数字金字塔

分析：这是一个左右对称的图形，垂直中心线上的数字恰好是行号，在每行位于图形垂直中心线左边的数字是逐渐增加的，而右边是逐渐减小的。左边的终点数字也就是右边的起点数字。用 c_1 表示左边起点数字，此例取值从字符"1"开始，用 c_2 表示左边终点数字（即右边的起点数字），c_2 从"1"变化到"9"。设计递归算法如下。

（1）先将问题进行简化。显然，当 $c_1=c_2$ 时，只需要输出一个数字字符，可以很容易实现。

（2）当 $c_1 \neq c_2$ 时，在逻辑上可以将它分为两部分，即最左边数字字符及其以后的全部数字字符。

（3）将最左边数字字符以后的全部数字字符看成一个整体，则为了输出这些数字字符，可以按如下步骤进行操作。

①输出最左边的数字字符。

②输出最左边数字字符以后的全部数字字符。这就是将原来的问题分解后，用较小的问题来解决原来大问题的算法。其中操作②中的问题"输出最左边数字字符以后的全部数字字符"只是对原问题在规模上进行了缩小。这样描述的操作步骤就是一个递归的操作步骤。

整理上述分析结果，把步骤（1）中化简问题的条件作为递归结束条件，将步骤（3）分析得到的算法作为递归算法，可以写出如下完整的递归算法描述：若首尾字符相等，只需要输出一个数字字符；否则输出最左边的数字字符，然后输出最左边数字字符以后的全部数字字符。

同样，可以设计打印右半部分数字字符的递归算法。程序如下：

```c
#include <stdio.h>
int main()
{
    char ich;
    void generate(char，char);
    for(ich='1';ich<='9';ich++)
    {
        int i;
```

```c
        for(i=1;i<=20-(ich-'0');i++)        //输出每一行前面的空格
          putchar(' ');
      generate('1',ich);
      putchar('\n');
    }
    return 0;
}
void generate(char c1,char c2)
{
  if (c1==c2)
    putchar(c1);
  else
  {
    putchar(c1);
    generate(++c1,c2);
    putchar(--c1);
  }
}
```

5. 关于递归的几点说明

当一个问题蕴含了递归关系且结构比较复杂时，采用递归调用的程序设计技巧可以使程序变得简洁，增加了程序的可读性。但递归调用本身是以牺牲存储空间为基础的，因为每一次递归调用都要保存相关的参数和变量。同样，递归本身也不会加快执行速度；相反，由于反复调用函数，还会或多或少地增加时间开销。递归调用能使代码紧凑，并能够很容易地解决一些用非递归算法很难解决的问题。

注意：所有的递归问题都一定可以用非递归的算法实现，并且已经有了固定的算法。如何将递归程序转化为非递归程序的算法已经超出了本书的范围，感兴趣的读者可以参看有关数据结构的文献资料。

6.5 变量的作用域与存储类别

C语言程序由函数组成，每个函数都要用到一些变量。需要完成的任务越复杂，组成程序的函数就越多，涉及的变量也越多。一般情况下要求各函数的数据各自独立，但有时候，又希望各函数有较多的数据联系，甚至希望组成程序的各文件之间共享某些数据。因此，在程序设计中，必须要重视变量的作用域以及变量的存储类别问题。

6.5.1 变量的作用域

在程序中定义的变量，C语言系统都为其开辟存储单元，但并不是程序运行的任何时刻都能对它进行存取。在程序中能对变量进行存取操作的范围为变量的作用域。根据变量的作用域不同，变量分为局部变量和全局变量。

1. 局部变量

在一个函数体内或复合语句内定义的变量被称为局部变量。局部变量只在定义它的函数体或复合语句内有效，即只能在定义它的函数体或复合语句内部使用它，而在定义它的函数体或复合语句之外不能使用它。例如，有以下程序段：

```
fun1(x)
{
  int m,n;
  ...                    // 这里可以使用形参 x 和局部变量 m、n
}
char fun2(float x,float y)
{
  float m,n;
  ...                    // 这里可以使用形参 x、y 和局部变量 m、n
}
int main()
{
  char a,b;
  ...                    // 这里可以使用 a、b
}
```

说明：

（1）主函数定义了变量 a 和 b，fun1 函数和 fun2 函数中都定义了变量 m 和 n，这些变量各自在定义它们的函数体中有效，其他函数不能使用它们。另外，不同的函数可以使用相同的标识符命名各自的变量。同一名字在不同函数中代表不同对象，互不干扰。

（2）对于带参数的函数来说，形参的有效范围也局限于函数体。如 fun1 的函数体中可使用形参 x，其他函数不能使用它。同样，同一标识符可作为不同函数的形参名，它们也被当作不同对象。

（3）为了程序修改的方便，函数体内逻辑上较为独立的复合语句在需要时也可定义局部变量，供复合语句内部专用。例如：

```
...
{
  int t1,t2;
  t1=x+y;
  t2=x-y;
}
```

变量 t1 和 t2 只在复合语句内有效，离开该复合语句就无效，释放其对应的存储单元。

2. 全局变量

在函数定义之外定义的变量被称为全局变量。全局变量可以在定义它的文件中使用，其作用域是从它的定义处开始到变量所在文件的末尾。如下面的程序段：

```
float s=1.0; // 全局变量定义
int f1(int x)
{
  int i;
  ...
}
int k;         // 全局变量定义
float f2(float a)
{
```

```
    int i,j;                    |                    |   s 的作用域
    …                           |                    |
}                               |                    |
int main()                      |   k 的作用域        |
{                               |                    |
    int n;                      |                    |
    float m;                    |                    |
    …                           |                    |
}                               |                    |
```

变量 s 与 k 都是全局变量，但它们的作用域不同。在主函数 main 中和函数 f2 中可以直接使用全局变量 s 和 k，但在函数 f1 中不能直接使用全局变量 k。

说明：

（1）全局变量在程序执行期间一直存在，一个全局变量也可被位于它定义之前的函数使用，甚至被别的源程序文件中的函数使用，但需在使用之前给出外部变量的声明（用关键字 extern）。

【例 6-8】 写出以下程序运行结果。程序如下：

```c
#include <stdio.h>
int max(int x,int y)
{
    int z;
    z=x>y?x:y;
    return z;
}
int main()
{
    extern int a,b;
    printf("%d\n",max(a,b));
    return 0;
}
int a=13,b=-8;
```

程序运行结果如下：

```
13
```

主函数中对全局变量 a 和 b 进行外部变量声明，使全局变量 a、b 之前的函数，也能使用 a、b。

变量的声明和定义有着不同的含义。变量的定义为变量分配存储空间，还可以为变量指定初始值。在一个程序中，变量有且仅有一个定义。声明使变量的类型和名字为程序所识别。定义也是声明，当定义变量时就声明它的类型和名字。可以通过使用 extern 关键字声明变量而不定义它。例如：

```
extern int i;              // 声明但不定义变量 i
int i;                     // 声明且定义变量 i
```

extern 声明不是定义，也不分配存储空间。事实上，它只是说明变量定义在程序的其他地方。程序中变量可以声明多次，但只能定义一次。

只有当声明也是定义时，声明才可以有初始化，因为只有定义才分配存储空间。初始化时必须要有存储空间。如果声明有初始化，那么它可被当作是定义，即使声明标志为 extern。例如：

```
extern double pi=3.1416;      // 定义变量 pi
```

虽然使用了 extern，但是这条语句还是定义了 pi，分配并初始化了存储空间。只有当 extern

声明位于函数外部时，才可以含有初始化。因为已初始化的 extern 声明被当作是定义，所以该变量任何随后的定义都是错误的。同样，随后的含有初始化的 extern 声明也是错误的。

（2）在同一源文件中，若全局变量与局部变量同名，则在局部变量的作用范围内，全局变量不起作用。

【例 6-9】写出以下程序的运行结果。程序如下：

```c
#include <stdio.h>
void sub();
int main()
{
    extern int y;
    printf("main_y=%d,",++y);
    sub();
    return 0;
}
int  y=8;
void sub()
{
    int x=2;
    if (x==2)
    {
        int x=4;
        printf("intersub_x=%d,",x++);
    }
    printf("sub:x=%d,y=%d\n",x,++y);
}
```

程序运行结果如下：

```
main_y=9,intersub_x=4,sub:x=2,y=10
```

在 sub() 的函数体中，先定义变量 x，其作用范围是整个函数体。在 if 语句中的复合语句中，又定义变量 x，其作用范围是该复合语句，在该复合语句内部，原先定义的 x 不起作用，退出该复合语句后，后定义的 x 又将无效。

（3）在程序中定义全局变量主要是为函数间的数据联系提供一个直接传递的通道。在某些应用中，函数将执行结果保留在全局变量中，使函数能返回多个值。在另一些应用中，将部分参数信息放在全局变量中，以减少函数调用时的参数传递。程序中的多个函数能使用全局变量，其中某个函数改变全局变量的值就可能会影响其他函数的执行，产生副作用。因此，不宜过多使用全局变量。

6.5.2　变量的存储类别

变量具有可访问性和存在性两种基本属性。前面介绍的变量作用域是指在程序的某个范围内的所有语句都可以通过变量名访问该变量，即代表变量的可访问性。

在计算机中，保存变量当前值的存储单元有两类：一类是内存，另一类是 CPU 中的寄存器。变量的存储类别就是讨论变量的存储位置，C 语言中定义了 4 种存储类别，即自动类（auto）、外部类（extern）、静态类（static）和寄存器类（register）。存储类别它关系到变量在内存中的存放位置。C 语言用变量的存储类别指明变量的存在性，可分为两大类：静态存储和动态存储。所谓静态存储是指在程序运行期间分配固定的存储空间，而动态存储则是在程序运行期间根据需要动态分配存储空间。

变量的可访问性与存在性在某些场合是一致的，但在有些场合则不一致。存在这样的情况，一个变量在某时刻虽然存在，但此时不可访问它。

1. 局部变量的存储类别

（1）自动变量。通常情况下，局部变量都是动态分配存储空间的，对它们分配和释放存储空间的工作是由编译系统自动处理的，因此称这类局部变量为自动变量。自动变量用关键字 auto 作存储类别的说明。auto 也可以省略，auto 不写则隐含确定为自动存储类别，它属于动态存储类别。前面介绍的函数中定义的变量都没有说明为 auto，都隐含确定为自动变量。

在函数体内定义的自动变量，只在该函数被调用时，系统临时为它们分配存储单元，函数执行结束时，系统就回收它们的存储单元。自动变量的作用域就是定义它的函数或复合语句。因此，自动变量的可访问性和存在性是一致的。它随函数被调用或控制进入复合语句而存在，随函数返回或控制出了复合语句而消失。一次函数调用到下一次函数调用之间或相继两次进入复合语句之间，自动变量的值是不保留的。所以在编程时，必须在每次进入函数或复合语句时，第 1 次对它的引用应是对它置值。自动变量的作用域限于定义它的函数或复合语句，其他函数或复合语句可用同样的名字定义其他程序对象。

（2）局部静态变量。有时希望函数中的局部变量的值在函数调用结束后不消失而保留原值，即其占用的存储单元不释放，在下一次调用该函数时，该变量保持上一次函数调用结束时的值。这时就应该指定该局部变量为局部静态变量，用 static 加以说明。

局部静态变量与自动变量一样，其作用域局限于定义的函数或复合语句。但是它又与自动变量不同，局部静态变量在程序执行过程中始终存在，但在它的作用域之外不可存取它。也就是说，局部静态变量在其作用域内提供了专用的、永久性的存储。函数体内定义的静态变量能保存函数前一次调用后的值，供下一次调用时使用。由此可见，局部静态变量的存在性和可访问性是不一致的。这是局部静态变量与自动变量的主要区别。

【例 6-10】写出以下程序的运行结果。程序如下：

```c
#include <stdio.h>
p(int c)
{
    auto int a=1;
    static int b=2;
    a++;
    b++;
    return a+b+c;
}
int main()
{
    printf("%d,",p(3));
    printf("%d,",p(3));
    printf("%d\n",p(3));
    return 0;
}
```

程序运行结果如下：

```
8,9,10
```

主函数第 1 次调用函数 p 时，其局部变量 a 是自动变量，它被创建，并有初值 1。局部变量 b 是静态变量，它在程序启动时就已创建，并有初值 2。注意 b 的初值是创建时设定的，不是每次进入函数时都为它设定初值 2。第 2 次调用结束前使 b 的值变为 3，函数返回结果 8。函数返回后，静态变量 b 依旧存在，并保留它返回之前的值 3。主函数第 2 次调用函数 p 时，自动变量 a 再次被创建，并赋初值 1。这次函数的执行使静态变量 b 的值变为 4，函数返回结果为 9。同理，对函数 p 的第 3 次调用，返回结果将为 10。

上例的解释说明局部静态变量定义如有初值，可以说该初值是在程序开始执行前就被设定的，以后每次调用函数时不再重新赋值，而是保留上次函数调用结束时的值。而局部自动变量赋初值是在每次函数被调用时进行的，每被调用一次，就重赋一次初值。

C 语言还约定，若在定义静态变量时，未指定初值，则对静态变量来说，系统自动给它赋初值 0（指算术类型变量而言，外部或静态类的指针隐含初始化为空指针）。为了程序便于移植、阅读和修改，建议程序明确给出局部静态变量的初值。对于自动变量，若定义时未给定初值，则它的初值是不确定的。函数体在引用定义时未给定初值的自动变量时，必须先为它置初值。

（3）寄存器变量。为了尽可能提高程序的执行效率，C 语言注意到现代计算机通常有多个寄存器的事实，允许变量存储在寄存器中。在程序中，将一个变量定义为寄存器变量，是提醒编译程序，这个变量在程序中可能使用得十分频繁，在为该变量分配存储单元时，有可能的话，为它分配寄存器，而不是内存单元。因为访问内存单元要比访问寄存器慢。对一个使用频繁的变量，用寄存器存储其值，会使程序的执行速度稍快些。

在变量定义之前冠以关键字 register 就可定义寄存器变量。例如：

```
register int j;
register char ch;
```

若寄存器变量的类型是 int 型的，则类型说明符 int 可以缺省。只有局部自动变量和形参可以是寄存器存储类别的，全局变量不行。例如函数定义：

```
f(register int x, int y)          // 形参 x 是寄存器存储类别的，y 不是
{
  register int z;                 // 自动变量 z 是寄存器存储类别的
  …
}
```

含有寄存器形参或自动变量的函数，当它被调用时，该函数将占用一些寄存器存放寄存器形参或寄存器变量的值，函数调用结束释放它占用的寄存器。因计算机的寄存器数目有限，不能定义太多的寄存器变量，每个函数只能有很少几个变量可以是寄存器存储类别的。另外，还限制只有 int 型、char 型及指针类型的变量才可以是寄存器变量。因实现 C 语言的系统环境不同，不同的系统实现 C 语言的各种设施的方法也会有差异。例如，某些微机上的 C 语言系统把寄存器变量全部作为普通的自动变量处理，分配内存单元，并不真正把它们的值存放在寄存器中。

另外有两点需特别指出，其一是寄存器变量不能执行取地址运算（用运算符 &）；其二是寄存器变量不能是静态变量。

2. 全局变量的存储类别

全局变量是在函数之外定义的变量，编译时按静态方式分配存储单元。全局变量可以为程序中各个函数所引用。

一个 C 语言程序可以由一个或多个源程序文件组成，而全局变量的作用域是从它的定义处开始到源程序文件的末尾。如果在位于全局变量定义之前的函数中要引用该全局变量，需在引用之前对它作外部变量声明。同样地，如果在定义全局变量源文件之外的源文件中引用该全局变量，也需在引用之前对它作外部变量声明。在变量定义之前冠以关键字 extern，就声明变量是外部变量。例如下面的程序有两个源文件，其中一个源文件如下：

```
extern float k;        // 声明变量 k 为外部变量
int f2();              // 对函数 f2 的声明，或者写成外部声明 extern int f2();
float f1(int x);
{
   ...                 // 因前面对 k 的外部变量声明，这里可使用 k
}
float k;               // 全局变量 k 的定义
int f2(int x)
{
   ...                 // 因本函数位于变量 k 定义之后，可使用 k
}
```

另一个源文件如下：

```
extern float   k;      // 对变量 k 的外部声明
extern float  f1();    // 对函数 f1() 的外部声明
extern int  f2();      // 对函数 f2() 的外部声明
{
   ...                 // 因前面的外部声明，这里可引用变量 k、函数 f1 和函数 f2
}
```

上述例子说明，对于函数，当别的文件中要使用它时，也需要对它作外部声明。

有时在程序设计中，希望某些全局变量只限于被本文件引用而不能被其他文件引用。这时可以在定义全局变量时加一个 static 声明。

全局静态变量在定义它的源文件中是可访问的。但与一般的全局变量不同，它不能被其他文件中的函数访问。全局静态变量提供了一种同一源文件中的函数共享数据，而数据又不被其他源文件中的函数使用的变量定义方法。如某个源文件有以下结构：

```
static int k=0;        // 静态变量声明
f1()
{
   ...
}
f2(int e)
{
   ...
}
```

上述源文件中的函数 f1 和 f2 能共享整型变量 k，又不让位于其他源文件中的别的函数使用。这样如果其他源文件中有同样名称的其他程序对象，也不会产生矛盾。

为了表明变量是静态的，在变量定义时冠以关键字 static，如上面例子中变量 k 的定义。

在 C 语言中,"静态"包含两方面的意义。从程序对象在程序执行期间的存在性来看,静态表示该程序对象"永久"存在。从程序对象可访问或可调用来看,静态表示该程序对象的专用特性。具体表现在,局部静态变量只有定义它的函数可访问,全局静态变量只有在定义它的源文件中才可访问或可调用。

6.6 内部函数和外部函数

一个 C 语言程序可以由多个函数组成,这些函数既可以在一个文件中,也可以分散在多个不同的文件中。根据这些函数的使用范围,可以把它们分为内部函数和外部函数。

6.6.1 内部函数

内部函数又被称为静态函数,它只能被定义它的文件中的其他函数调用,而不能被其他文件中的函数调用,即内部函数的作用范围仅仅局限于本文件。为了定义内部函数,需要使用关键字 static。例如:

```
static long factorial(int x);
```

此时,函数 factorial 的作用范围仅局限于定义它的文件,而在其他源文件中不能调用此函数。如果在不同的源文件中存在同名的内部函数,它们互不干扰。

6.6.2 外部函数

因为函数与函数之间都是并列的,即函数不能嵌套定义,所以函数在本质上都具有外部性质。内部函数(静态函数)只能被定义它的源文件中的函数调用,而不能被其他源文件中的函数调用。除此之外,其余的函数既可被定义它的源文件中的函数调用,也可以被其他源文件中的函数调用,即其作用范围不只局限于函数所在的源文件,而是整个程序的所有文件。有时为了明确这种性质,可以在函数定义和调用时使用关键字 extern,extern 既可用于外部函数的定义,也可用于外部函数的声明。

一个程序如果用到多个函数,允许把它们定义在不同的文件中,也允许一个文件中含有不同程序中的函数,即在一个文件中可以包含本文件中的程序用不到的函数。

在定义函数时,一个函数只能定义在别的函数的外部,它们都是互相独立的,一般省略关键字 extern。如果在一个文件中的函数要调用其他文件中定义的函数,一般先用 extern 声明被调用的函数,表示该文件在其他地方定义;在有些系统中,也可以不作声明。而 static 只用于内部函数的定义,内部函数不需要声明。

可以用 #include 命令将需要引用的文件包含到主文件中。在编译时,系统自动将被包含的文件放到 #include 命令所在的位置,作为一个整体编译。这时,这些函数被认为是在同一个文件中,不再是作为外部函数被其他文件调用;主调函数中原有的 extern 声明也可以不要。

6.7 函数应用举例

函数在模块化程序设计中起着十分重要的作用，一个大型程序往往由许多函数组成，这样便于程序的调试和维护，所以设计功能和数据独立的函数是软件开发中的最基本的工作。下面通过一些例子说明函数的应用。

【例 6-11】先定义函数求 $\sum_{i=1}^{n} i^m$，然后调用该函数求 $s = \sum_{k=1}^{100} k + \sum_{k=1}^{50} k^2 + \sum_{k=1}^{10} \frac{1}{k}$。程序如下：

求值

```c
#include <stdio.h>
#include <math.h>
int sum(int n,int m);
int main()
{
  int s;
  s=sum(100,1)+sum(20,2)+sum(10,-1);
  printf("s=%d\n",s);
  return 0;
}
int sum(int n,int m)
{
  int i,s=0;
  for(i=1;i<=n;i++)
    s+=pow(i,m);
  return s;
}
```

【例 6-12】设计一个按分数规则进行加减法的程序。一般的分数加减法的形式如下：

$$\frac{k}{l} \pm \frac{n}{m} = \frac{i}{j}$$

其中，$i = k \times m \pm n \times l$，$j = l \times m$，$i$、$j$ 的最大公约数为 l。

分析：在主函数中完成 i、j 的计算，i、j 的计算完成后，分子分母还要用最大公约数约分，在例 5-8 中已介绍过求最大公约数的方法，这里采用辗转相除法，编写相应的函数。程序如下：

```c
#include <stdio.h>
int gcd(int m,int n)
{
  int r;
  if (m<n)                  // 保证 m>n
  {
    r=m;
    m=n;
    n=r;
  }
  r=m%n;
  while(r>0)                // 辗转相除法
  {
    m=n;
```

```
        n=r;
        r=m%n;
    }
    return n;
}
int main()
{
    int k,l,n,m,i,j,i1,j1;
    char c;
    printf(" 输入运算符 :");
    scanf("%c",&c);
    printf(" 分别输入第 1 个分数的分子和分母 :");
    scanf("%d%d",&k,&l);
    printf(" 分别输入第 2 个分数的分子和分母 :");
    scanf("%d%d",&n,&m);
    if (c=='+')
        i1=k*m+n*l;
    else
        i1=k*m-n*l;
    j1=l*m;
    i=i1/gcd(abs(i1),abs(j1));        // 分子分母用最大公约数约分
    j=j1/gcd(abs(i1),abs(j1));
    printf("\n%d/%d%c%d/%d=%d/%d\n",k,l,c,n,m,i,j);
    return 0;
}
```

【例 6-13】设计一个程序，求同时满足下列两个条件的分数 x 的个数：

（1）1/6＜x＜1/5。

（2）x 的分子分母都是素数且分母是 2 位数。

分析：设 x = m/n，根据条件（2），有 $10 \leqslant n \leqslant 99$；根据条件（1），有 $5m \leqslant n \leqslant 6m$，并且 m、n 均为素数。用穷举法来求解这个问题，并设计一个函数来判断一个数是否为素数，是素数返回值为 1，否则为 0。程序如下：

```
#include <stdio.h>
#include <math.h>
int isprime(int n);
int main()
{
    int m,n,count=0;
    for(n=11;n<100;n+=2)
        if (isprime(n))
            for(m=n/6+1;m<n/5+1;m++)
                if (isprime(m))
                {
                    printf("%d/%d\n",m,n);
                    count++;
                }
            printf(" 满足条件的数有 %d 个 \n",count);
    return 0;
}
int isprime(int n)
{
```

```
    int j,found=1;
    for(j=2;j<=sqrt(n) && found;j==2?j++:(j+=2))
        if (n%j==0) found=0;
    return found;
}
```

【例 6-14】汉诺（Hanoi）塔问题。有 3 根柱子 A、B、C，A 上堆放了 n 个盘子，盘子大小不等，大的在下，小的在上，如图 6-8 所示。现在要求把这 n 个盘子从 A 搬到 C，在搬动过程中可以借助 B 作为中转，每次只允许搬动一个盘子，且在移动过程中在 3 根柱子上都保持大盘在下，小盘在上。要求打印出移动的步骤。

A   B   C

图 6-8   汉诺塔问题

分析：汉诺塔问题是典型的递归问题。分析发现，想把 A 上的 n 个盘子搬到 C，必须先把上面的 n-1 个盘子搬到 B，然后把第 n 个盘子搬到 C，最后再把 n-1 个盘子搬过来。整个过程可以分解为以下 3 个步骤。

（1）将 A 上 n-1 个盘子借助 C 柱先移到 B 柱上。

（2）把 A 柱上剩下的一个盘子移到 C 柱上。

（3）将 n-1 个盘子从 B 柱借助于 A 柱移到 C 柱上。

也就是说，要解决 n 个盘子的问题，先要解决 n-1 个盘子的问题，而这个问题与前一个是类似的，可以用相同的办法解决，最终会达到只有一个盘子的情况，这时直接把盘子从 A 搬到 C 即可。

例如，将 3 个盘子从 A 柱移到 C 柱可以分为如下 3 步。

（1）将 A 柱上的 1 ～ 2 号盘子借助于 C 柱移至 B 柱上。

（2）将 A 柱上的 3 号盘子移至 C 柱上。

（3）将 B 柱上的 1 ～ 2 号盘子借助于 A 柱移至 C 柱上。

步骤（1）又可分解成如下 3 步。

① 将 A 柱上的 1 号盘子从 A 柱移至 C 柱上。

② 将 A 柱上的 2 号盘子从 A 柱移至 B 柱上。

③ 将 C 柱上的 1 号盘子从 C 柱移至 B 柱上。

步骤（3）也可分解为如下 3 步。

① 将 B 柱上的 1 号盘子从 B 柱移至 A 柱上。

② 将 B 柱上的 2 号盘子从 B 柱移至 C 柱上。

③ 将 A 柱上的 1 号盘子从 A 柱移至 C 柱上。

综合上述移动，将 3 个盘子由 A 移到 C 需要的移动步骤如下：

1 号盘子 A → C，2 号盘子 A → B，1 号盘子 C → B，3 号盘子 A → C，1 号盘子 B → A，

2 号盘子 B → C，1 号盘子 A → C。

可以把上面的步骤归纳以下为两类操作。

（1）将 1 ～ n-1 号盘子从一个柱子移动到另一个柱子上。

（2）将 n 号盘子从一个柱子移动到另一个柱子上。

基于以上分析，分别用两个函数实现上述两类操作，用 hanoi 函数实现上述第一类操作，用 move 函数实现上述第二类操作。hanoi 函数是一个递归函数，可以实现将 n 个盘子从一个柱子借助于中间柱子移动到另一个柱子上，如果 n 不为 1，以 n-1 作实参调用自身，即将 n-1 个盘子移动，依次调用自身，直到 n 等于 1，结束递归调用。move 函数实现将 1 个盘子从一个柱子移至另一个柱子的过程。程序如下：

```c
#include <stdio.h>
int cnt=0;                    // 统计移动次数，cnt 是一个全局变量
int main()
{
    void hanoi(int n,char a,char b,char c);
    int n;
    printf("TOWERS OF HANOI:\n");
    printf("The problem starts with n plates on tower A.\n");
    printf("Input the number of plates:");
    scanf("%d",&n);
    printf("The step to moving %d plates:\n",n);
    hanoi(n,'A','B','C');            // 借助 B 将 n 个盘子从 A 移至 C
    return 0;
}
void hanoi(int n,char a,char b,char c)
{
    void move(int n,char x,char y);
    if (n==1)
    {
        ++cnt;
        move(n,a,c);
    }
    else
    {
        hanoi(n-1,a,c,b);
        ++cnt;
        move(n,a,c);
        hanoi(n-1,b,a,c);
    }
}
void move(int n,char x,char y)
{
    printf("%5d: %s%d%s%c%s%c.\n",cnt,"Move disk ",n," from tower ",x," to
    tower ",y);
}
```

若在程序运行过程中输入盘子个数为 3，则程序运行结果如下：

```
TOWERS OF HANOI:
The problem starts with n disks on Tower A.
Input the number of plates:3 ↙
```

The step to moving 3 plates:
    1: Move disk 1 from tower A to tower C.
    2: Move disk 2 from tower A to tower B.
    3: Move disk 1 from tower C to tower B.
    4: Move disk 3 from tower A to tower C.
    5: Move disk 1 from tower B to tower A.
    6: Move disk 2 from tower B to tower C.
    7: Move disk 1 from tower A to tower C.

从程序的运行结果可以看出，只需 7 步就可以将 3 个盘子由 A 柱移到 C 柱上。但是随着盘子数的增加，所需步数会迅速增加。实际上，如果要将 64 个盘子全部由 A 柱移到 C 柱，共需 $2^{64}-1$ 步。这个数字有多大呢？假定以每秒钟 1 步的速度移动盘子，日夜不停，则需要 5 800 亿年才能完成！

本 章 小 结

（1）一个复杂的问题可以分成多个模块进行设计，而每个模块是一个函数。一个 C 语言程序有且只能有一个主函数，但根据需要还可以定义其他函数。函数定义的一般格式如下：

```
类型符 函数名 ( 形式参数说明 )
{
    声明与定义部分
    语句部分
}
```

类型符指明函数返回值的类型。如果函数定义时不指明类型，系统隐含指定为 int 型。形式参数又称形参或虚参，有两个作用：其一表示将从主调函数中接收哪些类型的信息，其二在函数体中形参可以被引用。

（2）函数返回值由 return 语句实现。return 语句的格式如下：

```
return 表达式 ;
```

函数先将表达式的值转换为所定义的类型，然后返回到主调函数中的调用表达式。

（3）函数调用的格式如下：

```
函数名 ( 实际参数表 )
```

当函数被调用时，计算机才为形参分配存储空间。在函数调用时，函数之间的参数传递也被称为虚实结合。形参从相应的实参得到值，称之为传值调用方式。实参与形参在个数、类型上要匹配。当调用结束，流程返回主调函数时，形参所占空间被释放。

（4）函数调用前应该已经定义或声明。函数声明的一般格式如下：

```
类型符 函数名 ( 形参类型 1 形参 1, 形参类型 2 形参 2,…);
```

或

```
类型符 函数名 ( 形参类型 1, 形参类型 2,…);
```

函数声明与函数定义中的第 1 行（称函数头）内容一致（也称函数原型）。函数定义要求为函数分配内存单元，用来存放编译后的函数指令，而函数声明的作用只是通知编译系统函数的参数个数和类型以及函数返回值的类型。函数声明时最后要加分号。

（5）宏定义分为不带参数的宏定义和带参数的宏定义两种。在对程序进行预编译处理时，若是不带参数的宏，则将与宏名相同的标识符都替换成宏定义中指定的字符序列；若是带参数的宏，则将带有实参的宏按宏定义中指定的字符序列进行替换，且字符序列中的参数用相应的实参原样替换。

（6）函数的形参及函数内定义的变量被称为局部变量，其作用范围在定义它的函数或复合语句内。

在函数外部定义的变量被称为全局变量，其作用域是从定义或声明处到整个程序结束。

（7）变量的存储类别指的是变量在计算机中的存放位置，变量的存储类别有：自动类（auto）、外部类（extern）、静态类（static）、寄存器类（register）。它们具有不同的生存期和作用域。

（8）一个函数被调用的过程中可以调用另一个函数，即函数调用允许嵌套。先被调用的函数后返回。每一层返回都是返回到本层函数被调用的位置；返回时释放形参占用的内存。

（9）一个函数直接或间接地调用函数本身，被称为递归调用。任何有意义的递归总是由两部分组成的：递归算法与递归终止条件。递归作为一种常用的程序设计方法，可以很方便地解决不少特定的问题。

（10）一般来说，一个函数只要不是主函数，就可以被其他函数调用。可以认为函数默认是外部的。为了减少函数的互相影响，C 语言规定，有的函数只能被定义它的文件中的其他函数调用，而不能被其他文件中的函数调用，这样的函数被称为内部函数或静态函数。定义内部函数时，需要使用关键字 static，不同文件中的静态函数可以同名而互不影响。

习　题

一、选择题

1．C 语言规定，函数返回值的类型由（　　　）。

    A．return 语句中的表达式类型所决定　　B．调用该函数时的主调函数类型所决定

    C．调用该函数时系统临时决定　　　　　D．在定义该函数时所指定的函数类型所决定

2．对于某个函数调用，不用给出被调用函数的原型的情况是（　　　）。

    A．被调用函数是无参函数　　　　　　　B．被调用函数是无返回值的函数

    C．函数的定义在调用处之前　　　　　　D．函数的定义在别的程序文件中

3．以下正确的函数形式是（　　　）。

    A．double fun(int x;int y)　　　　　　　B．fun(int x,y)

        {z=x+y; return z;}　　　　　　　　　　{int z;

        　　　　　　　　　　　　　　　　　　　return z;}

    C．fun(x,y)　　　　　　　　　　　　　D．double fun(int x,int y)

        {int x,y; double z;　　　　　　　　　　{double z;

        z=x+y; return z;}　　　　　　　　　　z=x+y; return z;}

4．在 C 语言中，函数进行值传递时，以下正确的说法是（　　　）。

    A．只有当实参和与其对应的形参同名时才共同占用存储单元

B．实参和与其对应的形参各自占用独立的存储单元

C．实参和与其对应的形参共同占用一个存储单元

D．形参是虚拟的，不占用存储单元

5．有如下函数调用语句：

```
func(rec1,rec2+rec3,(rec4,rec5));
```

该函数调用语句中，含有的实参个数是（　　）。

　　A．3　　　　　　　B．4　　　　　　　C．5　　　　　　　D．有语法错

6．下列程序的输出结果是（　　）。

```
#include <stdio.h>
void fun(int);
int main()
{
  int a=4;
  fun(a);
  printf("\n");
  return 0;
}
void fun(int k)
{
  if (k>0) fun(k-1);
  printf(" %d",k);
}
```

　　A．4 3 2 1　　　B．1 2 3 4　　　C．0 1 2 3 4　　　D．4 3 2 1 0

7．下列程序的输出结果是（　　）。

```
#include<stdio.h>
int a=100;
int main()
{
  int a=200;
  {
    int a=300;
  }
  printf("%d\n",a);
  return 0;
}
```

　　A．0　　　　　　　B．100　　　　　　C．200　　　　　　D．300

8．下列程序的输出结果是（　　）。

```
#include <stdio.h>
int x=3;
void incre()
{
  static int x=1;
  x*=x+1;
  printf(" %d",x);
}
int main()
{
  int i;
```

```
        for (i=1;i<x;i++) incre();
        return 0;
    }
```

　　　A．3 3　　　　　　B．2 6　　　　　　C．2 2　　　　　　D．2 5

9．【多选】函数首部定义为 int max(int a,int b) 的函数，下列函数声明语句正确的是（　　）。

　　A．int max(int,int);　　　　　　　　B．int max(int a,int b);

　　C．int max(int b,int a);　　　　　　D．int max(int x,int y);

10．【多选】以下正确的说法有（　　）。

　　A．在不同函数中可以使用相同名字的变量

　　B．形参是局部变量

　　C．在函数内定义的变量只在本函数范围内有效

　　D．在函数内的复合语句中定义的变量只在本复合语句范围内有效

二、填空题

1．C 语言规定，简单变量作实参时，它和对应形参之间的数据传递方式是 _____。

2．若一个函数只允许同一程序文件中的函数调用，则应在该函数定义前加上 _____ 修饰。凡是函数中未指定存储类别的变量，其隐含的存储类别为 _____。

3．已知"double total;"是文件 file1.c 中的一个全局变量定义，若文件 file2.c 中的某个函数也需要访问 total，则在文件 file2.c 中 total 应说明为 _____。

4．下列程序的输出结果是 _____。

```
#include <stdio.h>
fun(int x)
{
    int p;
    if ( x==0 || x==1) return 3;
    p=x-fun(x-2);
    return p;
}
int main()
{
    printf("%d\n", fun(9));
    return 0;
}
```

5．下列程序的输出结果是 _____。

```
#include <stdio.h>
f(int a,int b)
{
    static int x=0,i=2;
    i+=x+1;
    x=i+a+b;
    return (x);
}
int main()
{
    int x=4,y=1,z;
    z=f(x,y)+f(x,y);
```

```
    printf("%d\n",z);
    return 0;
}
```

三、编写程序题

1．定义一个函数，它返回整数 n 从右边开始数的第 k 个数字。

2．定义一个函数，若数字 d 在整数 n 的某位中出现，则返回 1，否则返回 0。

3．定义一个函数，当 n 是素数时，返回 1，否则返回 0。

4．已知：

$$y = \frac{s(x,n)}{s(x+1.75,n)+s(x,n+5)}$$

其中，$s(x,n)=x+\frac{x^2}{2!}+\frac{x^3}{3!}+\cdots+\frac{x^n}{n!}$，输入 x 和 n 的值，求 y 值。

5．若 Fibonacci 数列的第 n 项记为 fib(a,b,n)，则有下面的递归定义：

$$fib(a,b,1)=a$$

$$fib(a,b,2)=b$$

$$fib(a,b,n)=fib(b,a+b,n-1) \quad (n>2)$$

用递归方法求 5000 之内最大的一项。

6．已知：

$$m = \frac{\max(a,b,c)}{\max(a+b,b,c)+\max(a,b,b+c)}$$

其中，$\max(a,b,c)$ 代表 a、b、c 中的最大数。输入 a、b、c，求 m 的值。要求分别将 $\max(a,b,c)$ 定义成函数和带参数的宏。

第 **7** 章

数组

迄今为止，本书都是采用 C 语言的基本数据类型定义单个的变量来对数据进行描述。在实际求解问题的过程中，常常需要保存和处理具有相同类型的一批数据，例如输出表格、数据排序、矩阵计算等。对于这类问题，如果仍然用单个变量来表示，那么对于整组数中的每个数据都要设置相应的变量名，并且变量名不能相同，整个程序将因此变得冗长烦琐，如果数据量很大，采用这种方式几乎无法实现。

为了描述现实问题中的批量数据，C 语言提供了一种数据组织方式，称作数组 (array)。关于数组，涉及排序、查找、数据分析等常用算法，用好数组、学会利用数组来处理批量数据是程序设计的基本功。

本章要点：

- 数组的概念与定义方法
- 数组的赋值与输入输出方法
- 一维数组与二维数组的应用
- 字符数组与字符串的表示方法
- 数组作函数参数时的参数传递方法

7.1　数组的概念

在许多应用中，需要存储和处理大量数据。到目前为止涉及的问题中，能够利用少量的存储单元处理大量的数据。这是因为能够处理每一个单独的数据项，然后重复使用存储该数据项的存储单元。例如求一个班学生的平均成绩，每个成绩被存储在一个存储单元中，完成对该成绩的处理，在读入下一个成绩时，原来的成绩消失。这种办法允许处理大量成绩，而不必为每一个成绩分配单独的存储单元。然而，一旦某个成绩被处理，在后面就不能再重新使用它了。

在有些应用中，为了其后的处理，需要保存数据项。例如，要计算和打印一个班学生的平均成绩以及每个学生成绩与平均成绩的差。在这种情况下，在计算每个差之前，必须先算出平均成绩。因此，必须能够两次考查学生成绩。首先计算平均成绩，然后计算每个学生成绩与这个平均成绩的差。由于不愿意两次输入学生成绩，希望在第一步时，将每个学生的成绩保存于单独的存储单元中，以便在第二步时重新使用它们。在输入数据项时，用不同的名称引用每一个存储单元是很烦琐的。如果有 100 个成绩要处理，将需要一个长的输入语句，其中每个变量名被列出一次，也需要 100 个赋值语句，以便计算每个学生成绩与平均成绩的差。

数组的使用将简化大批量数据的存储和处理。把具有相同类型的一批数据看成一个整体，叫作数组。给数组取一个名字叫数组名。所以数组名代表一批数据，而以前使用的简单变量代表一个数据。数组中的每一个数据被称为数组元素，它可通过顺序号（下标）来区分。例如，一个班 60 名学生的成绩组成一个数组 g，每个学生的成绩分别表示如下：

```
g[0],g[1],g[2],···,g[i],···,g[59]
```

又如，一个集团公司下 5 个分公司全年各季度的产值组成数组 p，每个分公司每季度的产值分别表示如下：

```
p[0][0],p[0][1],p[0][2],p[0][3]
···
p[4][0],p[4][1],p[4][2],p[4][3]
```

在这里，区分 g 数组的元素需要一个顺序号，故称之为一维数组，而区分 p 数组的元素需要两个顺序号，故称之为二维数组。

引入数组的概念后，可以用循环语句控制下标的变化，利用单个语句，就可输入各个数据项。例如，输入 60 名学生的成绩，描述如下：

```
for(i=0;i<60;i++)
  scanf("%d",&g[i]);
```

一旦各个数据项存于数组中，将能随时引用任意一个数据项，而不必重新输入该数据项。

7.2　数组的定义

同变量在使用之前要定义一样，数组在使用之前也要定义，即确定数组名、类型、大小和维数。本节先讨论一维数组的定义与应用，然后讨论二维数组。

7.2.1 一维数组

1. 一维数组的定义

一维数组的定义格式如下：

```
类型符  数组名 [ 常量表达式 ];
```

其中，方括号中的常量表达式的值表示数组元素的个数。常量表达式中可以包括字面常量和符号常量以及由它们组成的常量表达式，但必须是整型。方括号之前的数组名是一个标识符。类型符指明数组元素的类型。

例如数组定义语句：

```
int a[10];
```

表示定义了一个数组名为 a 的一维数组，该数组有 10 个元素，每个元素都是 int 型。

2. 一维数组元素的引用

一维数组元素的引用格式如下：

```
数组名 [ 下标 ]
```

显然一个数组元素的引用代表一个数据，有时称这种形式的变量为下标变量，它和简单变量等同使用。

C 语言规定，数组元素的下标从 0 开始。在引用数组元素时要注意下标的取值范围。当定义数组元素的个数为 m 时，下标值取 0 到 m-1 之间的整数。例如上面定义的 a 数组共 10 个元素，下标值为 0 ～ 9 之间的整数。

下标可以是整型常量、整型变量或整型表达式。例如：

```
a[i]=a[9-i];
```

3. 一维数组的初始化

对于程序每次运行时，数组元素的初始值是固定不变的场合，可在数组定义的同时，给出数组元素的初值。这种表达形式被称为数组的初始化。数组的初始化可用以下几种方法实现。

（1）顺序列出数组全部元素的初值。数组初始化时，将数组元素的初值依次写在一对花括号内。例如：

```
int x1[10]={0,1,2,3,4,5,6,7,8,9};
```

经上面定义和初始化之后，使 x1[0]、x1[1]、…、x1[9] 的初值分别为 0、1、…、9。

（2）只给数组的前面一部分元素设定初值。例如：

```
int x2[10]={0,1,2,3};
```

定义数组 x2 有 10 个元素，其中前 4 个元素设定了初值，分别为 0、1、2、3，而后 6 个元素未设定初值。C 语言系统约定，当一个数组的部分元素被设定初值后，对于元素为数值型的数组，那些未明确设定初值的元素自动被设定为 0。所以数组 x2 的后 6 个元素的初值为 0。但是，当定义数组时，若未对它指定初值，对于内部的局部数组，则它的元素的值是不确定的。

（3）当对全部数组元素赋初值时，可以不指定数组元素的个数。例如：

```
int x3[]={0,1,2,3,4,5,6,7,8,9};
```

系统根据花括号中数据的个数确定数组的元素个数，所以数组 x3 有 10 个元素。但若提供的初值个数小于数组希望的元素个数，则方括号中的数组元素个数不能省略。反之，若提供的初值个数超过了数组元素个数，则会引起程序错误。

 ## 7.2.2 二维数组

 ### 1. 二维数组的定义

二维数组的定义格式如下：

类型符 数组名 [常量表达式][常量表达式];

例如：

float a[2][3];

定义二维数组 a，它有 2 行 3 列。

由二维数组可以推广到多维数组。通常多维数组的定义格式有连续多个"[常量表达式]"。例如：

float b[2][2][3];

定义了三维数组 b。

C 语言把二维数组看作是一种特殊的一维数组。对于上述定义的数组 a，把它看作是具有 2 个元素的一维数组：a[0] 和 a[1]，每个元素又是一个包含 3 个元素的一维数组。通常，一个 n 维数组可看作是一个一维数组，而它的元素是一个（n-1）维的数组。C 语言对多维数组的这种观点和处理方法，为数组的初始化、引用数组的元素以及用指针表示数组带来很大的方便。

2. 二维数组元素的引用

二维数组元素的引用格式如下：

数组名 [下标][下标]

通常，n 维数组元素的引用格式为数组名之后连续紧接 n 个"[下标]"。如同一维数组一样，下标可以是整型常量、变量或表达式。各维下标的下界都是 0。

3. 二维数组的初始化

二维数组的初始化方法有以下几种。

（1）按行给二维数组赋初值。例如：

int y1[2][3]={{1,2,3},{4,5,6}};

第 1 个花括号内的数据给第 1 行的元素赋初值，第 2 个花括号内的数据给第 2 行的元素赋初值，这种赋初值方法比较直观。

（2）按元素的排列顺序赋初值。例如：

int y2[2][3]={1,2,3,4,5,6};

这种赋初值方法结构性差，容易遗漏。

（3）对部分元素赋初值。例如：

int y3[2][3]={{1,2},{0,5}};

其效果是使 y3[0][0]=1，y3[0][1]=2，y3[1][0]=0，y3[1][1]=5，其余元素均为 0。

（4）如果对数组的全部元素都赋初值，定义数组时，第 1 维的元素个数可以不指定。例如：

int y4[][3]={1,2,3,4,5,6};

系统会根据给出的初始数据个数和其他维的元素个数确定第 1 维的元素个数，所以数组 y4

有 2 行。

也可以用分行赋初值方法，只对部分元素赋初值而省略第 1 维的元素个数，例如：

```
int y5[][3]={{0,2},{}};
```

也能确定数组 y5 共有 2 行。

 ### 7.2.3　数组的存储结构

进行数组的定义就是让编译程序为每个数组分配一片连续的内存单元，以用来依次存放数组的各个元素。对一维数组来说，各个元素按下标由小到大顺序存放，对二维数组来说，先按行的顺序，再按列的顺序依次存放各个元素。每个元素占用几个字节的存储单元，取决于数组的数据类型，同一个数组的各个元素占用相同字节数的存储单元。例如：

```
float data[6];
int a[2][3];
```

则在 Visual Studio 环境下，浮点型数组 data、整型数组 a 的存储方式如图 7-1 所示。

图 7-1　浮点型数组 data、整型数组 a 的存储方式

因此，在定义数组的时候，就为 C 语言编译程序安排存储单元提供了依据。其中，数组名将作为该数组所占的连续存储区的起始地址；数据类型将决定该数组的每一个元素要占用多少字节的存储单元。

对于多维数组，其元素在内存中存放时，最右边的下标先从小到大变化，然后右边第 2 个下标变化，……，最后是最左边的第 1 维下标变化。

7.3　数组的赋值与输入输出

要将数据存入指定的数组中，除初始化方式外，还可用赋值或输入的方式。数组的赋值与输入输出都是十分常见的操作，常要配合使用循环结构来实现。

 ### 7.3.1　数组的赋值

在 C 语言中，只能逐个对数组元素赋值，不能直接对数组名赋值。例如，定义了"int i,a[5];"后，要将 100、200、300、400、500 存入数组 a 中，可用如下程序段实现。

```
for(i=0;i<5;i++)
    a[i]=(i+1)*100;
```

或

```
a[0]=100,a[1]=200,a[2]=300,a[3]=400,a[4]=500;
```

不能将该程序段写成：

```
a={100,200,300,400,500};
```

或

```
a[5]={100,200,300,400,500};
```

又如，建立一个 2×3 的数组 b，要求各元素值是其行下标和列下标之和，可用如下程序段实现。

```
int b[2][3],i,j;
for(i=0;i<2;i++)
    for(j=0;j<3;j++)
        b[i][j]=i+j;
```

上面 for 语句中的循环条件不能写成 i<=2 或 j<=3，这样会造成下标越界。

 ### 7.3.2　数组的输入输出

一般用循环结构实现数组的输入输出，循环变量控制数组的下标，对各个元素逐个进行。例如，下面的程序段可实现一维数组的输入。

```
float x[10];
int i;
for(i=0;i<10;i++)
    scanf("%f",&x[i]);              //x[i] 前面一定要加上地址运算符 "&"
```

二维数组的输入输出则要用二重循环。若按行的顺序输入，则可以用下面语句：

```
int a[3][4],i,j;
for(i=0;i<3;i++)                    // 改变行号
    for(j=0;j<4;j++)                // 改变列号
        scanf("%d",&a[i][j]);
```

若按列的顺序输入，则可以用下面语句：

```
int a[3][4],i,j;
for(j=0;j<4;j++)                    // 改变列号
    for(i=0;i<3;i++)                // 改变行号
        scanf("%d",&a[i][j]);
```

【例 7-1】将整型数组 a 的 10 个元素分两行输出。程序如下：

```
#include <stdio.h>
int main()
{
    int i,a[10]={1,2,3,4,5,6,7,8,9,10};
    for(i=0;i<10;i++)
    {
        printf("%2d",a[i]);
        if (i%5==4)                 // 在下标为 4 和下标为 9 的元素后回车换行
            printf("\n");
    }
    return 0;
}
```

程序运行结果如下：

```
1 2 3 4 5
6 7 8 9 10
```

程序中增加了一个 if 语句，使每打印完 5 个元素就换到下一行。

【例 7-2】按矩阵形式打印二维数组 b。程序如下：

```
#include <stdio.h>
int main()
{
    int i,j;
    float b[3][4]={1.1,1.2,1.3,1.4,2.1,2.2,2.3,2.4,3.1,3.2,3.3,3.4};
    for(i=0;i<3;i++)
    {
        for(j=0;j<4;j++)
            printf("%6.2f",b[i][j]);
        printf("\n");
    }
    return 0;
}
```

程序运行结果如下：

```
1.10  1.20  1.30  1.40
2.10  2.20  2.30  2.40
3.10  3.20  3.30  3.40
```

7.4 数组的应用

数组的应用很广泛，涉及的算法也很多，下面通过一些实例来介绍数组的应用方法和技巧。

 ### 7.4.1 一维数组应用举例

【例 7-3】骰子是一个正六面体，用 1 ～ 6 这 6 个数分别代表这 6 面。将骰子投掷 6000 次，统计每一面出现的次数。

分析：这一问题固然可以用多分支选择结构来实现，但应用数组来编写程序，显得更为简洁。要统计骰子每一面出现的次数，定义一个有 6 个元素的数组 x，每个数组元素分别用来统计 1 ～ 6 出现的次数。为了和平时习惯一致，也可以定义一个有 7 个元素的数组 x，x[0] 不用，x[1] ～ x[6] 分别用来统计 1 ～ 6 出现的次数。循环体中关键语句为 "++x[k];"（k=1、2、3、4、5、6），当 k=1 时，相当于 "++x[1];"，即骰子第 1 面出现了一次，最后 x[1] 即骰子第 1 面出现的次数。同样的道理，x[2] ～ x[6] 可以统计骰子第 2 面～第 6 面出现的次数。程序如下：

```
#include <stdio.h>
#include <time.h>
#include <stdlib.h>
#define N 7
int main()
{
    int i,k,x[N]={0};
    srand(time(NULL));          // 初始化随机数发生器
    for(i=0;i<=60000;i++)
```

```
    {
      k=rand()%6+1;              // 产生 [1,6] 范围的随机整数
      ++x[k];
    }
    printf("%4s%15s\n","Face","Frequency");
    for(k=1;k<=N-1;k++)
      printf("%4d%15d\n",k,x[k]);
    return 0;
}
```

【例 7-4】将 n 个数按从小到大顺序排列后输出。

分析：这是很典型的一类算法，称之为排序（sort），也叫分类。排序的方法很多，这里介绍最基本的排序算法。

排序通常分为以下 3 个步骤。

（1）将需要排序的 n 个数存放到一个数组中（设 x 数组）。

（2）将 x 数组中的元素从小到大排序，即 x[1] 最小、x[2] 次之、……、x[n] 最大。

（3）将排序后的 x 数组输出。

其中步骤（2）是关键。

算法 1：简单交换排序法（simple exchange sort）。简单交换排序法的基本思路是将位于最前面的一个数和它后面的数进行比较，比较若干次以后，即可将最小的数放到最前面。

第 1 轮比较：x[1] 与 x[2] 比较，若 x[1] 大于 x[2]，则将 x[1] 与 x[2] 互换，否则不交换，这样 x[1] 得到的是 x[1] 与 x[2] 中的较小数。然后 x[1] 与 x[3] 比较，若 x[1] 大于 x[3]，则将 x[1] 与 x[3] 互换，否则不互换，这样 x[1] 得到的是 x[1]、x[2]、x[3] 中的最小值。如此重复，最后 x[1] 与 x[n] 比较，若 x[1] 大于 x[n]，则将 x[1] 与 x[n] 互换，否则不互换，这样在 x[1] 中得到的数就是数组 x 的最小值（一共比较了 n-1 次）。

简单交换排序

第 2 轮比较：x[2] 与它后面的元素 x[3]、x[4]、……、x[n] 进行比较，若 x[2] 大于某元素，则将该元素与 x[2] 互换，否则不互换。这样经过 n-2 次比较后，在 x[2] 中将得到次小值。

如此重复，最后进行第 n-1 轮比较：x[n-1] 与 x[n] 比较，将小数放于 x[n-1] 中，大数放于 x[n] 中。

为了实现以上排序过程，可以用双重循环，外循环控制比较的轮数，n 个数排序需比较 n-1 轮，设循环变量 i，i 从 1 变化到 n-1。内循环控制每轮比较的次数，第 i 轮比较 n-i 次，设循环变量 j，j 从 i+1 变化到 n。每次比较的两个元素分别为 x[i] 与 x[j]。

简单交换排序法的流程图如图 7-2 所示。

程序如下：

```
#include <stdio.h>
#define N 10
int main()
{
    int x[N+1],i,j,t;
    printf("Input %d numbers:\n",N);
    for(i=1;i<=N;i++)              // 输入 N 个数
      scanf("%d",&x[i]);
    printf("\n");
    for(i=1;i<N;i++)              // 控制比较的轮数
      for(j=i+1;j<=N;j++)         // 控制每轮比较的次数
```

```
        if (x[i]>x[j])              //排在最前面的数和后面的数依次进行比较
        {
          t=x[i];
          x[i]=x[j];
          x[j]=t;
        }
    printf("The sorted numbers:\n");
    for(i=1;i<=N;i++)               //输出排序后的数
      printf("%d ",x[i]);
    return 0;
}
```

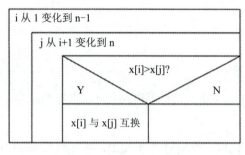

图 7-2　简单交换排序法的流程图

算法 2：选择排序法（selection sort）。选择排序法的基本思路是在 n 个数中，找出最小的一个数，使它与 x[1] 互换，然后从 n-1 个数中，找一个最小的数，使它与 x[2] 互换，依次类推，直至剩下最后一个数据为止，如图 7-3 所示。

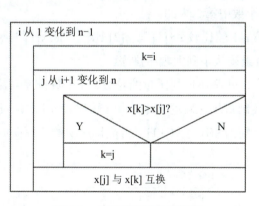

图 7-3　选择排序法的流程图

程序如下：

```
#include <stdio.h>
#define N 10
int main()
{
  int x[N+1],i,j,k,t;
  printf("Input %d numbers:\n",N);
  for(i=1;i<=N;i++)
    scanf("%d",&x[i]);
  printf("\n");
  for(i=1;i<N;i++)
```

```
    {
      k=i;
      for(j=i+1;j<=N;j++)
        if (x[k]>x[j]) k=j;          // 找最小数的下标
      if (k!=i)                       // 将最小数和排在最前面的数互换
      {
        t=x[i];
        x[i]=x[k];
        x[k]=t;
      }
    }
    printf("The sorted numbers:\n");
    for(i=1;i<=N;i++)
      printf("%d ",x[i]);
    return 0;
}
```

冒泡排序

算法3：冒泡排序法（bubble sort）。冒泡排序法的基本思路是将相邻的两个数两两进行比较，使小的在前、大的在后。

第1轮比较：x[1]与x[2]比较，若x[1]大于x[2]，则将x[1]与x[2]互换，否则不交换。然后，将x[2]与x[3]比较,若x[2]大于x[3],则将x[2]与x[3]互换。如此重复,最后将x[n-1]与x[n]比较，若x[n-1]大于x[n]，则将x[n-1]与x[n]互换，否则不互换，这样第1轮比较n-1次以后，x[n]中必定是n个数中的最大数。

第2轮比较：将x[1]到x[n-1]相邻的两个数两两比较，比较n-2次以后，x[n-1]中必定是剩下的n-1个数中最大的，n个数中第二大的。

如此重复，最后进行第n-1轮比较：x[1]与x[2]比较，把x[1]与x[2]中较大者移入x[2]中，x[1]是最小的数。最后x数组按从小到大顺序排序。

用双重循环来组织排序，外循环控制比较的轮数，n个数排序需比较n-1轮，设循环变量i，i从1变化到n-1。内循环控制每轮比较的次数，第i轮比较n-i次，设循环变量j，j从1变化到n-i。每次比较的两个元素分别为x[j]与x[j+1]。冒泡排序法的流程图如图7-4所示。

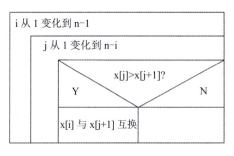

图7-4 冒泡排序法的流程图

程序如下：

```
#include <stdio.h>
#define N 10
int main()
{
    int x[N+1],i,j,t;
```

```
    printf("Input %d numbers:\n",N);
    for(i=1;i<=N;i++)
        scanf("%d",&x[i]);
    printf("\n");
    for(i=1;i<N;i++)
        for(j=1;j<=N-i;j++)
        if (x[j]>x[j+1])              // 相邻的两个数两两进行比较
        {
            t=x[j];
            x[j]=x[j+1];
            x[j+1]=t;
        }
    printf("The sorted numbers:\n");
    for(i=1;i<=N;i++)
        printf("%d ",x[i]);
    return 0;
}
```

通常，运行程序时都要从键盘输入所需原始数据，在利用数组时，输入数据量往往较大。在调试程序时，可能要多次运行程序，于是会重复输入数据，耗费很多时间。这时如果让计算机自动产生随机数，则可以免除重复输入数据之苦，当然也可以采用给数组赋初值的办法，避免每次调试运行时的重复输入。等程序调试正确后再改成从键盘输入的通用程序。

【例 7-5】数据查找问题。查找是从一组数据中找出具有某种特征的数据项，它是数据处理中应用很广泛的一种操作。最容易理解的一种查找方式是顺序查找，其基本思想是对所存储的数据从第 1 项开始，依次与所要查找的数据进行比较，直到找到该数据，或者将全部元素都找完还没有找到该数据为止。

设有 n 个数已存储于数组 a 中，要找的数据为 x，上述查找过程的程序如下：

```
#include <stdio.h>
#define N 6
int ssrch(int a[],int n,int x);
int main()
{
    int a[N]={8,6,10,3,1,7},x,i;
    printf(" 数组 A[%d]:\n",N);
    for(i=0;i<N;i++)
        printf("%5d",a[i]);
    printf("\n");
    printf(" 输入待查数据 :");
    scanf("%d",&x);
    if (ssrch(a,N,x)!=-1)
        printf("%d 已找到 !\n",x);
    else
        printf("%d 未找到 !\n",x);
    return 0;
}
int ssrch(int a[],int n,int x)         // 顺序查找
{
    int i=0;
    while(i<n && a[i]!=x)
        i++;
```

```
    if (i<n)
        return i;                    // 已找到
    else
        return -1;                   // 未找到，请问为什么不返回0
}
```

一般情况下所要找的数据是随机的，如果要找的数据正好就是数组中的第 1 个数据，只需查找一次便可以找到；如果它是数组中最后一个数据，就要查找 n 次，所以查找概率相等时的平均查找次数为：

$$m = \frac{1}{n}(1 + 2 + \cdots + n) = \frac{1}{2}(n+1)$$

显然，数据量越大，需要查找的平均次数也越多。

若被查找的是一组有序数据，就有可能用一种效率较高的方法进行查找。例如，有一批数据已按大小顺序排列好：

a₁<a₂<⋯<aₙ

这批数据存储在数组 a[1]、a[2]、⋯、a[n] 中，现在要对该数组进行查找，看给定的数据 x 是否在此数组中。可以用下面的方法：

（1）在 1 到 n 中间选一个正整数 k，用 k 把原来有序的数列分成以下 3 个序列：

① a[1]、a[2]、⋯、a[k-1]

② a[k]

③ a[k+1]、a[k+2]、⋯、a[n]

（2）用 a[k] 与 x 比较，若 x=a[k]，查找过程结束；若 x<a[k]，则用同样的方法把序列 a[1]、a[2]、⋯、a[k-1] 分成 3 个序列；若 x>a[k]，也用同样的方法把序列 a[k+1]、a[k+2]、⋯、a[n] 分成 3 个序列，直到找到 x 或得到 "x 找不到" 的结论为止。

这是一种应用 "分治策略" 的解题思想。当 k=n/2 时，称之为二分查找法。图 7-5 所示为二分查找法的算法描述。其中变量 flag 是 "是否找到" 的标志。设 flag 的初值为 -1，当找到 x 后置 flag=1。根据 flag 的值便可以确定循环是由于找到 x（flag=1）结束的，还是由于对数据序列查找完了还找不到 x 而结束的（flag=-1）。

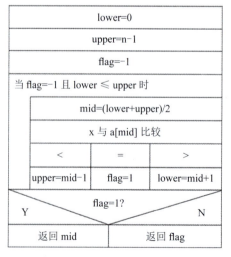

图 7-5　二分查找法的算法描述

二分查找算法的程序如下：

```
#include <stdio.h>
#define N 6
int bsrch(int a[],int n,int x);
int main()
{
  int a[N]={1,3,6,7,8,10},x,i;
  printf(" 数组 A[%d]:\n",N);
  for(i=0;i<N;i++)
  printf("%5d",a[i]);
  printf("\n");
  printf(" 输入查找值 :");
  scanf("%d",&x);
  if (bsrch(a,N,x)!=-1)
    printf("%d 已找到 !\n",x);
  else
    printf("%d 未找到 !\n",x);
  return 0;
}
int bsrch(int a[],int n,int x)
{
  int lower=0,upper=n-1,mid,flag=-1;
  if (x==a[lower]) return lower;          // 已找到
  else if (x==a[upper]) return upper;     // 已找到
  else
  while(flag==-1 && lower<=upper)         // 二分查找
  {
    mid=(lower+upper)/2;
    if (x==a[mid])
      return mid;                         // 已找到
    else if (x>a[mid])
      lower=mid+1;
    else
      upper=mid-1;
  }
  if (flag==1)
    return mid;
  else
    return flag;                          // 未找到
}
```

思考： 上述程序中，给定的数据序列是递增的，如果数据序列是递减的，如何修改？

使用二分查找法的前提是数据序列必须先排好序。用二分查找法查找，最好的情况是查找一次就找到。设 $n=2^m$，则最坏的情况要查找 $m+1$ 次。显然数据较多时，用二分查找法查找比用顺序法查找效率要高得多。

在二分查找法的基础上发展起来的查找算法还有 0.618 查找、Fibonacci 数列查找等。

用简单变量存储数据则无法使用二分查找法，可见程序中所用的数据结构对解题效率有很大影响。

【例 7-6】 约瑟夫（Josephus）问题。有 m 个同学围成一个圆圈做游戏，从某人开始编号（编号为 1 ～ m），并从 1 号同学开始报数，数到 n 的同学被取消游戏资格，下一个同学（第 n+1 个）又从 1 开始报数，数到 n 的同学便第 2 个被取消游戏资格，如此重复，直到最后一个同学被取消游戏资格，求依次被取消游戏资格的同学编号。

分析：定义一个数组 k，它共有 m 个元素，各元素的下标代表 m 个同学的编号，各元素的值代表同学是否被取消游戏资格，以 1 表示未被取消，以 0 表示已被取消，这样做的好处是，在对同学报数作统计时，可以直接累加 k 数组元素的值。当 k 数组元素的值全为 0 时，游戏结束，算法如图 7-6 所示。

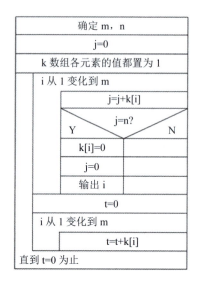

图 7-6　约瑟夫问题的算法

程序如下：

```c
#include <stdio.h>
#define M 100
#define N 17
int main()
{
  int k[M+1],i,j=0,t;
  for(i=1;i<=M;i++)
    k[i]=1;
  do
  {
    for(i=1;i<=M;i++)
    {
      j+=k[i];
      if (j==N)              // 报数到 N 时作处理
      {
        k[i]=0;              // 第 i 号同学退出
        j=0;                 // 为下次报数作准备
        printf("%4d",i);     // 输出同学编号
      }
    }
    t=0;
    for(i=1;i<=M;i++)
      t+=k[i];               // 统计未被取消资格的人数
```

```
    }
        while(t);
    return 0;
}
```

也可以设一个变量来统计被取消游戏资格的同学的个数，当变量值等于 M 时，游戏结束，请按此思路改写算法。

【例 7-7】用筛选法求 [2,n] 范围内的全部素数。

分析：第 5 章曾编写了根据素数定义求素数的程序，这里介绍用筛选法求某自然数范围内的素数。基本思路如下所述。

要找出 2 到 n 的全部素数，在 2 ～ n 中划去 2 的倍数（不包括 2），再划去 3 的倍数（不包括 3），由于 4 已被划去，再找 5 的倍数，……，直到划去不超过 n 的数的倍数，剩下的数都是素数。其算法如图 7-7 所示。

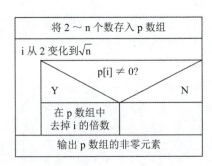

图 7-7　筛选法求素数

程序如下：

```
#include <stdio.h>
#include <math.h>
#define N 100
int main()
{
    int p[N+1],m,i,j;
    m=sqrt(N);
    for(i=2;i<=N;i++)
        p[i]=i;
    for(i=2;i<=m;i++)
        if (p[i])
            for(j=2*i;j<=N;j+=i)            // 去掉 i 的倍数
                p[j]=0;
    for(i=2;i<=N;i++)                       // 输出全部素数
        if (p[i]>0)  printf("%4d",p[i]);
    return 0;
}
```

【例 7-8】将数字 1、2、3、4、5、6 填入一个 2 行 3 列的表格中，要使每一列右边的数字比左边的数字大，每一行下面的数字比上面的数字大。求出按此要求可有几种填写方法。

分析：按题目的要求进行分析，数字 1 一定放在表格的第 1 行第 1 列，数字 6 一定放在表格的第 2 行第 3 列。在实现时可用一个一维数组表示，前 3 个元素表示第 1 行，后 3 个元素表示第 2 行。先根据原题初始化数组，再根据题目中填写数字的要求进行试探。程序如下：

```c
#include <stdio.h>
int count;                              // 用于计数
void print(int u[]);
int jud1(int s[]);
int main()
{
    int a[]={1,2,3,4,5,6};
    printf("The possible table satisfied above conditions are:\n");
    for(a[1]=a[0]+1;a[1]<=5;++a[1])          //a[1] 必须大于 a[0]
      for(a[2]=a[1]+1;a[2]<=5;++a[2])        //a[2] 必须大于 a[1]
        for(a[3]=a[0]+1;a[3]<=5;++a[3])      // 第 2 行的 a[3] 必须大于 a[0]
          for(a[4]=a[1]>a[3]?a[1]+1:a[3]+1;a[4]<=5;++a[4])
    // 第 2 行的 a[4] 必须大于左侧 a[3] 和上边 a[1]
            if (jud1(a)) print(a);          // 如果满足题意，打印结果
    return 0;
}
int jud1(int s[])                           // 判断数组中的数字是否有重复的
{
    int i,l;
    for(l=1;l<4;l++)
      for(i=l+1;i<5;++i)
        if (s[l]==s[i]) return 0;           // 若数组中的数字有重复的，返回 0
    return 1;                               // 若数组中的数字没有重复的，返回 1
}
void print(int u[])
{
    int k;
    printf("No. %d", ++count);
    for(k=0;k<6;k++)
      if (k%3==0)                           // 输出数组的前 3 个元素作为第 1 行
        printf("\n %d ",u[k]);
      else                                  // 输出数组的后 3 个元素作为第 2 行
        printf("%d ",u[k]);
    printf("\n");
}
```

程序运行结果如下：

```
The possible table satisfied above conditions are:
No. 1
 1 2 3
 4 5 6
No. 2
 1 2 4
 3 5 6
No. 3
 1 2 5
 3 4 6
No. 4
 1 3 4
 2 5 6
No. 5
 1 3 5
 2 4 6
```

7.4.2 二维数组应用举例

【例 7-9】给定一个 m×n 矩阵，其元素互不相等，求每行绝对值最大的元素及其所在列号。

分析：先考虑求一行绝对值最大的元素及其所在列号的程序段，再将处理一行的程序段重复执行 m 次，即可求出每行的绝对值最大的元素及其所在列号。程序如下：

```c
#include <stdio.h>
#include <math.h>
#define M 5
#define N 10
int main()
{
    int x[M][N];
    int i,j,k;
    for(i=0;i<M;i++)                    // 输入数组的值
      for(j=0;j<N;j++)
        scanf("%d",&x[i][j]);
    for(i=0;i<M;i++)
    {
        k=0;                            // 假定第 0 列元素是第 i 行绝对值最大的元素
        for(j=1;j<N;j++)
          if (fabs(x[i][j])>fabs(x[i][k]))   // 求第 i 行绝对值最大元素的列号
            k=j;
        printf("%d,%d,%d\n",i,k,x[i][k]);
    }
    return 0;
}
```

【例 7-10】矩阵乘法。已知 m×n 矩阵 A 和 n×p 矩阵 B，试求它们的乘积 $C=A×B$。

分析：求两个矩阵 A 和 B 的乘积分为以下 3 步。

（1）输入矩阵 A 和 B。

（2）求 A 和 B 的乘积并存放到 C 中。

（3）输出矩阵 C。

其中，步骤（2）是关键。

依照矩阵乘法规则，乘积 C 必为 m×p 矩阵，且 C 的各元素的计算公式为：

$$C_{ij} = \sum_{k=1}^{n} A_{ik}B_{kj} \qquad (1 \leqslant i \leqslant m,\ 1 \leqslant j \leqslant p)$$

为了计算 C，需要采用三重循环。其中，外层循环（设循环变量为 i）控制矩阵 A 的行（i 从 1 到 m），中层循环（设循环变量为 j）控制矩阵 B 的列（j 从 1 到 p），内层循环（设循环变量为 k）控制计算 C 的各元素，显然，求 C 的各元素属于累加问题。

程序如下：

```c
#include <stdio.h>
#include <math.h>
#define M 3
#define N 2
#define P 4
int main()
```

```
{
    int a[M][N]={{2,1},{3,5},{1,4}};
    int b[N][P]={{3,2,1,4},{0,7,2,6}};
    int c[M][P];
    int i,j,k,t;
    for(i=0;i<M;i++)
        for(j=0;j<P;j++)
        {
            t=0;                          // 求 C 矩阵第 i 行第 j 列的元素
            for(k=0;k<N;k++)
                t+=a[i][k]*b[k][j];
            c[i][j]=t;
        }
    printf("Matrix A:\n");                // 输出 A 矩阵
    for(i=0;i<M;i++)
    {
        for(j=0;j<N;j++)
            printf("%5d",a[i][j]);
        printf("\n");
    }
    printf("Matrix B:\n");                // 输出 B 矩阵
    for(i=0;i<N;i++)
    {
        for(j=0;j<P;j++)
            printf("%5d",b[i][j]);
        printf("\n");
    }
    printf("Matrix C:\n");                // 输出 C 矩阵
    for(i=0;i<M;i++)
    {
        for(j=0;j<P;j++)
            printf("%5d",c[i][j]);
        printf("\n");
    }
    return 0;
}
```

程序运行情况如下：

```
Matrix A:
  2   1
  3   5
  1   4
Matrix B:
  3   2   1   4
  0   7   2   6
Matrix C:
  6  11   4  14
  9  41  13  42
  3  30   9  28
```

【例 7-11】把某月的第几天转换成这一年的第几天。

分析：为确定一年中的第几天，需要一张每月的天数表，该表给出每个月份的天数。由于二月份的天数因闰年和非闰年有所不同，为程序处理方便，把月份天数表设成一个二维数组。

程序如下：

```c
#include <stdio.h>
int main()
{
    int year,month,day,leap,i;
    int day_table[][12]={{31,28,31,30,31,30,31,31,30,31,30,31},    // 非闰年各月的天数
                  {31,29,31,30,31,30,31,31,30,31,30,31}};          // 闰年各月的天数
    printf("Input year,month,day.\n");
    scanf("%d%d%d",&year,&month,&day);
    leap=year%4==0 && year%100 || year%400==0;                     //year 是闰年时 leap 为 1，否则为 0
    for(i=0;i<month-1;i++)
        day+=day_table[leap][i];
    printf("\nThe days in year is %d.\n",day);
    return 0;
}
```

【例 7-12】找出一个二维数组中的鞍点，即该位置上的元素是该行上的最大值，是该列上的
最小值。二维数组可能不止一个鞍点，也可能没有鞍点。程序如下：

```c
#include <stdio.h>
#define N 10
#define M 10
int main()
{
    int i,j,k,m,n,flag1,flag2,a[N][M],max,maxj;
    scanf("%d%d",&n,&m);          // 输入二维数组的行数和列数
    for(i=0;i<n;i++)              // 输入二维数组
        for(j=0;j<m;j++)
        {
            printf(" 请输入 a[%d][%d]:",i,j);
            scanf("%d",&a[i][j]);
        }
    printf("\n");
    for(i=0;i<n;i++)             // 输出数组
    {
        for(j=0;j<m;j++)
            printf("%d\t",a[i][j]);
        printf("\n");
    }
    flag2=0;                     //flag2 作为数组中是否有鞍点的标志
    for(i=0;i<n;i++)
    {
        max=a[i][0];
        for(j=0;j<m;j++)
            if (a[i][j]>max)
            {
                max=a[i][j];
                maxj=j;
            }
        for(k=0,flag1=1;k<n && flag1;k++)   //flag1 作为行中的最大值是否有鞍点的标志
            if (max>a[k][maxj])             // 判断行中的最大值是否也是列中的最小值
                flag1=0;
            if (flag1)
```

```
            {
                printf("\n 第 %d 行第 %d 列的 %d 是鞍点 \n",i,maxj,max);
                flag2=1;
            }
        }
        if (!flag2) printf("\n 无鞍点 !\n");
        return 0;
    }
```

可以用以下两个矩阵验证程序。

（1）二维数组有鞍点：

```
  9   80  205  40
 90  -60   96   1
210   -3  101  89
```

（2）二维数组没有鞍点：

```
  9   80  205  40
 90  -60  196   1
210   -3  101  89
 45   54  156   7
```

用 scanf 函数从键盘输入数组各元素的值，检查结果是否正确，题目并未指定二维数组的行数和列数，程序应能处理任意行数和列数数组的元素，但这样的工作量太大，一般来说不需要这样做，只需准备典型的数据即可。如果指定了数组的行数和列数，可以在程序中对数组元素赋初值，而不必用 scanf 函数。请读者修改程序。

7.5 字符数组与字符串

C 语言中有字符型常量和字符串常量，但只有字符型变量没有字符串变量，所以需要用字符数组存放和处理字符串。其中，一维字符数组可存放一个字符串，二维字符数组可存放多个字符串。由于字符数组在使用上的一些特殊性，故在此专门给予讨论。

 ### 7.5.1 字符数组的定义和初始化

 #### 1. 字符串常量

字符串常量是用双引号引起来的一串字符。系统在存放字符串常量时，自动在它的最后一个字符后面附加一个字符串结束标志符 '\0'，它占用内存空间，但不作为字符串的有效字符。在字符串常量的书写形式中，双引号只充当字符串的界限符，不是字符串的一部分。如果字符串中要包含字符 """，则可通过转义字符（如 "\""）来实现，其他转义字符（如 "\n" "\t"）也可以作为单个字符出现在字符串中。

2. 字符数组的定义

字符数组是指数组元素的类型为字符型数据的数组，它也要先定义后使用。字符数组的定义格式如下：

```
char 数组名 [ 常量表达式 ][ 常量表达式 ];
```

例如，下面语句定义两个字符数组 str1 和 str2：

```
char str1[30];
char str2[10][80];
```

str1 可存放 1 个长度不超过 29 个字符的字符串，str2 可存放 10 个字符串，每个字符串的长度都不超过 79 个字符。

注意：每个字符串末尾都有 1 个零字符 '\0'，它要占 1 个字节的存储单元。

3. 一维字符数组的初始化

对字符数组进行初始化，即在定义一个字符数组时给它指定初值。一维字符数组的初始化，有以下两种方式。

（1）用字符常量初始化。将字符常量依次存放在花括号中，以逐个为数组中各元素指定初始字符，字符在内存中以相应的 ASCII 代码存放。例如：

```
char str[12]={'T','h','e',' ','s','t','r','i','n','g','.','\0'};
```

这样，字符数组 str 中就存放了一个字符串 "The string."，每一个数组元素 str[i] 存放一个字符，最后一个元素 str[11] 存放字符串结束符 '\0'。

注意：用这种方式初始化，如果是字符串，最后一个字符必须是 '\0'，不能是其他字符；否则存放的只是字符元素，不是字符串。

也可以部分初始化，如 "char str[8]={'a','b','c','d'};"，未赋值的部分自动为 '\0'。

对于全部元素指定初值的情况下，字符数组的大小可以不必定义。如 "char str[]={'a','b','c'};"，系统自动确定字符数组 str 有 3 个元素。

（2）直接用字符串常量初始化，字符串常量加不加花括号均可。例如：

```
char str[12]="The string."; 或 char str[12]={"The string."};
```

等价于：

```
char str[12]={'T','h','e',' ','s','t','r','i','n','g','.','\0'};
```

这时，C 语言编译程序会自动将字符串中各字符逐个地顺序赋给字符数组中各元素，最后自动在末尾增加一个字符串结束符 '\0'。

在用字符串初始化一个一维字符数组时，可以不指定数组大小。例如：

```
char str1[]="I am happy!";
```

注意：字符数组 str1 的元素个数为 12，不是 11。

需要指出，字符数组本身并不要求最后要有标识符 '\0'。但当字符数组需要作为字符串时，就必须有标识符 '\0'。例如：

```
char s1[]="student";
char s2[]={'s','t','u','d','e','n','t'};
```

则：

```
printf("%s",s1);
```

是正确的。而以下语句：

```
printf("%s",s2);
```

是错误的。后者将在输出 student 之后继续输出，直至遇到 8 位全 0 代码（即 '\0'）为止。实际上字符数组 s1 有 8 个元素，s2 只有 7 个元素。

指定元素个数的字符数组用字符串常量给它初始化时，其元素个数不能小于字符串常量的字符数，但可等于。例如：

```
char s[4]="1234";
```

则：

```
s[0]='1',s[1]='2',s[2]='3',s[3]='4'。
```

📑 4. 二维字符数组的初始化

二维字符数组相当于一维字符串数组，即一维数组的每个元素是字符串，其初始化也有两种方式。

（1）字符常量方式。例如：

```
char Language[3][8]={{'B','A','S','I','C','\0'},
{ 'F','O','R','T','R','A','N','\0'},{'C','\0'}};
```

它相当于定义了 3 个字符串，每个字符串最多可存放 7 个字符。

（2）字符串常量方式。例如：

```
char Language[3][8]={"BASIC","FORTRAN","C"};
```

显然，第 2 种方式比第 1 种方式简便。又如：

```
char str2[][30]={"I am happy!","I am learning C language."};
```

字符数组 str2[0] 和字符数组 str2[1] 分别存储一个字符串，各有 30 个元素。

一个字符串可以存放在一个一维字符数组中。如果有若干个字符串，可以用一个二维字符数组来存放。因此一个 n×m 的二维字符数组可以存放 n 个字符串，每个字符串最大有效长度为 m-1（'\0' 还要占一位）。例如：

```
char str[3][10]={"Apple","Peach","Banana"};
```

定义了一个二维字符数组 str，其内容如图 7-8 所示。

st[0]	A	p	p	l	e	\0	
st[1]	P	e	a	c	h	\0	
st[2]	B	a	n	a	n	a	\0

图 7-8　二维字符数组

可以认为二维字符数组由若干个一维字符数组组成。可以单独输出数组中的某一个元素，即一个字符，也可以输出某一行，即一个字符串。

【例 7-13】写出下列程序的运行结果。程序如下：

```
#include <stdio.h>
int main()
{
    char str[3][10]={"Apple","Peach","Banana"};
    printf("%c\t%s\n",str[0][3],str[1]);
    return 0;
}
```

程序运行结果如下：

```
n    Peach
```

str[0][3] 相当于二维字符数组 str 的一个元素，代表一个字符。str[1] 相当于一个一维字符数组名，代表二维字符数组 str 第 2 行的起始地址，即字符串"Peach"的起始地址，printf 函数从给定的地址开始逐个输出字符，直到遇到"\0"为止。

 7.5.2 字符数组的输入输出

1. 用 scanf() 和 printf() 实现字符数组的输入和输出

（1）用 %c 控制的 scanf() 和 printf() 可以逐个输入和输出字符数组中的各个字符。

【例 7-14】用 scanf() 和 printf() 实现字符型数组的输入和输出。

```
#include <stdio.h>
int main()
{
    int i;
    char ch[10];
    for(i=0;i<9;i++)
        scanf("%c",&ch[i]);
    ch[9]='\0';
    for(i=0;ch[i]!='\0';i++)
        printf("%c",ch[i]);
    return 0;
}
```

用这种方式输入时，从键盘输入的字符数一定要比定义的长度少 1。程序自动将最后一个位置放入"\0"字符。输出时，可以用"ch[i] !='\0'"来作为继续循环的条件。

（2）用 %s 控制的 scanf() 和 printf() 可以输入和输出字符串。例如：

```
char ch[16];
scanf("%s",ch);
printf("%s\n",ch);
```

注意：由于数组名代表数组起始地址，所以在 scanf 函数中只需写数组名 ch 即可，而不能写成 scanf("%s",&ch)。在 scanf 函数和 printf 函数中都用了数组名 ch，而没用地址运算符 &，这是因为 %s 是直接控制字符串的，它只要求某个字符串的起始地址作为参数。当 %s 用在 scanf 函数中时，会自动把用户输入的回车符转换成"\0"并加在字符串的末尾。%s 用在 printf 函数时，从 ch 代表的地址开始逐个输出字符，遇到"\0"就结束输出。

若用"scanf("%s",ch);"语句向字符数组输入一个字符串，在运行时从键盘输入并按回车键即可，不必在字符串两端加双引号。例如，可按以下方式输入字符串：

```
Computer ↙
```

在按回车键后，回车键前面的字符作为一个字符串输入，系统自动在最后加一个字符串结束标志"\0"，并且输入给数组中的字符个数是 9 而不是 8。

注意：%s 用在 scanf() 中控制输入时，输入的字符串不能含有空格或制表符，因为 C 语言规定，用 scanf() 输入字符串是以空格或回车符作为字符串间隔符号的，当 %s 遇到空格或制表符时，就认为输入结束。

若有以下 scanf() 函数语句：

```
scanf("%s%s",str1,str2);
```

输入：

```
good  morning ↙
```

则将 good 和 "\0" 输入字符数组 str1 中，将 morning 和 "\0" 送到字符数组 str2 中。

如果输入的字符串中包含空格，例如，执行：

```
scanf("%s",ch);
```

当从键盘输入 "good morning" 时，ch 的值为 "good" 而不是 "good morning"。解决这一问题的办法是对输入长度加以限定，例如：

```
scanf("%13s",ch);
```

同样的输入可使 ch 的值为 "good morning"。

%s 用在 printf 函数中时，不会因为遇到空格或制表符而结束输出。

2. 字符串输入函数 gets 和字符串输出函数 puts

用 gets() 可以直接输入字符串，直至遇到回车键为止，它不受输入字符串中空格或制表符的限制。使用 gets() 的一般格式如下：

```
gets( 字符数组名 );
```

用 puts() 可以输出字符串，字符串中空格或回车符不影响输出，遇到 "\0" 结束字符串输出，而且自动把字符串末尾的 "\0" 字符转换成换行符，而 %s 控制的 printf() 则没有将字符串末尾的 "\0" 转换成换行符的功能，必须增加 "\n" 来实现换行。调用它的一般格式如下：

```
puts( 字符数组名或字符串常量 );
```

例如：

```
puts("abc def \n hij");
```

输出为：

```
abc def
hij
```

又如：

```
puts("abc \0 def \n hij");
```

输出为：

```
abc
```

函数 gets 和 puts 都要求数组名作参数，不能在数组名前加 &。这两个函数定义在头文件 stdio.h 中，使用前要用 #include <stdio.h> 语句将头文件包含进来。

【例 7-15】一维字符数组的输入和输出。程序如下：

```
#include <stdio.h>
int main()
{
    char name[11];
    printf("please input a name:");
    gets(name);
    puts(name);
    return 0;
}
```

程序运行结果如下：

```
please input a name:Bill Gates ✓
Bill Gates
```

【**例 7-16**】二维字符数组的输入和输出。程序如下：

```c
#include <stdio.h>
int main()
{
    int i;
    char fruit[3][8];
    for(i=0;i<3;i++)
    {
        printf("Please input a fruit name:");
        gets(fruit[i]);
    }
    for(i=0;i<3;i++)
        puts(fruit[i]);
    return 0;
}
```

程序运行结果如下：

```
Please input a fruit name:Apple ✓
Please input a fruit name:Peach ✓
Please input a fruit name:Banana ✓
Apple
Peach
Banana
```

其中，前面 3 行是程序显示的提示行及从键盘输入的数据，后 3 行是输出的结果。程序中 fruit[i] 代表数组 fruit 第 i 行的首地址。

7.5.3 字符串处理函数

C 语言本身不提供字符串处理的能力，但是 C 语言编译系统提供了大量的字符串处理库函数，它们定义在头文件 string.h 中，只要包含这个头文件，就可以使用其中的字符串处理函数。下面介绍几个常用的字符串处理函数。

1. 求字符串长度函数 strlen

strlen 函数用来计算字符串的长度，即所给字符串中包含的字符个数（不计字符串末尾的 "\0" 字符），函数返回值为整型，其调用格式如下：

```c
strlen( 字符串 )
```

其中的参数可以是字符数组名或字符串常量。例如：

```c
char s[]="good morning";
printf("%d\n",strlen(s));
printf("%d\n",strlen("good afternoon"));
```

将输出：

```
12
14
```

2. 字符串复制函数 strcpy 和 strncpy

strcpy 函数用来将一个字符串复制到另一个字符串中，函数类型为 void，其调用格式如下：

```c
strcpy( 字符数组 1, 字符串 2)
```

该函数可以将字符串 2 中的字符复制到字符数组 1 中。其中字符数组 1 必须定义得足够大，以容纳被复制的字符串。函数中的参数字符数组 1 必须是字符数组名，字符串 2 可以是字符数组名或字符串常量。例如：

```
char string1[20],string2[20];
strcpy(string1,"Changsha");
```

表示将字符串常量"Changsha"复制到 string1 中，实现了赋值的效果。而：

```
strcpy(string2,string1);
```

则表示将 string1 中的字符全部复制到 string2 中，这时要求 string2 的大小能容纳 string1 中的全部字符。

在某些应用中，需要将一个字符串的前面一部分复制，其余部分不复制。函数 strncpy() 可实现这个要求，其调用格式如下：

```
strncpy( 字符数组 1, 字符串 2,n)
```

该函数的作用是将字符串 2 中的前 n 个字符复制到字符数组 1（附加"\0"）中。其中 n 是整型表达式，指明欲复制的字符个数。若字符串 2 中的字符个数不多于 n，则该函数调用等价于：

```
strcpy(str1,str2)
```

注意：不能用赋值语句将一个字符串常量或字符数组直接赋给一个字符数组。例如，设 str1 是字符数组名，则"str1="Changsha";"是非法的，只能用 strcpy 函数。

3. 字符串连接函数 strcat

strcat 函数调用格式如下：

```
strcat( 字符串 1, 字符串 2)
```

该函数将字符串 2 连接在字符串 1 的后面。限制字符串 1 不能是字符串常量。函数调用返回一个函数值，函数值为字符串 1 的开始地址。正确使用该函数，要求字符串 1 必须足够大，以便能容纳字符串 2 的内容。

注意：连接前，字符串 1 和字符串 2 都各自有"\0"。连接后，字符串 1 中的"\0"在连接时被覆盖掉，而在新的字符串有效字符之后保留一个"\0"。

例如：

```
char str1[30]="Beijing";
char str2[30]="Changsha";
strcat(str1,str2);
printf("%s\n",str1);
```

将输出：

```
BeijingChangsha
```

4. 字符串比较函数 strcmp

strcmp 函数调用格式如下：

```
strcmp( 字符串 1, 字符串 2)
```

该函数比较两个字符串大小，对两个字符串从左至右逐个字符相比较（按字符的 ASCII 码值的大小），直至出现不同的字符或遇到"\0"为止。若全部字符都相同，则认为相等，函数返回 0；若出现不相同的字符，则以第 1 个不相同的字符比较结果为准。若字符串 1 的那个不相同字符小于字符串 2 的相应字符，函数返回一个负整数；反之，返回一个正整数。

注意：对字符串不允许执行相等 "==" 和不相等 "!=" 运算，必须用字符串比较函数对字符串作比较。

例如：

```
if (str1==str2) printf("Yes\n");
```

是非法的。而只能用：

```
if (strcmp(str1,str2)==0)printf("Yes\n");
```

5. 字符串大写字母转换成小写字母函数 strlwr

strlwr 函数调用格式如下：

```
strlwr( 字符串 )
```

该函数将字符串中的大写字母转换成小写字母。其中的"字符串"不能是字符串常量。

6. 字符串小写字母转换成大写字母函数 strupr

strupr 函数调用格式如下：

```
strupr( 字符串 )
```

该函数将字符串中的小写字母转换成大写字母。其中的"字符串"不能是字符串常量。

 ## 7.5.4　字符数组应用举例

【例 7-17】编写一个字符串比较程序。从键盘输入两个字符串，一个存到 s1 数组，一个存到 s2 数组，对两个字符串的大小进行比较，若出现不一致的字符，则字符大的字符串大。

分析：将两个字符数组中的字符逐个进行比较，若字符相等且未比较完将继续比较，一直到出现不一致的字符或比较完所有字符，则结束循环，以此时比较结果作为字符串的比较结果。程序如下：

```
#include <stdio.h>
#include <string.h>
int main()
{
  int i=0;
  char s1[10],s2[10];
  scanf("%s",s1);
  scanf("%s",s2);
  while(s1[i]==s2[i] && s2[i]!='\0')      // 字符逐个进行比较，一旦不一致则退出循环
    i++;
  if (s1[i]==s2[i])
    printf("s1=s2\n");
  else if (s1[i]>s2[i])
    printf("s1>s2\n");
  else
    printf("s1<s2\n");
  return 0;
}
```

【例 7-18】输入一行字符，统计其中单词个数。约定单词由英文字母组成，其他字符用来分隔单词。

分析：单词的数目可以由非字母字符出现的次数决定（连续的若干个非字母字符计为一次，

一行开头的非字母字符不在内）。若测出某一个字符为字母，且它的前面的字符是非字母字符，则表示新的单词开始了，此时使 num（单词数）累加 1。若当前字符为字母而其前面的字符也是字母，则意味着仍然是原来那个单词的继续，num 不应再累加 1。前面一个字符是否为非字母字符可以从 word 的值看出来，若 word=0，则表示前一个字符是非字母字符，若 word=1，则意味着前一个字符为字母。程序如下：

```c
#include <stdio.h>
int main()
{
    char c,s_line[120];
    int i,num=0,word=0,letter;
    printf("Input a line.\n");
    gets(s_line);
    for(i=0;(c=s_line[i])!='\0';i++)
    {
        letter=((c>='a' && c<='z') || (c>='A' && c<='Z'));
        if (word)
        { if (!letter) word=0;}
        else if (letter)
        {
            word=1;
            num++;
        }
    }
    printf("There are %d words in the line.\n",num);
    return 0;
}
```

由于字符串结束符"\0"的 ASCII 码值为 0，所以程序中判断字符不是字符串结束符的代码可以省略，即 for 语句中 (c=s_line[i])!='\0'，可写成 c=s_line[i]。

【例 7-19】输入一行文字，找出其中大写字母、小写字母、空格、数字及其他字符各有多少。

分析：先输入一行文字，然后处理文字中的每一个字符，根据不同类型的字符进行分类统计，这是一个多分支选择结构。程序如下：

```c
#include <stdio.h>
int main()
{
    int i,up=0,low=0,space=0,digit=0,other=0;
    char str[60];
    printf("please input str:\n");
    gets(str);                                  //输入一个字符串
    for(i=0;str[i];i++)                         //处理每一个字符
    {
        if ((str[i]>='A') && (str[i]<='Z'))  up++;        //大写字母
        else if ((str[i]>='a') && (str[i]<='z'))  low++;  //小写字母
        else if (str[i]==' ')  space++;                   //空格
        else if ((str[i]<='9') && (str[i]>='0'))  digit++; //数字字符
        else  other++;                                    //其他字符
    }
    printf("up=%d,low=%d,space=%d,",up,low,space);
```

```
      printf("digit=%d,other=%d\n",digit,other);
      return 0;
   }
```

【例 7-20】输入 n 个英文单词，输出其中以元音字母 A、E、I、O、U 开头的单词。

分析：将 5 个元音字母的大小写存入字符数组 a，每输入一个单词，将单词的首字母和 a 的每一个元素进行比较，从而输出以元音字母开头的单词。程序如下：

```
#include <stdio.h>
#include <string.h>
#define N 8
int main()
{
   int i,j;
   char a[10],b[30];
   strcpy(a,"AEIOUaeiou");
   for(i=1;i<=N;i++)
   {
      gets(b);                         // 输入一个单词
      for(j=0;j<10;j++)
      if (b[0]==a[j]) { puts(b); break; }    //b 的首字母和 a 的各元素逐个比较
   }
   return 0;
}
```

【例 7-21】逐行输入正文（以空行结束），从正文行中拆分出英文单词，输出一个按字典顺序排列的单词表。约定单词只由英文字母组成，单词之间由非英文字母分隔，相同单词只输出一次，大小写字母认为是不同字母，最长单词为 20 个英文字母。

分析：程序分为以下 3 个步骤。

（1）从正文中拆分出英文单词，存入一个二维字符数组中（设为 name）。

（2）将 name 中的单词按字典顺序排序。

（3）输出 name 中的单词。

其中第 1 步是关键。先考虑一行如何拆分？输入一行到字符数组 line 中，然后从 line 中拆分出单词存入字符数组 word 中。若 word 中的单词在 name 中已存在，则用于统计单词个数的变量 count 不加 1，否则 word 中的单词存入 name。一行处理完后，输入下一行，作同样的处理。不断循环，直至输入空行结束。程序如下：

```
#include <stdio.h>
#include <string.h>
#define N 1000
int main()
{
   char name[N][21],word[20],line[80],c;
   int  i,j,len,count;
   count=0;
   for(;;)
   {
      gets(line);
      if ((len=strlen(line))==0) break;       // 是空行，结束输入
      for(j=0,i=0;i<=len;i++)
```

```
            {
              c=line[i];
              if ((c>='a' && c<='z') || (c>='A' && c<='Z'))
                  word[j++]=c;                    // 是字母，存入单词中
              else                                // 遇单词分隔符
                  if (j)                          // 拆分出一个新单词
                  {
                      word[j]='\0';
                      strcpy(name[count],word);
                      j=0;
                      while(strcmp(name[j++],word)!=0);
                      if (j>count) count++;        // 又增加一个新单词
                      j=0;                         // 准备拆分新的单词
                  }
            }
        }
        for(i=0;i<count;i++)                       // 冒泡排序
          for(j=0;j<count-1-i;j++)
            if (strcmp(name[j],name[j+1])>0)
            {
                char string[20];
                strcpy(string,name[j]);
                strcpy(name[j],name[j+1]);
                strcpy(name[j+1],string);
            }
          for(i=0;i<count;i++)                     // 输出
            puts(name[i]);
      return 0;
}
```

7.6　数组作为函数的参数

　　数组作为函数的参数应用非常广泛。它主要有两种，一种是数组元素作函数的参数，另一种是数组名作函数的参数。

 ## 7.6.1　数组元素作函数的参数

　　数组定义并赋值之后，数组中的元素可以逐一使用，使用方法与普通变量相同。由于形参是在函数定义时定义，并无具体的值，所以数组元素只能在函数调用时，作函数的实参。

　　【例7-22】分析以下程序的功能。程序如下：

```
#include <stdio.h>
int main()
{
    int max(int x,int y);
    int a[10],b,i;
    for(i=0;i<10; i++)
        scanf("%d",&a[i]);
    b=a[0];
```

```
    for(i=0;i<10;i++)
        b=max(b,a[i]);
    printf("%d\n",b);
    return 0;
}
int max(int x,int y)
{
    return(x>y?x:y);
}
```

　　程序在主函数内定义数组，并为数组元素赋值，然后循环调用 max 函数，依次用数组中的每一个元素作实参，最后得到 10 个数中的最大值。

　　当用数组中的元素作函数的实参时，必须在主调函数内定义数组，并使之有值，这时实参与形参之间仍然是值传递的方式，函数调用之前，数组已有初值，调用函数时，将该数组元素的值传递给对应的形参，两者的类型应当相同。

 ## 7.6.2　数组名作函数的参数

1. 一维数组作函数的参数

　　当形参是数组名时，对应的实参应是数组元素的地址。最普通的情况，实参是数组名。在 C 语言中，数组名除作为数组的标识符之外，还代表了该数组在内存中的起始地址，因此，当数组名作函数参数时，实参与形参之间不是值传递，而是地址传递，实参数组名将该数组的起始地址传递给形参数组，两个数组共享一段内存单元，编译系统不再为形参数组分配存储单元。

　　数组名作函数的参数时，要在主调函数和被调函数中分别定义数组。实参数组和形参数组必须类型相同，形参数组可以不指明长度。

　　【例 7-23】写出以下程序的运行结果。

```
#include <stdio.h>
int sum_array(int a[],int n)
{
    int i,total;
    for(i=0,total=0;i<n;i++)
        total+=a[i];
    return total;
}
int main()
{
    int x[]={1,2,3,4,5},i,j;
    i=sum_array(x,5);
    j=sum_array(&x[2],3);
    printf("i=%d,j=%d\n",i,j);
    return 0;
}
```

　　程序运行结果如下：

```
i=15,j=12
```

　　函数调用 sum_array(x,5) 将数组 x 的首地址 &x[0] 传送给形参 a，即 a 的首地址是 &x[0]，从而使 a[0] 与 x[0] 共用同一存储单元。由于数组占用一片连续的存储单元，故以后的元素按存储顺序一一对应。调用 sum_array() 函数求 a 数组前 5 个元素之和，结果等于 15。函数调用 sum_array(&x[2],3) 将数组元素 x[2] 的地址 &x[2] 传递给形参 a，即 a 的首地址是 &x[2]，从而使 a[0] 与 x[2] 共用同一存储单元。以后的元素按存储顺序一一对应。调用 sum_array() 函数求 a 数组前 3 个元素之和，结果等于 12。数组名作形参时的参数结合过程如图 7-9 所示。

实参数组 x	x[0]	x[1]	x[2]	x[3]	x[4]
	1	2	3	4	5
形参数组 a	a[0]	a[1]	a[2]	a[3]	a[4]（第 1 次调用）
			a[0]	a[1]	a[2]（第 2 次调用）

图 7-9　数组名作形参时的参数结合过程

由于实参数组元素的地址传递给形参数组，即形参数组的首地址与实参数组某元素的地址相同，此时实参数组与形参数组占用同一片存储单元，函数对形参数组元素的访问就是对实参数组元素的访问。同样，形参数组元素的改变会引起相应实参数组元素值的改变。

【例 7-24】写出以下程序的运行结果。程序如下：

```c
#include <stdio.h>
void init_array(int a[],int n,int val)
{
    int i;
    for(i=0;i<n;i++)
        a[i]=val;
}
int main()
{
    int a[10],b[100];
    init_array(a,10,1);
    init_array(b,100,2);
    printf("%d,%d\n",a[9],b[99]);
    return 0;
}
```

两次调用 init_array() 函数，分别给形参数组 a 和 b 的全部元素置 1 和 2，形参数组元素的变化引起相应实参数组 a 和 b 的元素的变化。a 的全部元素置 1，b 的全部元素置 2。故程序运行结果如下：

```
1,2
```

注意：在数组名作形参时，尽管形参数组元素的改变会引起相应实参数组元素值的改变，但就参数结合方式讲，仍是单向传递，即可以将实参数组的地址传给形参数组，而形参数组地址的改变并不改变实参数组的地址。

也可以用字符数组名作函数形参，实现字符处理，看下面的例子。

【例 7-25】设有一个递增数字串，插入一个数字后，仍保持数字串还是递增数字串。

分析：假设有数字串 1457，插入一个数字字符 2，数字串为 12457，图 7-10 所示为插入字符前后的字符串存储结构示意图。

根据图 7-10，应完成如下操作。

（1）找到数字字符 2 插入位置（i=1）。

图 7-10　插入字符前后的字符串存储结构示意图

（2）4、5、7 数字字符向后移动一个位置，即 nstr[3]='7' 移到 nstr[4]，nstr[2]='5' 移到 nstr[3]，nstr[1]='4' 移到 nstr[2]。

（3）在 i=1 位置插入数字字符 2。

程序如下：

```
#include <stdio.h>
#include <string.h>
void insch(char nstr[],char ch);              // 插入数字字符函数声明
int main()
{
    char nstr[7]={'\0'},ch;
    printf(" 读入数字串 ( 最多 5 个字符 ):");
    gets(nstr);
    printf(" 读入插入数字字符 :");
    ch=getchar();
    insch(nstr,ch);
    printf(" 输出数字串 ( 最多 6 个字符 ):");
    puts(nstr);
    return 0;
}
void insch(char nstr[],char ch)               // 插入数字字符
{
    int i=0,j,len;
    while(nstr[i]!='\0' && ch>nstr[i])         // 找数字字符的插入位置
        i++;
    len=strlen(nstr);
    if (i<=len-1)                              // 找到插入位置，移动
        for(j=len-1;j>=i;j--)
            nstr[j+1]=nstr[j];
    nstr[i]=ch;                                // 插入数字字符
}
```

程序运行结果如下：

```
读入数字串 ( 最多 5 个字符 ):1457
读入插入数字字符 :2
输出数字串 ( 最多 6 个字符 ):12457
```

2. 多维数组作函数的参数

以二维数组为例，二维数组名作函数参数时，形参的语法格式如下：

类型符 形参名 [][常量表达式]

形参数组可以省略一维的长度。例如，int array[ ][10]。

由于实参代表了数组名，是地址传递，二维数组在内存中是按行优先存储，并不真正区分行与列，在形参中，就必须指明列的个数，才能保证实参数组与形参数组中的数据一一对应，所以，形参数组中第 2 维的长度是不能省略的。

C 语言还允许形参数组是多维数组。当形参数组是多维数组时，除形参数组的第 1 维大小说明可省略外，其他维的大小必须明确指定。

【例 7-26】求一个有 10 列的二维数组各行元素之和，并将和存于另一个数组中。程序如下：

```c
#include <stdio.h>
int main()
{
    int x[3][10],y[3],i,j;
    void sumatob(int a[][10],int b[],int n);
    for(i=0;i<3;i++)
        for(j=0;j<10;j++)
            scanf("%d",&x[i][j]);
    sumatob(x,y,3);
    for(i=0;i<3;i++)
        printf("y[%d]=%d\t",i,y[i]);
    printf("\n");
    return 0;
}
void sumatob(int a[][10],int b[],int n)
{
    int i,j;
    for(i=0;i<n;i++)
        for(b[i]=0,j=0;j<10;j++)
            b[i]+=a[i][j];
}
```

在函数 sumatob 的定义中，对形参 a 的说明若写成 int a[][] 则是错误的。因二维数组的元素只是按行存放，并不区分行和列，如果在形参中不说明它的列数，就无法确定数组元素 a[i][j] 的实际地址。

注意：实参数组大小不能小于形参数组使用的大小。实参数组和形参数组的数据类型必须相同，但维数可以不相同，看下面的例子。

【例 7-27】写出程序的运行结果。程序如下：

```c
#include <stdio.h>
int main()
{
    int f(int x[],int m,int n);
    int a[3][4],x,i,j;
    for(i=0;i<3;i++)
        for(j=0;j<4;j++)
            a[i][j]=i+j;
    x=f(a[0],5,8);
    printf("x=%d\n",x);
    return 0;
}
int f(int x[],int m,int n)
{
    int k,j;
    k=0;
    for(j=m;j<=n;j++)
        k+=x[j];
```

数组作函数形参

```
    return k;
}
```

程序运行结果如下：

x=11

程序中 f 函数的形参 x 是一维数组，而主函数调用 f 函数时，实参 a 是二维的，这时 x[0]
与 a[0][0] 结合，以后元素按照数组在内存中的存储结构依次进行结合，如图 7-11 所示。程序求
x[5]~x[8] 元素之和，结果为 11。

实参数组 a	a[0][0]	a[0][1]	a[0][2]	a[0][3]	a[1][0]	a[1][1]	a[1][2]	a[1][3]	a[2][0]	a[2][1]	a[2][2]	a[2][3]
	0	1	2	3	1	2	3	4	2	3	4	5
形参数组 x	x[0]	x[1]	x[2]	x[3]	x[4]	x[5]	x[6]	x[7]	x[8]	x[9]	x[10]	x[11]

图 7-11　二维实参数组与一维形参数组的结合

本 章 小 结

（1）数组是同类型数据的集合。同一个数组的数组元素具有相同的数据类型，可以是整型、
实型、字符型以及后面将介绍的指针类型、结构体类型等。数组可分为一维数组、二维数组、
三维数组等。一般，二维以上的数组又被称为多维数组。常用的是一维数组和二维数组。对于
多维数组，也可以把它看作一维数组，而它的数组元素是比它少一维的数组。

（2）数组要先定义后使用。定义一维数组的一般格式如下：

类型符 数组名 [常量表达式];

数组名后面方括号中的常量表达式规定该数组中可容纳的元素个数，其值被称为维界，必
须为正整数。

定义二维数组的一般格式如下：

类型符 数组名 [常量表达式][常量表达式];

进行数组的定义就是让编译系统为每个数组安排一片连续的存储单元来依次存放数组的各
个元素。对一维数组来说，各个元素按下标由小到大顺序存放。对二维数组来说，先按行的顺序，
再按列的顺序依次存放各个元素。数组名将作为该数组所占的连续存储区的起始地址，数据类
型将决定该数组的每一个元素要占用多少字节的存储单元。

（3）数组初始化就是在定义时给数组元素设初始值。一维数组初始化时，把所赋初值按顺
序放在等号右边的花括号中，各常量之间用逗号隔开。

对数组全部元素初始化的数组定义可以省略方括号中的数组大小，编译器会统计花括号中
的元素个数并自动确定数组大小。不指定数组长度的定义和初始化用于多维数组时，必须指定
除最左边维界之外的所有维界。

（4）数组在定义后其元素即可被引用，引用数组就是引用数组的各元素。引用格式如下：

数组名 [下标]

通过下标的变化可以引用任意一个数组元素，其实还可以通过指针引用数组元素，这将在
第 8 章介绍。

数组下标的下界为 0，上界为数组元素个数减 1，引用数组时必须保证没有超出数组边界，否则会带来副作用，比如会隐含地修改其他变量的值。C 语言编译系统不检查下标是否越界，所以这种错误比较隐蔽，需引起注意。

（5）只能逐个对数组元素赋值，数值型数组一般用循环实现对各个元素赋值。

（6）数组在数据处理中有十分重要的作用，许多算法不用数组这种数据结构就难以实施。例如 100 个数的排序问题，用一维数组存放这 100 个数，用选择排序法、冒泡排序法等就能轻而易举地完成排序。数组与循环结合，使很多问题的算法得以简单地表述、高效地实现。分类统计、排序、查找、矩阵的处理与计算等都是利用数组的典型算法。

（7）字符变量只能存放一个字符，而字符数组则可以存放字符串。二维数组可以存放多个字符串（每行存放一个字符串）。处理多个字符串时，如求最大（小）字符串、字符串排序等，常用二维字符数组存放它们，对二维字符数组 a，第 i 行的字符串首地址是 a[i]。以后学习指针数组后，用字符指针数组来处理多个字符串将更为方便。

（8）字符串的输出是从指定的地址开始输出，直到遇字符串结束符"\0"为止。因此，定义字符数组时，一定要预留一个数组元素存放"\0"。输入字符串时，要注意函数 scanf 不能输入带空格的字符串，此时应采用函数 gets。

用 scanf 函数和 printf 函数实现字符数组的输入和输出：

① 用 %c 控制的 scanf 函数和 printf 函数可以逐个输入和输出字符数组中的各个字符。

② 用 %s 控制的 scanf 函数和 printf 函数可以输入和输出字符串。

用 gets 函数和 puts 函数实现字符数组的输入和输出：

① 用 gets 函数可以直接输入字符串，直至遇到回车键为止，它不受输入字符中空格或制表符的限制。使用该函数的一般格式如下：

```
gets( 字符数组名 );
```

② 用 puts 函数可以输出字符串，字符串中可以含空格或回车符，遇到"\0"结束字符串输出，而且自动把字符串末尾的"\0"字符转换成换行符。使用该函数的格式如下：

```
puts( 字符数组名或字符串常量 );
```

（9）数值的赋值、比较等运算符并不适用于字符串的相应运算。C 语言库函数提供了专门处理字符串的函数。例如字符串比较时，"ABC">"CDE" 是错误的，应写成 strcmp("ABC", "CDE")>0。又如对字符数组 a，采用赋值运算 a="Jasmine" 是错误的操作，正确的方法是使用字符串复制函数 strcpy(a,"Jasmine")。

字符串处理函数为字符串操作提供了方便，应正确掌握和使用它们。从学习编程的角度出发，还可自己试着编程实现这些函数的功能。

（10）数组元素作函数实参等价于简单变量作实参，形参必须是简单变量，实现的是传值调用。数组名作函数实参，传递的是数组的首地址，形参也必须是数组名，但形参数组可以指定大小，也可以不指定大小，因为，C 语言编译系统对形参数组大小不做检查，只是将实参数组的首地址传给形参数组。

当函数调用时，传递实参数组首地址给形参数组，系统并不给形参数组分配存储空间，形参数组与实参数组共用存储空间，因此，形参数组中元素的改变，就是实参数组中元素的改变。

习　题

一、选择题

1．已知：

```
int a[3][4]={0};
```

则下面正确的叙述是（　　）。

　　A．只有元素 a[0][0] 可得到初值 0

　　B．此说明语句是错误的

　　C．数组 a 中的每个元素都可得到初值，但其值不一定为 0

　　D．数组 a 中的每个元素均可得到初值 0

2．以下能对二维数组元素 a 进行正确初始化的语句是（　　）。

　　A．int a[2][]={{1,0,1},{5,2,3}};　　　　B．int a[][3]={{1,2,3},{4,5,6}};

　　C．int a[2][4]={{1,2,3},{4,5},{6}};　　　D．int a[][3]={{1,0,1},{},{1,1}};

3．对两个数组 a 和 b 进行如下初始化：

```
char a[]="ABCDEF";
char b[]={'A','B','C','D','E','F'};
```

则以下叙述正确的是（　　）。

　　A．a 与 b 数组完全相同　　　　　　　B．a 与 b 长度相同

　　C．a 和 b 中都存放字符串　　　　　　D．a 数组比 b 数组长度长

4．设有数组定义：

```
char array[]="China";
```

则数组 array 所占的空间为（　　）个字节。

　　A．4　　　　　　　　B．5　　　　　　　　C．6　　　　　　　　D．7

5．下列程序的输出结果是（　　）。

```
#include <stdio.h>
int main()
{
  int n[5]={0,0,0},i,k=2;
  for(i=0;i<k;i++)
    n[i]=n[i]+1;
  printf("%d\n",n[k]);
  return 0;
}
```

　　A．不确定的值　　B．2　　　　　　　　C．1　　　　　　　　D．0

6．下列程序的输出结果是（　　）。

```
#include <stdio.h>
int main()
{
  char arr[2][4];
```

```
strcpy(arr,"you"); strcpy(arr[1],"me");
arr[0][3]='&';
printf("%s\n",arr);
return 0;
}
```

  A．you&me B．you   C．me   D．err

7．下列程序的输出结果是（　　　）。

```
#include <stdio.h>
int main()
{
  int b[3][3]={0,1,2,0,1,2,0,1,2},i,j,t=1;
  for(i=0;i<3;i++)
    for(j=i;j<=i;j++) t=t+b[i][b[j][j]];
  printf("%d\n",t);
  return 0;
}
```

  A．3   B．4   C．1   D．9

8．以下函数的功能是通过键盘输入数据，为数组中的所有元素赋值。

```
#include <stdio.h>
#define N 10
void arrin(int x[N])
{
  int i=0;
  while(i<N)
    scanf("%d",_____);
}
```

在下画线处应填入的是（　　　）。

  A．x+i   B．&x[i+1]   C．x+(i++)   D．&x[++i]

9．【多选】要定义一维 int 型数组 art，并使其各元素具有初值 1，2，0，0，0，正确的定义语句是（　　　）。

  A．int art[5]={1,2};   B．int art[]={1,2};

  C．int art[5]={1,2,0,0,0};   D．int art[]={1,2,0,0,0};

10．【多选】使用一维数组作函数形参时，以下说法正确的是（　　　）。

  A．实参数组与形参数组的长度可以不相同

  B．实参数组与形参数组的类型必须一致

  C．可以不指定形参数组的长度

  D．实参数组名与形参数组名必须一致

二、填空题

1．若一维数组的长度为 N，则数组下标的最小值为 _____，最大值为 _____。

2．在 C 语言中，二维数组元素在内存中的存放顺序是 _____。

3．下列程序的输出结果是 _____。

```
#include <stdio.h>
int main()
```

```
{
    int i, n[]={0,0,0,0,0};
    for(i=1;i<=4;i++)
    {
        n[i]=n[i-1]*2+1;
        printf("%d",n[i]);
    }
    return 0;
}
```

4．下列程序的输出结果是 _____。

```
#include <stdio.h>
int main()
{
    char b[]="Hello, Lily";
    b[5]=0;
    printf("%s\n",b);
    return 0;
}
```

5．下面 fun 函数的功能是将形参 x 的值转换成二进制数，所得二进制数的每一位数放在一维数组中返回，二进制数的最低位放在下标为 0 的元素中，其他依次类推。请将下面程序填写完整。

```
fun(int x,int b[])
{
    int k=0,r;
    do
    {
        r=x%_____;
        b[k++]=r;
        x/=_____;
    }while(x);
}
```

三、编写程序题

1．有一个已排好序的数组，现输入一个数，要求按原来排序的规律将它插入数组中。

2．将一个数组的元素按逆序重新存放，例如，原来存放顺序为 8、6、5、4、1，要求改为 1、4、5、6、8。

3．从键盘输入 100 个整数存入数组 p 中，其中相同的数在 p 中只存入第 1 次出现的数，其余的都被剔除。

4．将字符数组 str1 中下标为偶数的元素值赋给另一字符数组 str2，并输出 str1 和 str2 的内容。

5．编写求 n 个数中的最小数的函数，然后调用该函数求 10 个数中的最小数。

6．输入 5×5 矩阵 a，完成下列要求：

（1）输出矩阵 a。

（2）将第 2 行和第 5 行元素对调后，输出新的矩阵 a。

（3）用对角线上的各元素分别去除各元素所在行，输出新的矩阵 a。

指针

指针（pointer）是 C 语言的一种重要数据类型，也是 C 语言的一个特色内容。运用指针能有效地表示复杂的数据结构，指针与数组相结合，使引用数组元素的形式更加多样、访问数组元素的手段更加灵活；利用指针形参，函数能实现大多数高级语言都具有的传地址形参和函数形参的要求等。特别是有时候，可能预计不到需要多少个变量，这个时候就需要动态地创建变量，这时就需要用到指针。

指针丰富了 C 语言的功能，同时也是学习 C 语言的一个难点。读者在学习指针时，首先一定要弄清楚指针的概念，明确指针和指针所指对象之间的关系，必要时要借助图来表示指针的指向关系，在此基础上结合程序来掌握指针的应用技巧，这样学习指针也就不难了。

本章要点：

- 指针的概念
- 指针的定义和引用方法
- 指针在数组、字符串中的应用
- 指针在函数中的应用
- 指针在动态内存管理方面的应用

8.1 指针的概念

在计算机中，内存储器是用于存放数据的，它是以字节为单位的一片连续存储空间。一般把内存储器中的一个字节称为一个内存单元，不同的数据类型所占用的内存单元数不等，例如在 Visual Studio 环境下，int 型数据占 4 个单元，char 型数据占 1 个单元。为了正确地访问这些内存单元，必须为每个内存单元编号，根据一个内存单元的编号即可找到该内存单元，内存单元的编号就叫作内存单元的地址。程序运行需要进行运算时，要根据地址取出变量所对应内存单元中存放的值，参与各种计算，计算结果最后还要存入变量名对应的内存单元中。

例如：

```
int i;
scanf("%d",&n);      // 将键盘输入的整数送到 n 所对应的内存单元中
printf("%d",n);      // 通过变量名访问变量 n
```

这种通过变量名访问数据的方式被称为直接访问。如果将变量 n 的地址存放在另一个变量 p 中，通过访问变量 p，间接达到访问变量 n 的目的，这种方式被称为间接访问。比如，如果有 1 个或少数几个保险柜，那么可以将这几个保险柜的钥匙都放在身上，需要时直接打开保险柜，取出所需之物。但如果有上百个保险柜，就肯定不愿意都将钥匙放在身上了，那怎么办呢？可以将保险柜钥匙贴上标签放到一个抽屉里面，而身上只带着这把抽屉的钥匙。需要的时候就拿钥匙开抽屉，然后从抽屉里找到保险柜的钥匙去开保险柜，这就是"间接访问"。指针也是这样的道理。指针存放的是地址（也就是保险柜的钥匙），数据（也就是保险柜中存放的物品）是通过地址来访问的。

指针是 C 语言的一种数据类型，指针类型变量是用于存放另一个变量地址的变量。在图 8-1 中，有一个字符变量 c，其值为字符 A，存放在单元地址为 1000 的内存中，而该数据存放的地址 1000 又存放在内存中地址为 2000 的单元中。要取出变量 c 的值 A，既可以通过使用变量 c 直接访问，也可以通过变量 pc 间接访问。

间接访问变量 c 的方法是，从地址为 2000 的内存单元中，先找到变量 c 在内存单元中的地址 1000，再从地址为 1000 的单元中取出 c 的值 A，如图 8-1 所示。

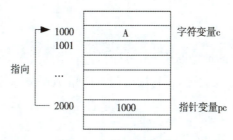

图 8-1　间接访问变量 c

若将地址为 2000 的内存单元分配给变量 pc，地址 2000 存放变量 c 的地址，则称 pc 为指针变量，指针变量（简称为指针）pc 指向变量 c，也称作指针变量 pc 所指的对象是变量 c。变量 c 的值为字符 A，指针变量 pc 的值为地址 1000，而指针变量 pc 所指对象的内容为字符 A。

指针变量 pc 与字符变量 c 的区别在于：c 的值是字符 A，是内存单元 1000 的内容，而指针变量 pc 是存放变量 c 的地址，通过 pc 可间接取得变量 c 的值。

既然指针变量的值是一个地址，那么这个地址不仅可以是变量的地址，也可以是其他数据结构的地址。在一个指针变量中存放一个数组或一个函数的首地址有何意义呢？ 因为数组或函数都是连续存放的，通过访问指针变量取得了数组或函数的首地址，也就找到了该数组或函数。这样，凡是出现数组、函数的地方都可以用一个指针变量来表示，只要给该指针变量赋予数组或函数的首地址即可。这样做，将会使程序的概念十分清楚，程序本身也精练、高效。在 C 语言中，一种数据类型或数据结构往往都占有一组连续的内存单元。用"地址"这个概念并不能很好地描述一种数据类型或数据结构，而"指针"虽然实际上也是一个地址，但它却是一个数据结构的首地址，它是"指向"一个数据结构的，因而概念更为清楚，表示更为明确。这也是引入"指针"概念的一个重要原因。

8.2　指针变量的定义与运算

和一般变量一样，指针变量仍应遵循先定义、后使用的原则，定义时指明指针变量的名字和所指对象的类型。指针变量也能参与各种运算，包括赋值、指针移动、指针比较以及 & 和 * 运算等。

8.2.1　指针变量的定义

指针变量定义的格式如下：

类型符 * 指针变量名;

其中，类型符表示该指针变量能指向的对象的类型。指针变量用标识符命名，指针变量名之前的符号 *，表示该变量是指针变量。指针变量也具有类型，其类型是指针变量所指对象的类型，并非指针变量自身的类型。C 语言中允许指针指向任何类型的对象，包括指向另外的指针变量。

若有以下说明：

char ch,*cp;

则 cp 是一个指针变量，cp 中只能存放字符变量的地址，即 cp 是基类型为字符型的指针变量。

有以下赋值语句：

cp=&ch;

该语句是将字符变量 ch 的地址赋给 cp，这时称 cp 指向变量 ch。ch 变量所对应的存储单元可以通过 ch 直接访问，也可以通过 cp 间接访问，即用 *cp 来访问。这里的 * 表示取内容，即 cp 的值是 ch 的地址，而 *cp 是 ch 的内容，也就是 ch 的值。图 8-2 所示表示了指针变量 cp 和字符变量 ch 之间的关系。

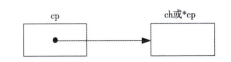

图 8-2　指针变量 cp 和字符变量 ch 之间的关系

像一般的简单类型变量定义一样，指针变量定义时也可指定初值。例如：

```
int j;
int *pt=&j;
```

在定义指针变量 pt 时，给它初始化为变量 j 的地址。

在 C 语言中，当定义局部指针变量时，若未给它指定初值，则其值是不确定的。通过其值不确定的指针变量引用其他变量会引起意想不到的错误。程序在使用它们时，应首先给它们赋值。例如下面的用法：

```
int *p;
scanf("%d",p);
```

虽然一般也能运行，但这种用法是危险的，不宜提倡。因为指针变量 p 的值未指定，在 p 单元中是一个不可预料的值，当程序规模较大时，可能会破坏系统的正常工作状况。应当这样用：

```
int *p,a;
p=&a;
scanf("%d",p);
```

先使 p 有确定的值，然后输入数据到 p 所指向的存储单元。

为明确表示一指针变量不指向任何变量，在 C 语言中，约定用 0 值表示这种情况，记为 NULL（在 stdio.h 文件中给出 NULL 的宏定义：#define NULL (0)）。也称指针值为 0 的指针变量为空指针。对于静态的指针变量，如果在定义时未给它指定初值，系统自动给它指定初值为 0。

8.2.2 指针变量的运算

1. 指针变量的赋值

给指针变量赋值，可以使用取地址运算符，把地址值赋给指针变量；也可以把指针变量的值直接赋给另一指针变量，此时两指针变量指向同一对象；还可以给指针变量赋 NULL 值。例如：

```
int i,*p1,*p2;
p1=&i;
p2=p1;
```

定义了整型变量 i 和两个指向整型变量的指针变量 p1 和 p2。第 1 个赋值语句将 i 的地址赋给 p1，即 p1 指向 i，第 2 个赋值语句将 p1 的值赋给 p2，这样 p1 和 p2 均指向 i，如图 8-3 所示。

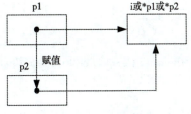

图 8-3 指针变量的赋值

2. 指针的移动

当指针变量 p 指向某一连续存储区中的某个存储单元时，可以通过加减某个常量或自增自减运算来移动指针。

在对指针进行加减运算时，数字 1 代表一个存储单元的长度，至于一个存储单元占多少字节，要根据指针的基类型而定。在 Visual Studio 中，基类型为字符型的指针加 1 时，指针移动 1 个字节；基类型为整型的指针加 1 时，指针移动 4 个字节；基类型为浮点型的指针加 1 时，则指针移动 4 个字节。一般地，在对指针进行加减整数 n 时，其结果不是指针值直接加或减 n，而是与指针所指对象的数据类型，即指针基类型有关，指针变量的值（地址）应增加或减小 n×sizeof（指针基类型）字节。

另外，指向某一连续存储区（如一个数组存储区）的两个同基类型指针相减，可直接求出两指针间相距的存储单元或数组元素个数，而不用再除以 sizeof（指针基类型）。显然，两指针相加没有含义。

3. 指针的比较

一般情况下，当两个指针指向同一个数组时，可在关系表达式中对两个指针进行比较。指向前面的数组元素的指针变量要小于指向后面的数组元素的指针变量。例如：

```
int *p1,*p2,a[10];
p1=&a[1];
p2=&a[6];
```

则 p1 的值要小于 p2 的值，或者说关系表达式 p1<p2 的值为 1。

注意：若 p1 和 p2 不指向同一数组，则比较无效。

4. 通过间接访问运算符 * 引用一个存储单元

假设有以下语句：

```
int i=123,*p,k;
p=&i;
```

则 "k=*p;" 和 "k=*&i;" 都将把变量 i 中的值赋给 k。

运算符 & 和 * 都是单目运算符，它们具有相同的优先级别，结合方向为从右至左。间接访问运算符 * 的运算对象必须出现在它的右侧，且运算对象只能是指针变量或地址。

当指针变量定义和赋值之后，引用变量的方式有两种：一是通过用变量名直接引用，即直接引用方式；二是通过指向变量的指针间接引用，即间接引用方式。下面看一个例子。

【例 8-1】分析程序的执行过程和变量引用方式。

直接引用方式程序：

```
#include <stdio.h>
int main()
{
    int a,b;
    scanf("%d%d",&a,&b);        // 在 scanf 函数中直接使用变量 a 和 b 的地址
    printf("a=%d,b=%d\n",a,b);  // 直接输出变量 a 和 b 的值
    return 0;
}
```

间接引用方式程序：

```
#include <stdio.h>
int main()
{
    int a,b,*pa,*pb;
    pa=&a;                      // 指针 pa 指向变量 a
    pb=&b;                      // 指针 pb 指向变量 b
```

```
    scanf("%d%d",pa,pb);              // 将键盘输入的数分别送到变量 a 和 b 的地址中
    printf("a=%d,b=%d\n",*pa,*pb);    // 通过 * 运算符实现间接访问
    return 0;
}
```

8.3　指针与数组

指针变量取某一变量的地址值指向该变量，包括能指向数组和数组元素，即把数组起始地址或某一元素的地址存放到一个指针变量中。数组元素的引用除通过下标法外，还可以通过指针以间接访问方式实现。

 ## 8.3.1　指针与一维数组

（1）通过一维数组名所代表的地址引用数组元素。在 C 语言中，数组名代表该数组的首地址，即数组中第 1 个元素的地址。例如有以下定义：

```
int a[10],*p;
```

则语句 "p=a;" 和 "p=&a[0];" 是等价的，它们都是把数组 a 的起始地址赋给指针变量 p。同理，"p=a+1;" 和 "p=&a[1];" 两个语句也是等价的，它们的作用是把数组 a 中第 2 个元素 a[1] 的地址赋给指针变量 p。依次类推，表达式 a+i 等价于表达式 &a[i]（其中 i=0, 1, …, 9）。

因为 a 代表了 a[0] 的地址，a + i 代表了 a[i] 的地址，故 *(a+i) 代表了第 i 个元素 a[i]。

（2）通过指针变量引用数组元素。假设变量定义同上，则语句 "p=a;" 把 a[0] 的地址值赋给指针变量 p，而 p+i 代表了 a[i] 的地址，所以 *(p+i) 代表了 a[i]。

（3）通过带下标的指针引用数组元素。假设变量定义同上，且 p 已指向 a[0]，则 *(p+i) 代表了 a[i]，而 *(p+i) 可以写成 p[i]，所以 p[i] 也代表了数组元素 a[i]。

思考：如果 p 已指向 a[2]，那么 p[i] 代表哪个数组元素？

综上所述，在 p 指向数组 a 的第 1 个元素的条件下，对 a[i] 数组元素的引用方式还可以是 *(a+i)、*(p+i)、p[i]。

【例 8-2】输出整型数组 a 的全部元素。

分析：为了说明各种引用数组元素的方法，程序中分别采用 5 种不同方法重复输出 a 的全部元素。程序如下：

```
#include <stdio.h>
int a[]={10,20,30,40};
int main()
{
    int i,*p;
    for(i=0;i<4;i++)
        printf("a[%d]\t=%d\t",i,a[i]);
    printf("\n");
    for(i=0;i<4;i++)
        printf("*(a+%d)\t=%d\t",i,*(a+i));
    printf("\n");
    for(p=a,i=0;p+i<a+4;i++)
```

```
    printf("*(p+%d)\t=%d\t",i,*(p+i));
  printf("\n");
  for(p=a,i=0;i<4;i++)
    printf("p[%d]\t=%d\t",i,p[i]);
  printf("\n");
  for(p=a+3,i=3;i>=0;i--)
    printf("p[-%d]\t=%d\t",i,p[-i]);
  printf("\n");
  return 0;
}
```

程序运行结果如下：

a[0]	=10	a[1]	=20	a[2]	=30	a[3]	=40
*(a+0)	=10	*(a+1)	=20	*(a+2)	=30	*(a+3)	=40
*(p+0)	=10	*(p+1)	=20	*(p+2)	=30	*(p+3)	=40
p[0]	=10	p[1]	=20	p[2]	=30	p[3]	=40
p[-3]	=10	p[-2]	=20	p[-1]	=30	p[-0]	=40

注意：最后一个 for 语句，p 的初值为 a+3，即首先指向 a[3]，此时 p[-i] 指向 a[3-i]。

【例 8-3】编写一个函数 inverse，它能够把整型数组 a 第 m 个数开始的 n 个数按逆序重新排列。

分析：将 a[m-1] 与 a[m+n-2] 互换，a[m] 与 a[m+n-3] 互换，……，a[m-1+n/2] 与 a[m+n-2-n/2] 互换。一般地，设两个变量 i 和 j，i 的初值为 m-1，j 的初值为 m+n-2，每次将 a[i] 与 a[j] 互换，然后 i 加 1，j 减 1，直到 i>m-1+n/2 为止。程序如下：

```
#include <stdio.h>
int main()
{
  void inverse(int [],int,int);
  int i,x[10]={1,2,3,4,5,6,7,8,9,10};
  inverse(x,2,7);
  for(i=0;i<10;i++)
    printf("%3d",x[i]);
  printf("\n");
  return 0;
}
void inverse(int a[],int m,int n)
{
  int i,j,t;
  for(i=m-1,j=m+n-2;i<=m-1+n/2;i++,j--)
  {
    t=a[i];
    a[i]=a[j];
    a[j]=t;
  }
}
```

程序运行结果如下：

```
1 8 7 6 5 4 3 2 9 10
```

程序中，函数 inverse 的形参 a 定义为数组名，对应的实参是数组名 x，即实参数组 x 的首地址作为形参数组 a 的首地址。函数 inverse 中对数组元素的引用采用下标法，这种引用形式是最基本的形式。实际上，关于函数 inverse 的定义还有很多变化，这些变化主要体现在数组元素引用形式的变化和形参 a 的类型的变化。

（1）数组元素引用形式的变化。

① 通过数组名所代表的数组首地址来引用数组元素。函数 inverse 可以改写成：

```
void inverse(int a[],int m,int n)
{
  int i,j,t;
  for(i=m-1,j=m+n-2;i<=m-1+n/2;i++,j--)
  {
    t=*(a+i);
    *(a+i)=*(a+j);
    *(a+j)=t;
  }
}
```

② 通过指针变量来引用数组元素。定义两个指向 int 型变量的指针变量 p1 和 p2，初值设定为 a+m-1 和 a+m+n-2，即分别指向 a[m-1] 和 a[m+n-2]（如图 8-4 所示），这样 a[m-1] 和 a[m+n-2] 可以分别通过 *p1 和 *p2 来引用。以后每循环一次 p1 加 1，即指向后一个元素，p2 减 1 即指向前一个元素。函数 inverse 可以改写成：

```
void inverse(int a[],int m,int n)
{
  int *p1,*p2,t;
  for(p1=a+m-1,p2=a+m+n-2;p1<=a+m-1+n/2;p1++,p2--)
  {
    t=*p1;
    *p1=*p2;
    *p2=t;
  }
}
```

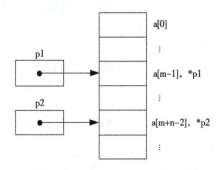

图 8-4　指针变量指向数组元素

函数中对指针变量执行了 ++ 和 -- 运算，++ 和 -- 运算符用于指针变量可以使指针变量自动指向后一个或前一个数组元素，但使用时很容易出错，要注意运算规则：

a．p++ 指向数组的后一个元素，p-- 指向数组的前一个元素。

b．*p++ 等价于 *(p++)，其作用是先得到 p 指向变量的值（即 *p），然后使 p 增 1。例如，上面 inverse 函数中的 for 语句可改写成：

```
for(;p1<a+m-1+n/2;)
{
  t=*p1;
```

```
    *p1++=*p2;
    *p2-=t;
}
```

c．*(p++) 与 *(++p) 的作用不同。前者是先取 *p 的值，然后使指针变量 p 加 1；后者是先使指针变量 p 的值加 1，再取 *p。

d．(*p)++ 表示 p 所指向的变量值加 1。

（2）将形参 a 定义为指针变量。前面在定义函数 inverse 时，将形参 a 定义为数组名，也可以将形参 a 定义为指向 int 型变量的指针变量，即形参说明改为：

```
int *a,int m,int n;
```

若将实参数组 x 的首地址传给形参 a，则 a 指向 x[0]，如图 8-5 所示。这时在函数中可以通过指针变量 a 来间接访问实参数组 x，即 *(a+i) 代表 x[i]。函数 inverse 可以改写成：

```
void inverse(int a[],int m,int n)
{
  int i,j,t;
  for(i=m-1,j=m+n-2;i<=m-1+n/2;i++,j--)
  {
    t=*(a+i);
    *(a+i)=*(a+j);
    *(a+j)=t;
  }
}
```

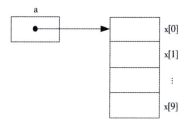

图 8-5　形参指针变量指向数组元素

由于 *(a+i) 可以等价地写成 a[i]，所以可以通过带下标的指针来访问实参数组元素。函数 inverse 可以改写成：

```
void inverse(int a[],int m,int n)
{
  int i,j,t;
  for(i=m-1,j=m+n-2;i<=m-1+n/2;i++,j--)
  {
    t=a[i];
    a[i]=a[j];
    a[j]=t;
  }
}
```

综上所述，归纳为以下两点：

● 函数对数组进行处理时，形参可以用数组名，也可以用指针变量。

数组名作形参时，对应的实参应是实参数组某元素的地址，此时形参数组的首地址即实参数组该元素的地址，从该地址开始，形参数组和实参数组共同占用一片连续的内存单元。函数执行之前，实参数组元素的值即作为形参数组元素的值。若在函数执行过程中形参数组元素的值发生改变，也会引起相应实参数组元素值的改变。

指针变量作形参时，对应的实参是实参数组某元素的地址，此时形参指针变量指向实参数组的该元素，改变形参指针变量的值可以指向实参数组的其他元素。在函数中可以通过指针变量间接访问实参数组元素，从而也可以改变实参数组元素的值。

● 数组元素的引用形式变化多样。

当函数形参是数组名时，对形参数组元素的引用有 3 种形式：通过下标引用、通过形参数组名引用、通过指针变量引用。当函数形参是指针变量时，对实参数组元素的引用形式有两种：通过形参指针变量引用、通过带下标的形参指针变量引用。

【例 8-4】在数组 table 中查找 x，若数组中存在 x，程序输出数组中第 1 个 x 对应的数组下标，否则输出 -1。程序如下：

```
#include <stdio.h>
int table[]={23,45,67,89,55,101,78,90,114,3};
int x,index;
int main()
{
  void lookup(int *,int *,int,int);
  scanf("%d",&x);
  lookup(table,&index,x,10);
  printf("%d\n",index);
  return 0;
}
void lookup(int *t,int *i,int val,int n)
{
  int k;
  for(k=0;k<n;k++)
  if (*(t+k)==val)
  {
    *i=k;
    return;
  }
  *i=-1;
}
```

注意：

（1）函数 lookup 中的 for 循环也可以写成：

```
for(k=0;k<n;k++)
if (t[k]==val)
{
  *i=k;
  return;
}
```

即用 t[k] 这样的形式引用数组元素。

（2）函数 lookup 的形参 t 也可以定义为数组名，即对形参的说明改为：

```
int t[],int *i,int val,int n
```

8.3.2 指针与二维数组

1. 二维数组元素的地址

在 C 语言中，一个二维数组可以看成是一个一维数组，其中每个元素又是一个包含若干个元素的一维数组。设一个二维数组的定义如下：

```
int a[2][3];
```

则 C 语言编译系统认为 a 数组是一个由 a[0] 和 a[1] 两个元素组成的一维数组，而 a[0] 和 a[1] 又分别代表一个一维数组。a[0] 中包含 a[0][0]、a[0][1]、a[0][2] 这 3 个元素，a[1] 中包含 a[1][0]、a[1][1]、a[1][2] 这 3 个元素，如图 8-6 所示。

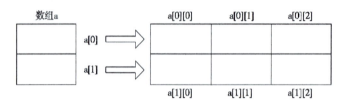

图 8-6　二维数组的结构

在这里，a 和 a[0]、a[1] 都可以理解为数组名，但含义截然不同。C 语言编译系统认为 a 是一个具有 a[0] 和 a[1] 两个元素的一维数组，每个元素长度为 12 个字节（假设整数占 4 个字节），而 a[0] 和 a[1] 分别是一个具有 3 个元素的一维数组名，每个元素是一个整数，占 4 个字节。

由于数组名代表数组第 1 个元素（下标为 0）的地址，所以 a 代表 &a[0]，a+1 代表 &a[1]，……，a+i 代表 &a[i]。a[0] 代表 &a[0][0]，a[0]+1 代表 &a[0][1]，……，a[0]+j 代表 &a[0][j]；a[1] 代表 &a[1][0]，a[1]+1 代表 &a[1][1]，……，a[1]+j 代表 &a[1][j]；a[i] 代表 &a[i][0]，a[i]+1 代表 &a[i][1]，……，a[i]+j 代表 &a[i][j]。

注意：a+1 和 a[0]+1 中的 1，其含义是不一样的。当把二维数组 a 看作一维数组时，它有 a[0] 和 a[1] 两个元素，每个元素又是含有 3 个 int 型元素的一维数组，所以 a+1 中的 1 代表 3 个 int 型数据所占的字节数，a 每增加 1 相当于指针移动一行。a[0] 可以看作是含有 a[0][0]、a[0][1]、a[0][2] 共 3 个元素的一维数组，每个元素是 int 型数据，所以 a[0]+1 中的 1 代表 1 个 int 型数据所占的字节数，a[0] 每次增加 1 相当于指针移动一个列元素。

2. 通过地址值引用二维数组元素

假设二维数组 a 的定义同上，通过上面对二维数组元素地址的分析，得到数组 a 中任一元素 a[i][j] 的地址表示如下：

```
&a[i][j]=a[i]+j
```

所以对 a[i][j] 的引用可以写成：

```
*(a[i]+j)
```

又因 a[i] 可以写成 *(a+i)，所以对 a[i][j] 的引用还可以写成：

```
*(*(a+i)+j)
```

尽管 a+i 与 a[i]、*(a+i) 都代表第 i 行的首地址，具有相同的值，但它们的类型不同，a+1 相当于移动 12 个字节，a[i] 或 *(a+i) 加 1 相当于移动 4 个字节（int 型数据占 4 字节），所以对 a[i][j] 的引用不能写成：

*((a+i)+j)

((a+i)+j) 的等价表示形式还可写成：

(*(a+i))[j]

对于 a[0][0]，其等价表示形式有 *a[0]、**a 和 (*a)[0]。

a 数组有 2 行 3 列，所以 a[i][j] 的地址也可写成：

&a[0][0]+3*i+j

所以对 a[i][j] 的引用还可以写成：

*(&a[0][0]+3*i+j)

 3. 通过一个行指针引用二维数组元素

行指针是指指向一个由 n 个元素所组成的一维数组的指针变量。例如：

int (*p)[4];

行指针及其应用

定义指针变量 p 能指向一个由 4 个 int 型元素组成的一维数组。在以上定义中，圆括号是必需的，否则 "int *p[4];" 定义一个指针数组 p[]，共有 4 个元素，每个元素是一个指针类型。定义 "int (*p)[4];" 中的指针变量 p 不同于前面介绍的指向整型变量的指针。在前面，指向整型变量的指针变量指向整型数组的某个元素时，指针增减 1 运算，表示指针指向数组的后一个或前一个元素。在这里，p 是一个指向由 4 个整型元素组成的一维数组，对 p 作增减 1 运算就表示前进或后退 4 个整型元素，即以一维数组的长度为单位移动指针。下面举例说明指向由 n 个元素所组成的一维数组的指针的用法。设有变量定义：

int a[3][4],(*p)[4];

则赋值语句：

p=a;

使 p 指向二维数组 a 的第 1 行，表达式 p+1 的值指向二维数组 a 的第 2 行，p+i-1 指向二维数组 a 的第 i 行，这与 a+i 一样。同样 p[i]+j 或 *(p+i)+j 指向 a[i][j]，所以，数组元素 a[i][j] 的引用形式可写成 *(p[i]+j)、*(*(p+i)+j)、(*(p+i))[j]、p[i][j]。

【例 8-5】写出下列程序的运行结果。程序如下：

```c
#include <stdio.h>
int main()
{
    int a[3][4]={{2,4,6,8},{10,12,14,16},{18,20,22,24}};
    int i,*ip,(*p)[4];
    p=a+1;
    ip=p[0];
    for(i=1;i<=4;ip+=2,i++)
        printf("%d\t",*ip);
    printf("\n");
    p=a;
    for(i=0;i<2;p++,i++)
        printf("%d\t",*(p[i]+1));
    printf("\n");
    return 0;
}
```

程序运行结果如下：

```
10    14    18    22
 4    20
```

此例说明了指向数组元素的指针与指向数组的指针之间的区别。

开始时 p 指向二维数组 a 的第 2 行，p[0] 或 *p 代表 &a[1][0]，ip 指向 a[1][0]。在第 1 个 for 语句中，每次循环使 ip 增 2，依次输出 10、14、18、22。在第 2 个 for 语句中，每次对 p 的修改使 p 指向 a 的下一行，而 *(p[i]+1) 代表 p 当前所指行后面第 i 行第 2 列的元素。第 2 个 for 语句控制循环两次，第 1 次循环时，p 指向 a 的第 1 行，i=0，*(p[0]+1) 代表 a[0][1]，值为 4。然后 p 加 1，使 p 指向 a 的第 2 行，i 加 1 变成 1，p[1] 代表 p 第 3 行的首地址，即 &a[2][0]，*(p[1]+1) 代表 a[2][1]，值为 20。其中 *(p[i]+1) 也可写成 *(*(p+i)+1)。

【例 8-6】有若干名学生，共修 5 门功课。他们的学号和成绩都存放在二维数组 s 中，每一行对应一名学生，且每行的第 1 列存放学生的学号，现要输出指定学生的成绩。程序如下：

```c
#include <stdio.h>
#define MAXN 3
int s[MAXN][6]={{5,70,80,96,70,90},
                {7,40,80,50,60,80},
                {8,50,70,40,50,75}};
void search(int (*p)[6],int m,int no)
{
  int (*p1)[6],*p2;
  for(p1=p;p1<p+m;p1++)
    if (**p1==no)
    {
      printf("The scores of No %d student are:\n",no);
      for(p2=*p1+1;p2<=*p1+5;p2++)
      printf("%4d\t",*p2);
      printf("\n");
      return;
    }
  printf("There is not the No %d student.\n",no);
}
int main()
{
  int num;
  printf("Enter the number of student:\n");
  scanf("%d",&num);
  search(s,MAXN,num);
  return 0;
}
```

在函数 search 定义中，参数 p 是指向数组的指针，它所指数组有 6 个 int 型元素，对应一名学生的信息数组，参数 m 为学生人数，no 为学生的学号。工作变量 p1 是与 p 同类型的指针。工作变量 p2 是指向 int 型的指针，用于指向对应一名学生的信息数组中的元素。因为该数组的第 1 个元素是存放学号，它以后的元素才存放成绩，所以 p2 的初值为 *p1+1，其中 p1 是找到的该学生的信息数组指针，*p1 是该数组的第 1 个元素的指针，*p1+1 是第 2 个元素的指针。

注意：p2 的初值不能写成 p1+1 或 *(p1+1)，前者是下一名学生的信息数组指针，后者是下一名学生信息数组的第 1 个元素（学号）的指针。

8.4　指针与字符串

在 C 语言中，为字符串提供存储空间有两种方法，一种是把字符串中的字符存放在一个字符数组中。例如：

```
char s[]="I am a teacher.";
```

另一种是定义一个字符指针指向字符串中的字符。例如：

```
char *cp ="I am a teacher.";
```

使 cp 指向字符串的第 1 个字符 "I"，以后就可通过 cp 访问字符串中的各个字符。例如，*cp 或 cp[0] 就是 "I"，*(cp+i) 或 cp[i] 就是访问字符串中的第 i+1 个字符。

字符数组名或字符指针均可作为实参，代表对应的字符串调用有关函数。例如有以上关于 s 和 cp 的定义，下面对 printf() 函数的调用：

```
printf("%s\n",s);
```

或

```
printf("%s\n",cp);
```

均输出字符串：

```
I am a teacher.
```

又如：

```
printf("%s\n",cp+7);
```

将输出：

```
teacher.
```

使用字符数组和字符指针变量都能实现字符串的存储和各种运算，但两者之间有以下两点区别。

（1）字符数组是由若干元素组成的，每个元素中放一个字符，而字符指针变量中存放的是字符地址。

（2）赋值方式不同。对字符数组只能对各个元素赋值，不能用一个字符串给一个字符数组赋值，但对于字符指针变量可以用一个字符串给它赋值。

例如：

```
char *pstr;
pstr="C Language";
```

这两个语句等价于：

```
char *pstr="C Lauguage";
```

其中 pstr 为字符指针变量，可以把一个字符串直接赋给一个字符指针变量。使用数组时，下面的形式是错误的：

```
char str[15];
str="C Language";
```

产生错误的原因是数组名 str 是一个地址常量，不能向它赋值。

【例 8-7】编写字符串复制函数 copy_str 实现字符串的复制。

分析：该函数的功能是将一个已知字符串的内容复制到另一字符数组中。下面用字符指针来实现。函数设有 from 和 to 两个参数。from 为已知字符串的首字符指针，to 为存储复制的字符串首字符指针。采用字符指针作函数参数，可通过修改指针的方式完成逐个字符的复制。

函数定义如下：

```c
copy_str(char *to,char *from)
{
  while((*to=*from)!='\0')
  {
    to++;
    from++;
  }
}
```

函数定义也可写成：

```c
copy_str(char *to,char *from)
{
  while((*to++=*from++)!='\0')
    ;
}
```

函数定义还可写成：

```c
copy_str(char *to,char *from)
{
  while(*to++=*from++)
    ;
}
```

【例 8-8】用字符指针实现例 7-19 功能。程序如下：

```c
#include <stdio.h>
int main()
{
  int up=0,low=0,space=0,digit=0,other=0;
  char str[60],*p;
  printf("please input str:\n");
  gets(str);
  p=str;
  for(;*p!='\0';p++)
  {
    if ((*p>='A') && (*p<='Z')) up++;
    else if ((*p>='a') && (*p<='z')) low++;
    else if (*p==' ')  space++;
    else if ((*p>='0') && (*p<='9')) digit++;
    else other++;
  }
  printf("up=%d,low=%d,space=%d",up,low,space);
  printf(",digit=%d,other=%d\n",digit,other);
  return 0;
}
```

【例 8-9】有一行字符，要求删去指定的字符。程序如下：

```c
#include <stdio.h>
int main()
```

```
{
    void del_ch(char *,char);
    char str[80],*pt,ch;
    printf("Input a string:\n");
    gets(str);  pt=str;
    printf("Input the char deleted:\n");
    ch=getchar();
    del_ch(pt,ch);
    printf("Then new string is:\n%s\n",str);
    return 0;
}
void del_ch(char *p,char ch)
{
    char *q=p;
    for(;*p!='\0';p++)
        if (*p!=ch) *q++=*p;
    *q='\0';
}
```

程序由主函数和 del_ch 函数组成。在主函数中定义字符数组 str，并使 pt 指向 str。字符串和被删除的字符都由键盘输入。在 del_ch 函数中实现字符删除，形参指针变量 p 和被删字符 ch 由主函数中实参指针变量 pt 和字符变量 ch 传递过去。函数开始执行时，指针变量 p 和 q 都指向 str 数组中的第 1 个字符。当 *p 不等于 ch 时，把 *p 赋给 *q，然后 p 和 q 都加 1，即同步移动。当 *p 等于 ch 时，不执行 "*q++=*p;" 语句，所以 q 不加 1，而在 for 语句中 p 继续加 1，p 和 q 不再指向同一元素。

8.5　指针与函数

指针与函数的关系归纳起来主要有 3 种：一是用指针变量作函数的参数；二是定义指向函数的指针变量，用于存放函数的入口地址，从而通过该指针变量来调用函数；三是可以定义返回指针的函数。指针和函数配合使用，使函数的处理更加灵活多样。

8.5.1　指针变量作函数参数

指针变量也可以作函数的参数，而且实参变量和形参变量的传递方式也遵循值传递规则，但此时传递的内容是地址，使实参变量和形参变量指向同一个变量。尽管调用函数不能改变实参指针变量的值，但可以改变实参指针变量所指变量的值。因此，指针变量参数为被调用函数改变调用函数中的数据对象提供了手段。

【例 8-10】交换整型变量值的函数 swap。

分析：用两个指向整型变量的指针变量作函数形参，函数利用指针变量间接访问存储单元。调用 swap 函数时，两个实参分别是两个待交换值的整型变量的地址。程序如下：

```
#include <stdio.h>
int main()
{
    int a,b;
```

```
        void swap(int *,int *);
        scanf("%d,%d",&a,&b);
        swap(&a,&b);
        printf("a=%d\tb=%d\n",a,b);
        return 0;
    }
    void swap(int *p1,int *p2)
    {
        int p;
        p=*p1;
        *p1=*p2;
        *p2=p;
    }
```

调用函数 swap 时，两个实参分别为变量 a、b 的地址，按值传递规则，函数 swap 的形参 p1 和 p2 分别得到了它们的地址值。函数 swap 利用这两个地址间接访问变量 a、b。执行 swap 函数后使 *p1 和 *p2 的值互换，也就是使 a 和 b 的值互换。函数调用结束后，虽然 p1 和 p2 已被释放不存在了，但 a 与 b 的值已经互换。交换过程如图 8-7 所示。

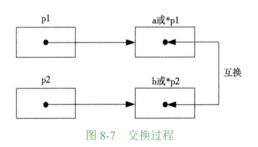

图 8-7　交换过程

为进一步说明指针参数与其他参数的区别，不妨将函数 swap 改写成以下形式的函数 swap1，并作比较。

```
    swap1(int x,int y)
    {
        int z;
        z=x;
        x=y;
        y=z;
    }
```

如有函数调用 swap1(a,b)，实参 a、b 的值分别传递给形参 x、y。函数 swap1 完成形参 x、y 的值交换，但实参 a、b 的值未作任何改变，即实参向形参单向值传递，形参值的改变不影响对应的实参的值，所以不能达到 a、b 值互换的目的。

再看下面的程序：

```
    #include <stdio.h>
    int main()
    {
        int a,b,*pa,*pb;
        void swap2(int *,int *);
        pa=&a;
        pb=&b;
        scanf("%d,%d",pa,pb);
        printf("a=%d\tb=%d\n",a,b);
```

```
    swap2(pa,pb);
    printf("a=%d\tb=%d\n",*pa,*pb);
    return 0;
}
void swap2(int *p1,int *p2)
{
    int *p;
    p=p1;
    p1=p2;
    p2=p;
}
```

程序运行结果如下：

```
7856,12
a=7856  b=12
a=7856  b=12
```

程序设计者的本意是调用函数 swap2 交换 pa 和 pb 的值，使 pa 指向 b，pb 指向 a，这样输出 *pa 和 *pb 的值分别是 12 和 7856。但实际的输出分别是 7856 和 12，说明 pa 仍然指向 a，pb 仍然指向 b，如图 8-8 所示。

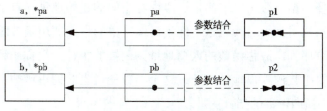

图 8-8　指针参数的单向传递

原因在于实参和形参之间的数据传递是单向传递，指针变量作形参也不例外。程序中尽管形参 p1 和 p2 的值互换了，但所对应的实参 pa 和 pb 的值并未变化。

例 8-10 表明，指针变量作函数形参时，对应的实参是一个变量的地址，将该变量的地址传给形参，形参所指向的对象是实参变量。此时在被调用函数中，可以用指针变量间接访问实参所对应的存储单元，返回到调用函数后，实参变量就得到了新的值。所以除函数调用返回一个值外，还可通过指针变量形参带回多个变化了的值。

【例 8-11】一个自然数是素数，且它的数字位置经过任意对换后仍为素数，则称之为绝对素数，例如 13，试求所有两位绝对素数。

分析：考虑到求两位绝对素数要两次用到判断整数是否为素数的程序段，故将其定义成函数，并且设一个指针变量作函数形参，以便带回判断的结果。程序如下：

```
#include <stdio.h>
int main()
{
    int m,m1,flag1,flag2;
    void prime(int,int *);
    for(m=10;m<100;m++)
    {
        m1=(m%10)*10+m/10;           //经过数字任意互换后的数
        prime(m,&flag1);
        prime(m1,&flag2);
```

```
        if (flag1 && flag2) printf("%4d",m);
    }
    return 0;
}
void prime(int n,int *f)
{
    int k;
    *f=1;
    for(k=2;k<=n/2;k++)
        if (!(n%k)) *f=0;
}
```

函数 prime 用于判断 n 是否为素数，其中指针变量 f 间接访问它所指的对象 flag1 和 flag2，从而在主函数中 flag1 和 flag2 会获得具体的值，根据 flag1 和 flag2 的值可知 m 是否为绝对素数。

 ## 8.5.2 指向函数的指针变量

1. 指向函数的指针变量的定义

在 C 语言中，指针变量除能指向数据对象外，也可指向函数。程序装入内存运行时，一个函数包括的指令序列要占据一段内存空间，这段内存空间的起始地址（首字节编号）被称为函数的入口地址，编译系统用函数名代表这一地址。运行中的程序调用函数时就是通过该地址找到这个函数对应的指令序列，故称函数的入口地址为函数的指针，简称函数指针。可以定义一个指针变量，用来存放函数的入口地址，通过这个指针变量也能调用函数。这种存放函数入口地址的指针变量被称为指向函数的指针变量。

用函数名调用函数被称为函数的直接调用，用函数指针变量调用函数被称为函数的间接调用。

定义指向函数的指针变量的一般格式如下：

```
类型符 (* 函数指针变量名 )();
```

例如：

```
int (*p)();
```

定义了一个指向函数的指针变量 p，函数的返回值为 int 型。

注意：*p 两侧的括号是必需的，表示 p 先与 * 结合，是一个指针变量，然后与随后的 () 结合，表示指针变量 p 所指向的对象是函数。如果写成 "int *p();"，因 () 优先级高于 *，就变成是说明一个函数 p()，该函数的返回值是指向整型量的指针。

2. 用函数指针变量调用函数

指向函数的指针变量并不固定指向某个函数，在程序中把哪个函数的入口地址赋给它，它就指向哪个函数。可根据需要，向它赋不同的函数入口地址，使它指向不同的函数。

定义了指向函数的指针变量，就可向它赋某函数的入口地址。C 语言规定，函数名本身就是函数入口地址，这如同数组名是数组存储区域的起始地址一样。当一个指向函数的指针变量指向某个函数时，就可用它调用所指的函数。用函数指针变量调用函数的一般格式如下：

```
(* 指针变量名 )( 实参表 )
```

【例 8-12】求 x、y 中的较小数。程序如下：

```
#include <stdio.h>
```

```
int main()
{
    int min(int,int),(*p)(),x,y,z;
    printf("Enter x,y");
    scanf("%d%d",&x,&y);
    p=min;
    z=(*p)(x,y);
    printf("Min(%d,%d)=%d\n",x,y,z);
    return 0;
}
int min(int a,int b)
{
    return a<b?a:b;
}
```

指针变量 p 是指向返回 int 型值的函数的指针变量，语句"p=min;"使 p 指向函数 min，因此函数调用 (*p)(x,y) 等价于 min(x,y)。

由于函数指针变量取函数的入口地址值，所以对这类指针变量与整数进行加减等运算是没有意义的。

3. 函数指针变量作函数的参数

前面介绍过，函数的参数可以是变量名、数组名、指向变量的指针变量、指向数组的指针变量等。指向函数的指针变量也可以作函数参数，以便实现函数地址的传递，也就是将函数名传给形参。这样，用不同的函数名作实参调用函数，就能获得不同的处理结果。

应当说，函数指针变量作函数的参数和其他类型的指针变量作函数的参数有相同的概念与处理方法，所不同的只是这时传递的是函数的地址。

【例 8-13】对给定的实数数组，求它的最大值、最小值和平均值。

分析：定义 3 个函数 max、min 和 ave，分别用于求数组的最大值、最小值和平均值。为了说明函数参数的用法，程序另设一个函数 fun。主函数不直接调用上述 3 个基本函数，而是调用函数 fun，并提供数组、数组元素个数和基本求值函数名作为参数。由函数 fun 根据主函数提供的函数参数去调用实际函数。程序如下：

```
#include <stdio.h>
int main()
{
    float max(float [],int),min(float [],int);
    float ave(float [],int),fun(float [],int,float (*)());
    float a[]={1.0,2.0,3.0,4.0,5.0,6.0,7.0,8.0,9.0};
    float result;
    int n=9;
    printf("\nThe results are:");
    result=fun(a,n,max);
    printf("\tMax=%4.2f",result);
    result=fun(a,n,min);
    printf("\tMin=%4.2f",result);
    result=fun(a,n,ave);
    printf("\tAverage=%4.2f\n",result);
    return 0;
}
```

```
float max(float a[],int n)
{
  int i;
  float r;
  for(r=a[0],i=1;i<n;i++)
  if (r<a[i]) r=a[i];
  return r;
}
float min(float a[],int n)
{
  int i;
  float r;
  for(r=a[0],i=1;i<n;i++)
    if (r>a[i]) r=a[i];
  return r;
}
float ave(float a[],int n)
{
  int i;
  float r;
  for(r=a[0],i=1;i<n;i++) r+=a[i];
  return r/n;
}
float fun(float a[],int n,float (*p)())
{
  return (*p)(a,n);
}
```

在程序中，主函数 main 第 1 次调用函数 fun 时，除将数组起始地址 a、数组元素个数 n 两实参分别传给函数 fun 的形参 a 与 n 外，还将函数名 max 作为实参，把函数 max 的入口地址传给函数 fun 的形参 p。形参 p 是指向函数的指针形参，上述传递使形参 p 指向函数 max。这时，函数 fun 中的函数调用 (*p)(a,n) 就相当于函数调用 max(a,n)。主函数对函数 fun 的第 2 次调用，以函数 min 的名 min 作实参。这时，函数 fun 的形参 p 变为指向函数 min。相应地，通过形参 p 的函数调用 (*p)(a,n) 相当于函数调用 min(a,n)。同样，主函数 main 在对函数 fun 的第 3 次调用时，以函数 ave 的名 ave 作实参，函数调用 (*p)(a,n) 相当于函数调用 ave(a,n)。

从上述例子看到，函数 fun 实际将调用哪一个函数事先是不知道的，完全由主函数提供的实参决定。因此，利用函数指针参数，能编制可实现各种具体功能的通用函数。

这里需要指出一点，在有引用函数名作为函数入口地址的函数中，如上述的主函数 main 中，使用函数 max 的名 max 作为函数 max 的入口地址，在函数定义之前引用它的名，必须先对它作函数说明，不管该函数的返回值是否为 int 型。对于只是函数调用的情况，在函数定义前调用返回 int 型值的函数是允许不对该函数作说明的。

上述例子只是为了说明函数指针参数的用法和意义。对于上例，实际编写程序时，可以没有函数 fun，由主函数直接调用基本求值函数 max、min 和 ave 即可。

【例 8-14】编写求 $y=f(x)$ 在区间 [a,b] 的定积分的函数。

分析：求定积分的方法已在例 5-14 中介绍过，这里不再重复。本例给出一个函数 fun，用来求各种可积函数在任意区间的定积分。该函数的形参有 a、b、n 和 f，分别为积分区间下界、积分区间上界、积分区间等分数和被积函数。现调用该函数计算 $y = \dfrac{1}{4 + x^2}$ 在区间 [0,1] 上的定积分。程序如下：

```c
#include <stdio.h>
#include <math.h>
double f(double x)
{
    return 1.0/(4.0+x*x);
}
double fun(double a,double b,int n,double (*f)())
{
    double h,s=0,x,f0,f1;
    int i;
    h=(b-a)/n;
    x=a;
    f0=(*f)(x);
    for(i=1;i<=n;i++)
    {
        x+=h;
        f1=(*f)(x);
        s+=(f0+f1)*h/2;
        f0=f1;
    }
    return s;
}
int main()
{
    printf("I=%6.3f\n",fun(0.0,1.0,8,f));
    return 0;
}
```

 ### 8.5.3 返回指针的函数

在 C 语言中，函数可以返回整型值、字符值、实型值等，也可以返回某种指针类型的指针值，即地址。返回指针值的函数与前面介绍的函数在概念上是完全一致的，只是对这类函数的调用，将返回的值的类型是某种指针类型而已。

定义返回指针值函数的函数头的一般格式如下：

类型符 * 函数名 (参数表)

例如：

int *f(int x,int i)

说明函数 f 返回指向 int 型数据的指针。其中 x、i 是函数 f 的形参。

注意：在函数名的两侧分别为 * 运算符和 () 运算符，而 () 的优先级高于 *，函数名先与 () 结合。"函数名 ()" 是函数的说明形式。在函数名之前的 *，表示函数返回指针类型的值。

【例 8-15】编写一个函数在给定的字符串中查找指定的字符，若找到，则返回该字符的地址，否则，返回 NULL 值，然后调用该函数输出一字符串中从指定字符开始的全部字符。

分析：函数有两个参数，指向字符串首字符的指针和待查找的字符。程序如下：

```c
#include <stdio.h>
```

```
int main()
{
    char *sear_ch(char *,char);
    char ch,ch1[20],*str=ch1;
    gets(str);
    ch=getchar();
    str=sear_ch(str,ch);
    puts(str);
    return 0;
}
char *sear_ch(char *s,char c)
{
    char *p=s;
    while(*p && *p!=c)
        p++;
    return *p?p:NULL;
}
```

【例 8-16】改写例 8-6 的函数 search，使新的 search 函数具有单一的寻找功能，不再包含输出等功能。新的函数 search 的功能是从给定的班级成绩单中寻找指定学号的成绩表。函数 search 的参数与例 8-6 中的函数 search 的参数相同，但新的函数 search 返回找到的那名学生的成绩表（不包括学号）的指针，在主函数中调用 search 函数，并输出指定学生的成绩。程序如下：

```
#include <stdio.h>
#include <string.h>
#define MAXN 3
int s[MAXN][6]={{5,70,80,96,70,90},
                {7,40,80,50,60,80},
                {8,50,70,40,50,75}};
int main()
{
    int i,num,*search(int (*)[6],int,int),*p;
    printf("Enter the number of student:\n");
    scanf("%d",&num);
    p=search(s,MAXN,num);
    if (*(p-1)==num)
    {
        printf("The scores of No %d student are:\n",num);
        for(i=0;i<5;i++)
            printf("%d\t",*(p+i));
        printf("\n");
    }
    else
        printf("There is not the No %d student.\n",num);
    return 0;
}
int *search(int (*p)[6],int m,int no)
{
    int (*ap)[6];
    for(ap=p;ap<p+m;ap++)
        if (**ap==no) return *ap+1;
    return NULL;
}
```

8.6 指针数组与指向指针的指针

用指向同一数据类型的指针来构成一个数组，这就是指针数组。指针数组中的每个元素都是指向同一数据类型的指针变量。指针不但可以指向基本数据类型变量，还可以指向指针变量，这种指向指针型数据的指针变量被称为指向指针的指针，也被称为多级指针。

 ### 8.6.1 指针数组

指针数组的定义格式如下：

类型符 * 指针数组名 [常量表达式];

其中常量表达式用于指明数组元素的个数，类型符指明指针数组的元素指向的对象类型。指针数组名之前的 * 是必需的，由于它出现在数组名之前，使该数组成为指针数组。例如：

int *p[10];

定义指针数组 p，它有 10 个元素，每个元素都是指向 int 型量的指针变量。和一般的数组定义一样，数组名 p 是第 1 个元素，即 p[0] 的地址。

在指针数组的定义格式中，由于 [] 比 * 的优先级高，数组名先与 [] 结合，形成数组的定义，然后与数组名之前的 * 结合，表示此数组的元素是指针类型的。

注意：在 * 与数组名之外不能加圆括号，否则变成指向数组的指针变量。

例如：

int (*p)[10];

定义指向由 10 个 int 型量组成的一维数组的指针。

指针数组比较适合于用来指向若干个字符串，使字符串处理更加方便灵活。例如，对字符串进行排序，按一般的处理方法可定义一个字符型的二维数组，每行存储一个字符串，排序时可能要交换两个字符串在数组中的位置。如果用字符指针数组，就不必交换字符串的位置，而只需交换指针数组中各元素的指向。下面例 8-17 中的 sort 函数就是一个用字符指针数组实现字符串排序的函数。

【例 8-17】输入若干个字符串，并按字母顺序排序后输出。程序如下：

```
#include <stdio.h>
#include <string.h>
#define N 10
int main()
{
    void sort(char *[],int),write(char *[],int);
    char *name[N],str[N][30];
    int  i;
    for(i=0;i<N;i++)
    {
        name[i]=str[i];
        gets(name[i]);
    }
```

```
    sort(name,N);
    write(name,N);
    return 0;
}
void sort(char *v[],int n)
{
int i,j,k;
char *t;
for(i=0;i<n-1;i++)
    {
    k=i;
    for(j=i+1;j<n;j++)
        if (strcmp(v[k],v[j])>0) k=j;
    if (k!=i)
        {
        t=v[i];
        v[i]=v[k];
        v[k]=t;
        }
    }
}
void write(char *nameptr[],int n)
{
int i;
for(i=0;i<n;i++)
    puts(nameptr[i]);
}
```

 ## 8.6.2　指向指针的指针

定义指向指针的指针变量的一般格式如下：

类型符 ** 变量名；

例如：

int i,*ip,**pp;
i=35;
ip=&i;
pp=&ip;

以上语句定义了指针变量 pp，它指向另一个指针变量 ip，ip 指针变量又指向一个 int 型变量 i。pp 的前面有两个 * 号，由于间接访问运算符 * 是按自右向左顺序结合的，所以 **pp 相当于 *(*pp)，可以看出 (*pp) 是指针变量形式，它前面的 * 表示指针变量 pp 指向的又是一个指针变量，"int" 表示后一个指针变量指向的是 int 型变量，如图 8-9 所示。

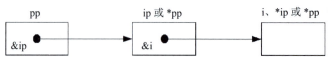

图 8-9　指向指针的指针

指向指针变量的指针变量与指针数组有着密切的关系。以例 8-17 程序中定义的指针数组 nameptr 为例，数组名 nameptr 就是 &nameptr[0]，即 nameptr[0] 的指针；nameptr+i 就是

&nameptr[i]，即 nameptr[i] 的指针，因数组 nameptr 的元素又是字符指针，所以 nameptr 或 nameptr+i 都是指向指针的指针。直接采用指向指针的指针，函数 write 中的参数 nameptr 的说明 char *nameptr[] 可等价地改写成 char **nameptr。函数 sort 中的参数 v 的说明 char *v[] 也可等价地改写成 char **v。

【例 8-18】写出下列程序的运行结果。程序如下：

```c
#include <stdio.h>
int main()
{
    int ***p1,**p2,*p3,n;
    n=5;
    p1=&p2;
    p2=&p3;
    p3=&n;
    printf("%d\n",***p1);
    return 0;
}
```

程序运行结果如下：

```
5
```

这是一个多重指针的例子，读者可以自己画出指针指向示意图，弄清指针的指向关系。

 ### 8.6.3 main 函数的参数

在前面的程序中，main 函数是不带形参的。实际上，main 函数也可以带有形参，用来接收来自命令行的实参。这个命令行指的是运行 main 函数所在的执行文件的命令。

带形参的 main 函数的一般格式如下：

```c
int main(int argc,char *argv[])
{
    ...
}
```

其中 argc 表示命令行中参数的个数（包括文件名），argv 是一个指向字符串的指针数组。argv[0] 指向命令行中第 1 个字符串（文件名）的第 1 个字符，argv[1] 指向命令行中第 2 个字符串的第 1 个字符，其余依次类推。argv 也可定义为 char **argv。

命令行的一般格式如下：

文件名 参数 1 参数 2 … 参数 n

文件名和各参数之间用空格分隔。各参数都是字符串，字符串可以不带双引号，若字符串本身含有空格，则应该用双引号引起来。

【例 8-19】输出运行文件时的命令行参数。程序如下：

```c
#include <stdio.h>
int main(int argc,char *argv[])
{
    int k;
    for(k=1;k<argc;k++)
        printf("%s%c",argv[k],k<argc-1?' ':'\n');
    return 0;
}
```

设上述程序的可执行文件名为 testfile.exe，若在 Windows 命令提示符窗口执行该程序的命令行为：

```
testfile Computer Programming Language
```

则程序输出：

```
Computer Programming Language
```

在以上命令行中，根据约定，main 函数的参数 argc 的值为 4，argv[0]、argv[1]、argv[2]、argv[3] 分别指向字符串 "testfile"、"Computer"、"Programming"、"Language" 的第 1 个字符。在程序的 printf() 函数调用中，格式符 %c 输出一个字符，如果是输出命令行最后一个参数，该格式将输出一个换行符，若是输出其他参数，则输出一个空格。

因 main 函数的数组参数是指向数组第 1 个元素的指针变量，而不是数组名常量，所以在主函数中可对 argv 执行增量运算。例如，在 argv[0] 指向文件名字符串第 1 个字符的情况下，对 argv 执行增量运算 ++argv 后，argv[0] 或 *argv 就指向参数 1 的第 1 个字符。利用这一性质，上述程序可改写成：

```c
#include <stdio.h>
int main(int argc,char **argv)
{
    while(--argc>0)
        printf("%s%c",*++argv,argc>1?' ':'\n');
    return 0;
}
```

程序中 ++argv 使指针 argv 先加 1，让它一开始就指向参数 1，逐次增 1，使它指向下一个参数。程序中对 printf() 的调用可改写成：

```c
printf((argc>1)?"%s ":"%s\n",*++argv);
```

用带参数的 main 函数可以直接从命令行得到参数值（这些值是字符串），在程序运行时，可以根据命令行中不同的输入进行相应的处理，增加了处理问题的灵活性。

需要指出的是，main 函数的形参变量名并不一定要用 argc 和 argv，它们可以是其他任何名字，但习惯上使用 argc 和 argv。

8.7 指针与动态内存管理

到目前为止，所介绍的都是定长数据结构，即一旦确定了数据的类型，存储该数据所需的内存空间也随之确定。这种分配固定大小的内存管理方式被称为静态内存管理。这种定长数据结构操作不方便，尤其是像数组这样的线性表要做删除和插入操作是十分困难的。为解决这类问题，C 语言提供了一组动态内存管理的标准库函数，配合指针使用，使构造动态数据结构成为可能。

所谓动态内存管理是指在程序执行过程中动态地分配或回收存储空间的内存管理方法。动态内存分配不像数组等静态内存分配方法那样需要预先分配存储空间，而是由系统根据要求即时分配，分配的大小就是要求的大小。需要时可以调用动态内存管理函数获得所要的内存空间，使用结束时可以调用释放函数将其释放。

8.7.1 动态内存管理函数

常用的动态内存管理函数有 malloc、calloc、free 和 realloc，使用它们必须在程序中包含 stdlib.h 头文件。

1. malloc 函数

malloc 函数的作用是在内存开辟指定大小的存储空间，并将此存储空间的起始地址作为函数值返回。malloc 函数的原型如下：

```
void *malloc(unsigned int size)
```

它的形参 size 为无符号整型。函数值为指针（地址），这个指针指向 void 类型，也就是不规定指向任何具体的类型。如果想将这个指针值赋给其他类型的指针变量，应当进行显式的转换（强制类型转换）。例如，可以用 malloc(8) 来开辟一个长度为 8 个字节的内存空间，函数的返回值是此段内存空间的起始地址。这个返回的指针值指向 void 型，若想把此地址赋给一个指向 long 型的指针变量 p，则应进行以下显式转换：

```
p=(long *)malloc(8);
```

C 语言标准规定，具有 void * 类型的指针变量在赋值与被赋值时，可以在任意类型的指针变量之间进行而不必进行强制类型转换，但为了提高程序的可读性，建议运用强制类型转换。

若内存缺乏足够大的空间进行分配，则 malloc 函数返回空指针（NULL）。

2. calloc 函数

calloc 函数的原型如下：

```
void *calloc(unsigned int num,unsigned int size)
```

它有两个形参 num 和 size。其作用是分配 num 个大小为 size 字节的内存空间。例如用 calloc(20,30) 可以开辟 20 个大小为 30 字节的内存空间，即总大小为 600 字节。此函数返回值为该内存空间的首地址。若分配不成功，则返回 NULL。

用 calloc 函数可以为一维数组开辟动态存储空间，num 为数组元素个数，每个数组元素长度为 size，这就是动态数组。例如：

```
p=calloc(20,4);
```

将建立一个 20 个元素的动态数组，把起始地址赋给指针变量 p，数组元素占用的字节数是 4 字节。

3. free 函数

free 函数的原型如下：

```
void free(void *ptr)
```

其作用是将指针变量 ptr 指向的存储空间释放，即交还给系统，系统可以将其另行分配。应当强调，ptr 值不能是任意的地址项，而只能是在程序中执行过的 malloc 或 calloc 函数所返回的地址。例如：

```
p=(long *)malloc(100);
…
free(p);
```

free 函数把原先开辟的 100 个字节的空间释放，虽然 p 是指向 long 型的，但可以传给指向 void 型的指针变量 ptr，系统会使其自动转换。free 函数无返回值。

下面的程序就是 malloc() 和 free() 两个函数配合使用的简单实例。它们为 40 个整型变量分配内存并赋值，然后系统收回这些内存。程序中使用了 sizeof()，从而保证此程序可以移植到其他系统。

```c
#include <stdlib.h>
#include <stdio.h>
int main()
{
    int *p,t;
    p=(int *)malloc(40*sizeof(int));        // 用 sizeof(int) 计算 int 类型数据的字节数
    if (!p)
    {
        printf("\t 内存已用完！\t");
        exit(0);                            // 分配失败，终止程序
    }
    for(t=0;t<40;++t)
        *(p+t)=t;                           // 将整数 t 赋给指针 p+t 指向的内存单元
    for(t=0;t<40;++t)
        printf("\t%d",*(p+t));
    free(p);
    return 0;
}
```

4. realloc 函数

realloc 函数用来使已分配的空间改变大小，即重新分配。其原型如下：

void *realloc(void *ptr,unsigned int size)

其作用是将 ptr 指向的存储区（是原先用 malloc 函数或 calloc 函数分配的）的大小改为 size 个字节，可以使原先的分配区扩大或缩小。它的返回值是一个指针，即新存储区的首地址。应当指出，新的首地址不一定与原首地址相同，因为为了增加空间，存储区会进行必要的移动。例如：

realloc(p,50);

将 p 所指向的已分配的动态内存空间改为 50 字节。若重新分配不成功，则返回 NULL。

 8.7.2　动态数组

在使用数组进行数据处理时，有时数据个数是不确定的，而数组的大小必须在编译时确定。解决此问题的一种方法是将数组定义得足够大，这显然不可取，会浪费内存空间，但如果空间不够大，将引起数组下标越界，可能导致严重后果。更好的方法是建立一个动态数组。看下面的例子。

【例 8-20】输入 max，输出从 0 到 max 间的所有整数及其平方和立方值。

程序 1：用二维动态数组实现。

```c
#include <stdio.h>
#include <stdlib.h>
int main()
{
```

```c
    int (*pi)[3];                                      // 定义二维动态数组
    int max,i,j;
    printf(" 请输入一个数给 max:");
    scanf("%d",&max);
    pi=(int(*)[3])malloc((max+1)*sizeof(int[3]));      // 分配内存空间
    if (!pi)
    {
      printf(" 内存分配失败 ");
      exit(1);
    }
    for(i=0;i<=max;i++)
    {
      pi[i][0]=i;
      pi[i][1]=i*i;
      pi[i][2]=i*i*i;
    }
    printf(" 输出从 0 到 %d 间的所有整数及其平方和立方 \n",max);
    printf("i\ti^2\ti^3\n");
    for(i=0;i<=max;i++)
    {
      for(j=0;j<3;j++)
      printf("%d\t",pi[i][j]);
      printf("\n");
    }
    free(pi);                                          // 释放内存
    return 0;
}
```

程序 2：用一维动态数组实现。

```c
#include <stdio.h>
#include <stdlib.h>
int main()
{
    int *pi;                                           // 定义一维动态数组
    int max,i,j,elem_num;
    printf(" 请输入一个数给 max:");
    scanf("%d",&max);
    elem_num=(max+1)*3;                                // 计算数组所需要的内存
    pi=(int *)malloc(elem_num*sizeof(int));            // 分配内存空间
    if (!pi)
    {
      printf(" 内存分配失败 ");
      exit(1);
    }
    for(i=0,j=0;j<=max;j++)
    {
      pi[i++]=j;
      pi[i++]=j*j;
      pi[i++]=j*j*j;
    }
    printf(" 输出从 0 到 %d 间的所有整数及其平方和立方 \n",max);
    printf("i\ti^2\ti^3\n");
    for(i=0;i<elem_num;i+=3)
```

```
        printf("%d\t%d\t%d\n",*(pi+i),*(pi+i+1),*(pi+i+2));
    free(pi);
    return 0;
}
```

8.8　指针应用举例

指针是 C 语言中很有特色的数据类型，也是学习的难点。指针使用十分灵活，为了能更加深入地学习和掌握指针，本节将再介绍几个实际例子。

【例 8-21】设计一个程序完成截取字符串 str 中从第 m 个位置开始的 n 个字符，返回所截字符串的首地址。程序如下：

```
#include <stdio.h>
static char substr[20];
char *cut(char[],int,int);              // 声明 cut() 函数
int main()
{
    static char str[]="yestadayoncemore";   // 定义字符串数组
    char *p;
    p=cut(str,3,4);                     // 调用 cut() 函数
    printf("%s\n",p);
    return 0;
}
char *cut(char s[],int m,int n)
{
    int i;
    for(i=0;i<m;i++)                    // 找第 m 个字符的地址
        s++;
    for(i=0;i<n;i++)                    // 截取 n 个字符并分别赋值给数组 substr[]
    {
        substr[i]=*s;
        s++;
    }
    substr[i]='\0';                    // 加字符串结束标记
    return substr;                     // 返回字符数组首地址
}
```

【例 8-22】编程实现分别在 a 数组和 b 数组中放入 m 和 n 个由小到大的有序数，程序把两个数组中的数按由小到大的顺序归并在 c 数组中。程序如下：

```
#include <stdio.h>
#include <malloc.h>
int main()
{
    int m,n,i,j,k;
    printf(" 请输入需要合并的两个数组的大小 (m,n):");
    scanf("%d,%d",&m,&n);
    int *a=(int*)malloc(m*sizeof(int));          // 给数组 a 动态分配空间
    int *b=(int*)malloc(n*sizeof(int));          // 给数组 b 动态分配空间
    int *c=(int*)malloc((m+n)*sizeof(int));      // 给数组 c 动态分配空间
    printf(" 请输入第 1 个升序数组的 m 个元素 :");
```

```
    for(i=0;i<m;i++)
        scanf("%d",&a[i]);
    printf(" 请输入第 2 个升序数组的 n 个元素 :");
    for(i=0;i<n;i++)
        scanf("%d",&b[i]);
    i=j=k=0;
    while(i<m && j<n)              // 判断 a、b 两数组下标是否越界
    {
        if (a[i]<b[j])            // 比较 a、b 两个数组数值的大小
        {
            c[k]=a[i];           // 将两个数组中较小的值 a[i] 赋给 c[k]
            k++;
            i++;
        }
        else
        {
            c[k]=b[j];           // 将两个数组中较小的值 b[j] 赋给 c[k]
            k++;
            j++;
        }
    }
    if (i<m)                      // 将 a 中剩余元素依次赋值给 c 数组
        for(;i<m;i++)
        {
            c[k]=a[i];
            k++;
        }
    if (j<n)                      // 将 b 中剩余元素依次赋值给 c 数组
        for(;j<n;j++)
        {
            c[k]=b[j];
            k++;
        }
    for(i=0;i<m+n;i++)            // 将 c 数组元素依次输出
        printf("%4d",c[i]);
    printf("\n");
    return 0;
}
```

【例 8-23】编写一函数 select，其功能是在 M 行 N 列的二维数组中，找出其中的最大值作为函数返回值，并通过形参传回此最大值所在的行标和列标。程序如下：

```
#include <stdio.h>
#define M 3
#define N 3
int main()
{
    int a[M][N]={9,11,23,6,1,15,9,17,20},max,row,col;
    int select(int array[M][N],int *,int *);
    max=select(a,&row,&col);
    printf(" 二维数组最大值 %d 在第 %d 行和第 %d 列 .\n",max,row,col);
}
int select(int array[M][N],int *r,int *c)
```

```
    {
        int *p=&array[0][0];
        int i,j,max=array[0][0];              // 让第 1 个元素作为最大值
        *r=1,*c=1;
        for(i=0;i<M;i++)
            for(j=0;j<N;j++)
            {
                if (*p>max)                   // 当前元素大于之前元素中的最大值
                {
                    max=*p;                   // 保存临时最大值、行标和列标
                    *r=i+1;
                    *c=j+1;
                }
                p++;
            }
        return max;
        return 0;
    }
```

【例 8-24】编写函数 sort，将 N 行 N 列二维数组中每一行的元素进行排序，第 1 行从小到大排序，第 2 行从大到小排序，第 3 行从小到大排序，第 4 行从大到小排序，其余各行依次类推。程序如下：

```
#include <stdio.h>
#define N 4
void sort(int a[][N])
{
    int i,temp;
    int *p,*q;
    for(i=0;i<N;i++)
    {
        p=&a[i][0];                           // 指向每行的第 1 个元素
        for(;p<&a[i][0]+N-1;p++)              // 采用冒泡排序
            for(q=&a[i][N-1];q>p;q--)
                if (i%2?*q>*p:*q<*p)          // 奇数行从小到大排序，偶数行从大到小排序
                {
                    temp=*q;
                    *q=*p;
                    *p=temp;
                }
    }
}
void outarr(int a[][N])                       //用指针输出二维数组
{
    int i=0;
    int *p=&a[0][0];
    for(;p<&a[0][0]+N*N;p++)
    {
        printf("%3d",*p);
        if (++i%N==0)
            printf("\n");
    }
}
```

```
int main()
{
    int a[N][N]={{2,3,4,1},{8,6,5,7},{11,12,10,9},{15,14,16,13}};
    outarr(a);
    sort(a);
    outarr(a);
    return 0;
}
```

本 章 小 结

（1）当定义一个变量时，系统会为该变量分配内存空间，内存空间的首地址被称为该变量的地址。变量或数组元素的地址是由编译系统分配的，用取地址运算符"&"可获取变量或数组元素的地址，使用的格式如下：

& 变量名或数组元素名

运算符 * 的作用是将 * 施加在一个地址量上，以得到其中的数据。其应用格式如下：

* 地址量

下标运算符 [] 也用来访问地址中的数据，应用格式如下：

地址量 [整型表达式]

（2）专门用来存放地址的变量，就是指针变量，使用前需要先定义。定义指针变量的一般格式如下：

类型符 * 指针变量名；

指针只有指向某一对象时，才有实际意义。要使指针指向某一对象，可以在定义指针变量时初始化，或者先定义指针变量，然后用赋值语句给指针变量赋值。

若定义了指向变量的指针，则对该变量的地址和变量的值可间接使用指针去访问。若指针未通过初始化或赋值的方式指向某个对象，则指针的值是未定的。未指向任何对象的指针不能引用。ANSI C 标准允许定义 void 型指针，void 型指针仅表示指向内存的某个地址，而它所指向的对象的数据类型并未指定。

（3）指针量可以进行运算，指针运算都是以数据类型为单位展开的。指针可以与整数相加减（指针值的变化和元素的数据类型有关）；若两个指针指向同一数组的元素，则可以进行比较；两指针量也可以相减。

（4）可以方便地用指针来访问数组的各个元素。若定义一个指针，并将该指针指向数组的某一个元素，则通过改变指针的值，可以存取数组中的每一个元素。

在指针变量 p 指向一维数组 a 的第 1 个元素的条件下，对 a[i] 数组元素的引用方式可以是 *(a+i)、*(p+i)、p[i]。

对于二维数组 a 的任一元素 a[i][j] 的引用可以写成 *(a[i]+j)、*(*(a+i)+j)、(*(a+i))[j]。对于 a[0][0]，其等价表示形式有 *a[0]、**a 和 (*a)[0]。假定 a 数组有 2 行 3 列，对 a[i][j] 的引用还可以写成 *(&a[0][0]+3*i+j)。

行指针是指指向一个由 n 个元素所组成的一维数组的指针变量。例如：

int (*p)[4];

如果使 p 指向二维数组 a 的第 1 行，数组元素 a[i][j] 的引用形式可写成 *(p[i]+j)、*(*(p+i)+j)、(*(p+i))[j]、p[i][j]。

（5）用字符型指针处理字符串更为方便和灵活。

（6）若用指针变量作形参，用地址作实参，则可以使被调函数中的形参指向主调函数中的参数，从而通过在被调函数中处理指针指向的内容来处理主调函数的参数；用此方法也可以在被调函数中处理主调函数中的数组或字符串。

（7）当把函数名赋予一个指针变量时，指针变量中的内容就是函数的入口地址，该指针是指向这个函数的指针，简称函数指针，通过指针变量就可以找到并调用这个函数。函数指针的定义格式如下：

```
类型符 (* 函数指针变量名 )();
```

（8）若函数的返回值是地址量，则函数的类型是指针型。指针型函数定义的一般格式如下：

```
类型符 * 函数名 ([ 参数表 ])
{
    内部变量定义语句；
    执行语句；
}
```

（9）如果一个数组，其每一个元素都是指针，这个数组就被称为指针数组。指针数组的定义格式如下：

```
类型符 * 指针数组名 [ 常量表达式 ];
```

常用指针数组处理二维数组。

（10）指针变量也有地址，用来存放指针变量地址的指针被称为二级指针。也就是说，二级指针是指向指针的指针，是一种间接指向数据目标的指针。二级指针的定义格式如下：

```
类型符 ** 变量名；
```

可以用二级指针访问数组或字符串。

（11）在操作系统状态下，为执行某个程序或命令而键入的一行字符被称为命令行。通常命令行含有可执行文件名，有的还带有若干参数，并以回车符结束。为了将命令行参数传递给程序的主函数，采用指针数组或二级指针作为 main 函数的形参，格式如下：

```
int main(int argc,char *argv[])
```

或

```
int main(int argc,char **argv)
```

其中，argc 用来记录命令行中参数的个数，由 C 语言程序运行时自动计算出来；argv 用来存放命令行中的各个参数。argc 和 argv 这两个参数的名称属于准保留字，专用作 main 函数的参数。用户也可以使用其他参数名，但类型不可更改。

（12）动态存储区在用户的程序之外，不是由系统自动分配的，而是由用户在程序中通过动态申请获取的。其中，函数 calloc 和 malloc 用于动态申请内存空间，函数 realloc 用于重新改变已分配的动态内存的大小，函数 free 用于释放不再使用的动态内存。

利用动态内存管理可以建立动态数组。

习　题

一、选择题

1．若有定义语句：

```
int a=2,*p1=&a,*p2=&a;
```

则下面不能正确执行的赋值语句是（　　）。

　　A．a=*p1+*p2;　　B．p1=a;　　　　C．p1=p2;　　　　D．a=*p1*(*p2);

2．已知：

```
int a[3][4],*p;
```

若要指针变量 p 指向 a[0][0]，正确的表示方法是（　　）。

　　A．p=a　　　　　　B．p=*a　　　　C．p=**a　　　　D．p=a[0][0]

3．设已有定义：

```
char *st="how are you";
```

下列程序段中正确的是（　　）。

　　A．char a[11], *p; strcpy(p=a+1,&st[4]);

　　B．char a[11]; strcpy(++a, st);

　　C．char a[11]; strcpy(a, st);

　　D．char a[], *p; strcpy(p=&a[1],st+2);

4．若有以下调用语句：

```
int main()
{
  ...
  int a[50],n;
  ...
  fun(n,&a[9]);
  ...
}
```

则不正确的 fun 函数的首部是（　　）。

　　A．void fun(int m, int x[])　　　　　B．void fun(int s, int h[41])

　　C．void fun(int p, int *s)　　　　　　D．void fun(int n, int a)

5．阅读以下函数

```
fun(char *s1,char *s2)
{
  int i=0;
  while(s1[i]==s2[i] && s2[i]!='\0')i++;
  return(s1[i]=='\0' && s2[i]=='\0');
}
```

此函数的功能是（　　）。

　　A．将 s2 所指字符串赋给 s1

  B．比较 s1 和 s2 所指字符串的大小，若 s1 比 s2 大，函数值为 1，否则函数值为 0

  C．比较 s1 和 s2 所指字符串是否相等，若相等，函数值为 1，否则函数值为 0

  D．比较 s1 和 s2 所指字符串的长度，若 s1 比 s2 长，函数值为 1，否则函数值为 0

6．有以下程序段：

```
int a=5,*b,**c;
c=&b;
b=&a;
```

程序段执行后，表达式 **c 的值是（　　　）。

  A．变量 a 的地址　　　　　　　　B．变量 b 的值

  C．变量 a 的值　　　　　　　　　D．变量 b 的地址

7．findmax 函数返回数组中的最大值，在下画线处应填入的内容是（　　　）。

```
int findmax(int *a,int n)
{
  int *p,*s=a;
  for (p=a;p-a<n;p++)
    if (_____) s=p;
  return *s;
}
```

  A．p>s   B．*p>*s   C．a[p]>a[s]   D．p-a>p-s

8．下面程序的输出结果是（　　　）。

```
#include <stdlib.h>
#include <stdio.h>
void fun(float *p1,float *p2,float *s)
{
  s=(float *)calloc(1,sizeof(float));
  *s=*p1+*(p2++);
}
int main()
{
  float a[2]={1.1,2.2},b[2]={10.0,20.0},*s=a;
  fun(a,b,s);
  printf("%f\n",*s);
}
```

  A．11.100000 B．12.100000 C．21.100000 D．1.100000

9．【多选】若有定义语句：

```
int a[]={1,2,3,4,5,6},*p=a;
```

则值为 3 的表达式是（　　　）。

  A．p+=2,*(p++) B．p++,*++p   C．p+=2,*p++   D．p++,++*p

10．【多选】若有以下语句：

```
int s[4][5],(*p)[5];
p=s;
```

则对数组元素 s[1][3] 的正确引用形式是（　　　）。

  A．*(*(p+1)+3)   B．*(p[1]+3)

  C．(*(p+1))[3]   D．p[1][3]

二、填空题

1. 已知：

```
int a[5],*p=a;
```

则 p 指向数组元素 _____，那么 p+1 指向 _____。

2. 设有如下定义：

```
int a[5]={0,10,20,30,40},*p1=&a[1],*p2=&a[4];
```

则 p2-p1 的值为 _____，*p2-*p1 的值为 _____。

3. 若有定义：

```
int a[2][3]={2,4,6,8,10,12};
```

则 a[1][0] 的值是 _____，**(a+1) 的值是 _____。

4. 对于"int *a[4];"的理解就是数组 a 有 _____ 个元素，每个元素都是 _____ 类型，每个元素都只能指向 _____ 变量。

5. 下列程序的输出结果是 _____。

```c
#include <stdio.h>
void fun(int *n)
{
  while((*n)--);
  printf("%d",++(*n));
}
int main()
{
  int a=100;
  fun(&a);
  return 0;
}
```

6. 下列程序的输出结果是 _____。

```c
#include <stdio.h>
int main()
{
  char s[]="9876",*p;
  for(p=s;p<s+2;p++) printf("%s\n",p);
  return 0;
}
```

三、编写程序题

1. 编写函数 void max_min(int a[],int *max,int *min)，在包含 10 个元素的数组 a 中求最大数与最小数，分别通过形参 max 和 min 带回到主调函数。在主函数中输入 10 个数据存放到数组，并调用 max_min 函数，最后输出结果。

2. 编写函数 void fun(int *p,int m,int n)，要求能够对 p 指向的数组从指定位置 m 开始的 n 个数按相反顺序重新排列。在主函数中输入 10 个元素的数组，并调用 fun 函数，最后输出新的数列。例如，原数列为 1，2，3，4，5，6，7，8，9，10，若要求对从第 3 个数开始的 5 个数进行逆序处理，则处理后的新数列为 1，2，7，6，5，4，3，8，9，10。

3. 输入一个长度不大于 30 的字符串，将此字符串中从第 m 个字符开始的剩余全部字符复制成为另一个字符串，并将这个新字符串输出。

4．编写函数 void isprime(int n,int *f)，判断 n 是否为素数，若是则通过形参 f 返回 1，否则通过形参 f 返回 0。在主函数中输入一个 3 位整数，若该数是素数，则将它的个位和百位数字互换；若不是素数，则将它的个位和十位数字互换，最后输出互换以后的数。

5．中位数是指处于有序数据序列中间位置的元素，能反映数据序列的平均水平。例如，有序数据序列 -8，2，4.2，7，9 的中位数为 4.2，这是数据序列为奇数个数的情况。若为偶数个数，则中位数等于中间两项的平均值。例如，数据序列 -8，2，4，7，9，15 中，处于中间位置的数是 4 和 7，故其中位数为此两数的平均值 5.5。

（1）编写函数 double median(double x[],int n) 或 double median(double *x,int n)，用于求包含 n 个元素的数据序列 x 的中位数。

（2）在主函数中先输入数据个数 n 并动态申请 n 个 double 型数据所需要的存储空间，再输入数据序列，最后调用 median 函数求中位数并输出。

6．求任意二维数组的所有元素之和。要求采用动态数组，数组大小在程序运行过程中动态确定。

第9章

构造数据类型

前面章节介绍的整型、字符型、浮点型、双精度型等数据类型都是 C 语言系统内定义的基本数据类型。在描述一些复杂的数据对象时，这些基本数据类型往往不能满足实际需要。在这种情形下，可以使用构造数据类型。所谓构造数据类型就是利用已有的数据类型来构造新的数据类型，也被称为自定义数据类型。构造数据类型分为结构体类型、共用体类型和枚举类型 3 种。这些构造数据类型的应用大大增强了 C 语言的数据表达与处理能力。结构体（structure）类型是使用非常广泛的一种构造数据类型，它通常是由不同类型数据对象构成的集合体。共用体（union）也被称为联合类型，它将不同类型的数据组织在一起，所有成员共享同一段内存单元。枚举（enumeration）即——列举之意，是用标识符表示的整数常量的集合。

本章要点：

- 结构体类型与结构体变量
- 结构体数组的定义与应用
- 结构体指针的定义与应用
- 链表的基本操作
- 共用体和枚举类型的使用

9.1 结构体类型与结构体变量

在实际应用中，经常会遇到用一些相关的数据共同表示一个实体的情况。例如，一个学生的数据实体包含学号、姓名、性别、入学成绩等数据项。这些不同类型的数据项是相互联系的，应该组成一个有机的整体。如果用独立的简单数据项分别表示它们，就不能体现数据的整体性，不便于整体操作；对于这种由多种不同类型的数据组成的数据实体，C 语言可以用结构体数据类型来描述，结构体中所包含的数据项被称为结构体的成员。

9.1.1 结构体类型的定义

1. 定义结构体类型的一般格式

在程序中使用结构体时，首先要对结构体的组织形式进行描述，即对结构体类型进行定义。例如，学生信息可用结构体描述如下：

```
struct student
{
    int number;        // 学号
    char name[10];     // 姓名
    char sex;          // 性别
    float score;       // 入学成绩
};                     // 最后有一个分号
```

其中，struct 引入结构体类型的定义，struct 之后的标识符 student 是结构体类型的名字，用花括号括起来的是结构体成员的说明。

struct student 是用户自己定义的数据类型，它与系统预定义的标准类型一样，可以用来定义变量，使变量具有 struct student 结构体类型。这里定义的 struct student 结构体类型有 number、name、sex 和 score 等 4 个成员，分别表示学生的学号、姓名、性别和入学成绩，显然它们的类型是不同的。

结构体类型允许把不同类型的数据组织成一个整体，其一般定义格式如下：

```
struct 结构体类型名
{
    成员说明列表
};
```

其中，struct 是关键字，表示定义一个结构体类型，不能省略；结构体类型名必须是一个合法的标识符，如果省略了类型名，该结构体就是一个无名结构体类型；花括号内的内容是该结构体类型的成员说明，整个结构体的定义必须以分号结束。每个成员说明的格式如下：

```
类型符 成员名；
```

这和变量定义的格式基本一致，只是在结构体类型定义中，详细说明了一个结构体的组成情况，包括结构体的成员名及类型，但并没有定义变量，系统并不为定义的结构体类型分配实际的内存空间，所以在成员说明中也不能为成员提供初值。

2. 结构体类型的嵌套定义

结构体类型可以嵌套定义，即一个结构体类型中的某些成员又是其他结构体类型。例如，由年、月、日组成的结构体类型如下：

```
struct date
{
    int year,month,day;
};
```

进一步定义职工信息结构体类型如下：

```
struct person
{
    char name[10];              // 姓名
    char address[40];           // 地址
    float salary;               // 基本工资
    struct date hiredate;       // 聘任日期
};
```

其中，结构体类型 struct person 含有一个结构体类型成员 hiredate。

3. 位段

有些数据项在存储时并不需要占用一个完整的字节,而只需要占用一个或几个二进制位（bit）。位段（bit field）是指以二进制位为单位定义存储长度的整数类型成员，其定义格式如下：

```
整数类型符 成员名:二进制位数;
```

例如，给上述职工信息结构体增加"性别"成员，用 1 表示男，0 表示女，所以只要给"性别"成员分配一个二进制位即可。定义新的职工信息结构体如下：

```
struct person1
{
    char name[10];              // 姓名
    unsigned sex:1;             // 性别，占一个二进制位
    char address[40];           // 地址
    float salary;               // 基本工资
    struct date hiredate;       // 聘任日期
};
```

采用位段可以节省存储空间，位段的引用同普通结构体成员的引用格式一样，但应注意位段的最大取值范围不要超出二进制位数确定的范围，否则超出部分会被丢弃。另外，位段无地址，不能对位段进行取地址运算。

9.1.2 结构体变量的定义

定义了结构体类型，还需要定义结构体类型的变量，然后才能通过结构体变量来访问结构体的成员。

1. 定义结构体变量

要定义一个结构体类型的变量，可以采取以下 3 种方法。

（1）先定义结构体类型，再定义结构体变量。前面已定义了一个结构体类型 struct student，可以用它来定义结构体变量。例如：

```
struct student student1, student2;
```

定义 student1 和 student2 为 struct student 结构体类型变量。

如果程序规模比较大，往往将对结构体类型的定义集中放到一个以 .h 为扩展名的头文件中，需要用到此结构体类型时，可用 #include 命令将该头文件包含到源文件中。这样做便于结构体类型的装配、修改及使用。

（2）在定义结构体类型的同时定义变量。这种定义方法的一般格式为：

```
struct 结构体类型名
{
    成员说明列表
} 变量名列表 ;
```

例如：

```
struct student
{
    int number;
    char name[10];
    char sex;
    float score;
}student3,student4;
```

它的作用与第 1 种定义方法相同，既定义了结构体类型 struct student，又定义了两个 struct student 结构体类型的变量 student3 和 student4。

（3）直接定义结构体类型变量。其一般格式如下：

```
struct
{
    成员说明列表
} 变量名列表 ;
```

即在定义结构体类型时不出现结构体类型名。这种定义方法形式虽然简单，但由于它没有名字，所以不能再以此结构体类型去定义其他结构体变量。

 2. 结构体变量的初始化

在定义结构体变量的同时可以对其进行初始化，其格式与数组变量初始化类似，用花括号将每个成员的初始值括起来，每个初始值与相应的成员对应。例如，对 struct student 结构体类型变量 stu 进行初始化，语句如下：

```
 struct student stu={2022011," 李南 ",'F',620};
```

3. 结构体类型名的简化

C 语言提供 typedef 关键字来为已有的数据类型起别名。例如，如果觉得用 INTEGER 表示整数类型更习惯，可以使用以下语句：

```
typedef int INTEGER;
```

将 int 类型名定义为 INTEGER，INTEGER 是 int 的别名，两者等价，在程序中可以用 INTEGER 作为类型名来定义变量。例如：

```
INTEGER x,y;      // 相当于 int x,y;
```

注意，typedef 只是为一种已经存在的类型定义一个新的名字而已，并没有定义一种新的数据类型。

在定义结构体变量时，结构体类型名前面要加 struct，这样显得有点烦琐，所以可以定义一个简单的类型名使结构体类型名得到简化。例如：

```
typedef struct student STUDENT;
```

为结构体类型 struct student 定义了别名 STUDENT，可以用这个新的类型名来定义结构体变量。例如：

```
STUDENT student5,student6;
```

定义了两个结构体变量 student5、student6。用这样的方法定义结构体变量时，不必再写关键字 struct，显得更为简洁、方便。这种处理方法同样可以用于后面要介绍的共用体和枚举类型。

 ### 9.1.3 结构体变量的使用

 #### 1. 结构体变量成员的引用

使用结构体变量通常都是对其成员进行操作。引用结构体变量的成员要使用结构体成员运算符"."，格式如下：

```
结构体变量名 . 成员名
```

例如，student5.number、student5.name 分别表示结构体变量 student5 中的 number 成员和 name 成员。

对结构体成员的使用方法与同类型的变量完全相同。number 成员的类型为 int，所以可以对它施行任何 int 型变量的运算，name 成员是一维字符数组，有关一维字符数组的操作都可以使用。例如：

```
student5.number=2022012;
strcpy(student5.name," 张东 ");
```

成员运算符在所有的运算符中优先级最高，所以和一般运算符混合运算时，结构体成员运算符优先执行。

若结构体成员本身又是结构体类型，则可继续使用成员运算符取结构体成员的结构体成员，逐级向下，引用最低一级的成员。程序能对最低一级的成员进行赋值或存取。例如，对 9.1.1 节定义的职工信息结构体类型 struct person，有关聘任日期的引用方法如下：

```
struct person emp;
emp.hiredate.day=23;
emp.hiredate.month=8;
emp.hiredate.year=2015;
```

在 C 语言中，允许同类型的结构体变量之间相互赋值，实际上就是结构体变量每一个成员之间的相互赋值。

【例 9-1】结构体变量的引用与整体赋值举例。程序如下：

```
#include <stdio.h>
struct A
{
    int x,y;            // 定义两个 int 类型成员
    unsigned z:1;       // 定义位段 z，占一个二进制位
};
int main()
{
```

结构体变量及其使用

```
    struct A a,b;            // 定义 struct A 结构体类型变量 a 和 b
    a.x=12;                  // 给结构体变量 a 的 x 成员赋值
    a.y=a.x+20;              // 给结构体变量 a 的 y 成员赋值
    a.z=1;                   // 给结构体变量 a 的 z 成员赋值，其值只能取 1 或 0
    b=a;                     // 将结构体变量 a 赋给 b
    printf("%d,%d,%d\n",b.x,b.y,b.z);// 输出结构体变量 b 的 3 个成员
    return 0;
}
```

程序运行结果如下：

12,32,1

2. 结构体变量的输入输出

C 语言不允许把一个结构体变量作为一个整体进行输入输出，而应按成员进行输入输出。

【例 9-2】从键盘输入结构体变量的内容并输出。程序如下：

```
#include <stdio.h>
struct student
{
    int number;
    char name[10],sex;
    float score;
};
int main()
{
    struct student stu;
    scanf("%d%s %c%f", &stu.number, stu.name, &stu.sex, &stu.score); //%c 前面有一个空格
    printf("%d,%s,%c,%f\n", stu.number, stu.name, stu.sex, stu.score);
    return 0;
}
```

程序运行结果如下：

202210110 王西 M 560 ✓
202210110, 王西 ,M,560.000000

由于成员 name 是一维字符数组，按 %s 字符串格式输入，故不要写成 &stud.name。scanf 函数的格式控制字符串中 %c 前面有一个空格，以便跳过空格分隔符。

【例 9-3】位段和嵌套结构体变量的初始化与输出。程序如下：

```
#include <stdio.h>
struct date
{
    int year,month,day;
};
struct person1
{
    char name[10];             // 姓名
    unsigned sex:1;            // 性别，占一个二进制位
    char address[40];          // 地址
    float salary;              // 基本工资
    struct date hiredate;      // 聘任日期
};
int main()
```

```
    {
        struct person1 emp1={" 张甲 ",0," 麓山南路 256 号 ",4500,{2022,10,15}};
        printf("%s,%s,%d\n",emp1.name,emp1.sex?" 男 ":" 女 ",emp1.hiredate.year);
        return 0;
    }
```

程序中 hiredate 成员的初值是 {2022,10,15}，其中的花括号也可以省略。输出时根据位段 sex 是 1 还是 0 决定输出"男"或"女"，这样使输出结果更直观。程序运行结果如下：

张甲 , 女 ,2022

 3. 结构体变量的内存分配

C 语言规定，结构体变量的存储方式按其类型定义中成员的先后顺序排列，但系统为结构体变量分配的内存大小通常不是各个成员所占内存空间之和，而与所定义的结构体类型及计算机系统本身有关。一般可以使用 sizeof 运算符求结构体所占的字节数。

对大多数计算机系统而言，为了提高内存的访问效率，对结构体变量的内存分配引入了内存对齐的处理机制，就是规定各成员存放的起始地址相对于结构体起始地址的偏移量必须为该成员类型所占字节数的倍数，同时结构体变量所占内存空间的大小是最大空间成员所占字节数的倍数，在较小字节数的成员后加入补位，从而导致结构体实际所占内存字节数会比想象的多出一些。例如：

```
struct student
{
    int number;
    char name[10];
    char sex;
    float score;
}s;
```

计算结构体变量 s 每个成员所占内存字节数之和为 4+10+1+4=19，但实际上 sizeof(s) 的值为 20，即 s 占用 20 个字节内存空间，这是因为编译系统做了对齐处理。在给 s 分配内存空间时，number 占用 4 字节，name 占用了 10 字节，sex 占用 1 字节，score 占用 4 字节，其偏移量为 15，不是 4 的倍数，所以在 sex 后面补充 1 个空字节，s 占用的内存空间为 4+10+1+1+4=20 字节。

又如：

```
struct student
{
    int number;
    char name[10];
    double score;
    char sex;
}t;
```

计算结构体变量 t 每个成员所占内存字节数之和为 4+10+8+1=23，但实际上 sizeof(t) 的值为 32，即 t 占用 32 个字节内存空间。给 t 分配内存空间时，number 占用 4 字节，name 占用 10 字节，score 占用 8 字节，其偏移量为 14，不是 8 的倍数，所以要在 name 后面补充 2 个空字节，sex 占用 1 字节，这时给 t 分配的内存空间总共为 4+10+2+8+1=25 字节，不是最大空间成员所占字节数 8 的倍数，所以需要补充 7 字节，t 总共占用 32 字节。

9.2 结构体数组

一个结构体变量可以存放一组数据，如一个学生的学号、姓名、性别、入学成绩等，而结构体数组可以存放多组数据，如 10 个学生的数据需要参加运算和处理，显然应使用数组，这就是结构体数组。结构体数组与以前介绍过的普通数组的不同之处在于每个数组元素都是一个结构体类型的数据，每个元素都包括结构体的各个成员。

9.2.1 结构体数组的定义与引用

1. 结构体数组的定义

结构体数组的定义方法与普通数组类似，只是类型名是结构体类型名。例如：

```
struct student students[30];
```

定义了一个一维数组 students，它有 30 个元素，每个元素都是 struct student 结构体类型。students 是结构体数组，可以用于存储 30 个学生的信息。

如同普通数组一样，结构体数组各元素在内存中也按顺序存放，也可初始化。初始化时，要将每个元素的数据分别用花括号括起来。例如：

```
struct student students[30]={{3021101," 张甲 ",'M',620},
                             {3021102," 刘乙 ",'M',630},
                             {3021103," 钱丙 ",'M',598},
                             {3021104," 王丁 ",'F',610}};
```

在编译时将第 1 个花括号内的数据送给 students[0]，第 2 个花括号内的数据送给 students[1]，以次类推。若初始化表中列出了数组的所有元素，则数组元素个数可以省略。这和前面普通数组初始化相似。此时系统会根据初始化时提供的数据组的个数自动确定数组的大小。若提供的初始化数据组的个数少于数组元素的个数，则方括号内的数组元素个数不能省略。对于其他未赋初值的元素，系统将对数值型成员赋以 0，对字符型成员赋以 "\0"。

2. 结构体数组元素的引用

一个结构体数组的元素相当于一个结构体变量，访问结构体数组元素成员也使用结构体成员运算符 "."，一般格式如下：

```
结构体数组名 [ 下标 ].结构体成员名
```

例如：

```
students[4].number=3021105;
scanf("%s",students[4].name);
```

分别给数组元素 students[4] 的 number 成员赋值和给 name 成员输入值。

对结构体数组元素的访问通常是利用元素的下标，实际上，也可以通过数组元素的地址表达式来引用数组元素。例如，students[i] 与 *(students+i) 等价，students[i].number 与 (*(students+i)).number 等价。

由于结构体数组的所有元素都属于相同的结构体类型，所以可以将一个结构体数组元素赋给同一结构体数组中的另一个元素，或者赋给同一类型的变量。看以下一个例子。

【例 9-4】将结构体数组前两个元素互换，然后输出这两个元素。程序如下：

```
#include <stdio.h>
struct student
{
    int number;
    char name[10],sex;
    float score;
};
int main()
{
    struct student stu1,stu[30]={{3021101," 张甲 ",'M',620},{3021102," 刘乙 ",'M',630}};
    stu1=*stu;             // 与 stu1=stu[0]; 等价
    *stu=*(stu+1);         // 与 stu[0]=stu[1]; 等价
    *(stu+1)=stu1;         // 与 stu[1]=stu1; 等价
    printf("%d,%s,%c,%f\n",stu[0].number,stu[0].name,stu[0].sex,stu[0].score);
    printf("%d,%s,%c,%f\n",stu[1].number,stu[1].name,stu[1].sex,stu[1].score);
    return 0;
}
```

程序运行结果如下：

```
3021102, 刘乙 ,M,630.000000
3021101, 张甲 ,M,620.000000
```

 ## 9.2.2　结构体数组的应用

【例 9-5】有 N 个学生的信息（包括学号、姓名、成绩），要求按照成绩从高到低顺序输出全部学生信息。

分析：用结构体数组存放 N 个学生的信息，采用选择排序法（当然也可以用别的排序方法）按照成绩从高到低顺序排序，然后输出全部学生信息。程序如下：

```
#include <stdio.h>
typedef struct stu_info
{
    int num;
    char name[20];
    float grade;
}Student;                 // 定义结构体类型符 Student
#define N 5
int main()
{
    Student stu[N+1],temp;
    int i,j,k;
    for(i=1; i<=N; i++)
        scanf("%d%s%f", &stu[i].num, stu[i].name, &stu[i].grade);
    for (i=1; i<=N; i++)
    {
        k=i;
        for(j=i+1; j<=N; j++)
            if (stu[j].grade > stu[k].grade) k=j;    // 找成绩最高的元素
        temp=stu[i];                                 // 将剩下学生信息中成绩最高的学生信息换到最前面
```

```
        stu[i]=stu[k];
        stu[k]=temp;
    }
    printf("\n 排序后：\n");
    for (i=1; i <= N; i++)
        printf("%d\t%s\t%.2f\n", stu[i].num, stu[i].name, stu[i].grade);
    return 0;
}
```

程序运行结果如下：

```
102301 Wang 98 ✓
102302 Li 78 ✓
102303 Liu 87 ✓
102304 Zhan 90 ✓
102305 Long 100 ✓

排序后：
102305    Long    100.00
102301    Wang    98.00
102304    Zhan    90.00
102303    Liu     87.00
102302    Li      78.00
```

9.3 结构体指针

一个结构体变量的指针就是该变量所占据的内存段的起始地址。可以定义一个指针变量，用来指向一个结构体变量，此时该指针变量的值是结构体变量的起始地址。指针变量也可以用来指向结构体数组中的元素。

 ## 9.3.1 指向结构体变量的指针

 ### 1. 定义指向结构体变量的指针

定义指向结构体变量的指针变量的一般格式如下：

结构体类型名 * 指针变量名；

例如：

struct student *ps;

定义了指针变量 ps，这是指向 struct student 结构体类型的指针变量，可以用来存放 struct student 结构体类型变量的地址。例如：

struct student stu1,*ps=&stu1;

定义了指针变量 ps，同时使 ps 指向结构体变量 stu1。

也可以先定义结构体指针变量，然后通过赋值的方法确定指针变量的指向关系。例如：

struct student stu1,*ps;
ps=&stu1   // 使指针 ps 指向结构体变量 stu1

 ### 2. 通过指向结构体变量的指针引用结构体成员

若一个指向结构体变量的指针变量指向一个结构体变量，则可以通过该指针变量来引用结

构体变量的成员,其方法是使用指向运算符"->",一般格式如下:

指针变量 -> 结构体成员名

例如,若 ps 指向 stu1,则通过 ps 引用 stu1 的 number 成员写成 ps->number。实际上,使用结构体变量的地址结合指向运算符也可以访问其成员,例如 &stu1->number。

"* 指针变量"表示指针变量所指对象,所以通过指向结构体变量的指针变量引用结构体变量成员也可写成以下形式:

(* 指针变量). 结构体成员名

这里圆括号是必须的,因为运算符"*"的优先级低于运算符".",采用这种表示方法,通过 ps 引用 stu1 的 number 成员也可写成 (*ps).number。

3. 用指向结构体变量的指针指向结构体数组元素

一个指向结构体变量的指针变量可以指向一个结构体数组元素,也就是将该结构体数组元素的地址赋给此指针变量。例如:

struct student stu[10],*ps=stu;

其中,stu 是结构体数组名,代表 &stu[0],此时使 ps 指向 stu 数组的第 1 个元素。若执行"ps++;",则指针变量 ps 指向 stu[1]。此时访问 stu[i] 的成员有多种方式,以 number 成员为例总结如下:

stu[i].number、(*(stu+i)).number、(stu+i)->number
ps[i].number、(*(ps+i)).number、(ps+i)->number

【例 9-6】输入 5 个学生的信息并输出,要求用指针或地址表达式来引用结构体数组元素。程序如下:

```c
#include <stdio.h>
struct stud_type
{
    int num;
    char name[20];
    float grade;
};
int main()
{
    struct stud_type student[5], *p=student;        //p 首先指向 student[0]
    int i;
    for(i=0; i<5; i++)
    {
        printf("Enter student[%d]:", i);
        scanf("%d%s%f", &(p+i)->num, (p+i)->name, &(p+i)->grade);
    }
    for(i=0; i<5; i++)
        printf("%d%20s%8.2f\n",(student+i)->num,(student+i)->name,(student+i)->grade);
    return 0;
}
```

程序运行结果如下:

```
Enter student[0]:21001 Jasmine 90 ✓
Enter student[1]:21002 Kevin 100 ✓
Enter student[2]:21003 John 84 ✓
Enter student[3]:21004 Lily 78 ✓
Enter student[4]:21005 Brenden 98 ✓
```

```

| 21001 | Jasmine | 90.00 |
| 21002 | Kevin | 100.00 |
| 21003 | John | 84.00 |
| 21004 | Lily | 78.00 |
| 21005 | Brenden | 98.00 |

 ### 9.3.2 用结构体作函数参数

在定义函数时，函数的形参可以是结构体。在函数间传递结构体有两种形式，一是将结构体变量作为形参，通过函数间形参和实参结合的方式将整个结构体传递给函数，二是将指向结构体的指针作为形参，在调用时用结构体变量的地址作为实参。

#### 1. 用结构体变量作为函数参数

用结构体变量作为函数参数，即直接将实参结构体变量的各个成员的值全部传递给形参的结构体变量。当然，实参和形参的结构体变量类型应当一致。

【例 9-7】将例 9-6 中的输出功能用函数实现。

```c
#include <stdio.h>
struct stud_type
{
  int num;
  char name[20];
  float grade;
};
int main()
{
  void disp(struct stud_type);              // 函数声明
  struct stud_type student[5], *p=student;
  int i;
  for(i=0; i<5; i++)
  {
    printf("Enter student[%d]:", i);
    scanf("%d%s%f", &(p+i)->num, (p+i)->name, &(p+i)->grade);
  }
  for(i=0; i<5; i++)
    disp(student[i]);                       // 调用 disp 函数实现输出，用结构体数组元素作实参
  return 0;
}
void disp(struct stud_type student)         // 定义 disp 函数，用结构体变量作形参
{
  printf("%d%20s%8.2f\n", student.num, student.name, student.grade);
}
```

main 函数 5 次调用 disp 函数。注意 disp 函数的形参是 struct stud_type 类型，实参 student[i] 也是 struct stud_type 类型。实参 student[i] 中各成员的值都完整地传递给形参 student，在函数 disp 中可以使用这些值。每调用一次 disp 函数就输出一个 student 数组元素的值。

把一个完整的结构体变量作为参数传递，要将全部成员值一个一个传递，既费时间又费空间。若结构体类型中的成员很多，则程序运行效率会大大降低。在这种情况下，用结构体指针作为函数参数比较好，能提高运行效率。
```

2. 指向结构体变量的指针作为函数参数

将指向结构体变量的指针变量作为函数形参，对应的实参要求是结构体变量的地址，函数调用时将结构体实参变量的地址传递给结构体指针形参，再通过形参指针变量引用结构体实参变量中成员的值。

【例 9-8】修改例 9-7 中的 disp 函数，用结构体指针形参实现。程序如下：

```
#include <stdio.h>
struct stud_type
{
  int num;
  char name[20];
  float grade;
};
int main()
{
  void disp(struct stud_type *);   // 函数声明
  struct stud_type student[5], *p=student;
  int i;
  for(i=0; i<5; i++)
  {
    printf("Enter student[%d]:", i);
    scanf("%d%s%f", &(p+i)->num, (p+i)->name, &(p+i)->grade);
  }
  for(i=0; i<5; i++)
    disp(student+i);   // 调用 disp 函数实现输出，用结构体数组元素的地址作实参
  return 0;
}
void disp(struct stud_type *p) // 定义 disp 函数，用结构体指针作形参
{
  printf("%d%20s%8.2f\n", p->num, p->name, p->grade);
}
```

disp 函数中的形参 p 被定义为指向 struct stud_type 结构体类型的指针变量。在 main 函数中调用 disp 函数时，用 student+i 作为实参，student+i 是结构体数组元素 student[i] 的地址。在调用函数时将该地址传递给形参 p，这样 p 就指向 student[i]。在 disp 函数中输出 p 所指向的结构体数组元素的各个成员值，也就是 student[i] 的成员值。

【例 9-9】有 N 个学生的信息（包括学号、姓名、成绩），要求按照姓名递增顺序输出全部学生信息。

分析：采用冒泡排序算法，而且利用函数实现，同时定义将结构体变量互换的函数和输出学生信息的函数。程序如下：

```
#include <stdio.h>
#include <string.h>
#define N 5                    //5 个学生的信息
struct Student
{
  int num;
  char name[20];
  float grade;
```

```
    };
    void swap(struct Student *, struct Student *);        // 将两个结构体变量互换
    void csort(struct Student *, int);                    // 按姓名递增冒泡排序
    void display(struct Student [], int);                 // 输出学生信息
    int main()
    {
        struct Student stud[N]={{2301," 刘东 ",90},{2302," 李西 ",85},{2303," 徐南 ",70},
                    {2304," 李北 ",95},{2305," 陈中 ",96}};
        printf(" 排序前 :\n");
        display(stud, N);
        csort(stud, N);
        printf(" 排序后 :\n");
        display(stud, N);
        return 0;
    }
    void swap(struct Student *pa, struct Student *pb)      // 将结构体变量互换
    {
        struct Student temp;
        temp=*pa;
        *pa=*pb;
        *pb=temp;
    }
    void csort(struct Student *p, int n)                  // 按姓名递增冒泡排序
    {
        int i,j;
        for(i=0; i<n-1; i++)
            for(j=0; j<n-i-1; j++)
                if (strcmp((p+j)->name, (p+j+1)->name) > 0)
                    swap(p+j, p+j+1);  // 相邻元素互换
    }
    void display(struct Student stud[], int n)            // 输出学生信息
    {
        int i;
        for(i=0; i<n; i++)
            printf("%d\t%s\t%.1f\n", stud[i].num, stud[i].name, stud[i].grade);
    }
```

程序运行结果如下 :

排序前：

2301	刘东	90.0
2302	李西	85.0
2303	徐南	70.0
2304	李北	95.0
2305	陈中	96.0

排序后：

2305	陈中	96.0
2304	李北	95.0
2302	李西	85.0
2301	刘东	90.0
2303	徐南	70.0

9.4　链　　表

对于批量数据的存储通常可以采用顺序存储方式，即把数据按照其逻辑顺序依次存储到一组连续的内存单元中。顺序存储的数据序列也被称为顺序表，在 C 语言中用数组来实现。在顺序表中，逻辑上相邻的元素在物理存储位置上也同样相邻，因此可按照数据元素的位置序号进行随机存取，但在做插入或删除操作时需要移动大量的数据元素，时间开销大。对于批量数据的存储还可以采用链式存储，即用一组任意的存储单元存储数据，数据之间的逻辑关系采用指针表示，这种方法存储的数据序列被称为链表。与顺序表相比，链表实现了存储空间的动态管理，程序运行时才调用内存分配函数为链表的结点分配存储信息所需的内存空间。链表在执行插入或删除操作时，不必移动其余数据元素，只需要修改指针即可。

 ### 9.4.1　链表的概念

链表是用若干个地址分散的存储单元存储数据元素，逻辑上相邻的数据元素在物理位置上不一定相邻。因此，链表的每一个结点（数据元素）不仅包含这个数据元素本身的信息，即数据成员，而且还包含了数据元素之间逻辑关系的信息，即逻辑上相邻结点的地址，也就是指针成员。单向链表的结点只包含一个这样的指针成员。

下面是一个单向链表结点的类型说明。

```
struct node
{
    int data;
    struct node *next;
};
```

其中，data 成员用于存储一个整数，next 成员是指针类型的，它指向 struct node 结构体类型数据（这就是 next 所在的结构体类型），这种在结构体类型的定义中引用类型名定义自己的成员的方法只允许定义指针时使用。用这种方法可以创建链表，链表的每一个结点都是 struct node 结构体类型，它的 next 成员存储下一结点的地址。

图 9-1 所示是一个单向链表。链表有一个头指针变量，图中以 head 表示，head 指向第 1 个结点，第 1 个结点又指向第 2 个结点，一直到最后一个结点，该结点不再指向其他结点，称它为表尾，它的地址部分放一个 NULL（表示"空地址"），链表到此结束。

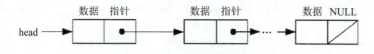

图 9-1　单向链表

由图 9-1 可见，一个结点的后继结点由结点所包含的指针成员所指，链表中各结点在内存中的存放位置是任意的。如果寻找链表中的某一个结点，必须从链表头指针所指的第 1 个结点开始，顺序查找。图 9-1 所示的链表是单向的，即每个结点只知道它的后继结点位置，而不知道它的前驱结点位置。在某些应用中,要求链表的每个结点都能方便地知道它的前驱结点和后继结点,这种链表的表示应设有两个指针成员,分别指向它的前驱结点和后继结点,这种链表被称为双向链表。本节重点介绍单向链表的操作。

9.4.2　链表的基本操作

链表的基本操作包括创建、输出、插入、删除等。链表结点的存储空间是程序根据需要向系统动态申请的,这时要用到 8.7 节中介绍的动态内存管理函数。

1. 链表的创建操作

所谓创建链表是指一个一个地输入各结点数据,并建立起各结点前后相链的关系。创建单向链表有两种方法：插表头（先进后出）方法和链表尾（先进先出）方法。

插表头方法是将新产生的结点作为新的表头插入链表,其过程如图 9-2 所示。从图 9-2 可知,用插表头的方法,链表只需要用 head 指针指示,产生的新结点的地址存入指针变量 p,使用赋值语句：

```
p->next=head;
```

将 head 指示的链表接在新结点之后。用赋值语句：

```
head=p;
```

使头指针指向新结点。

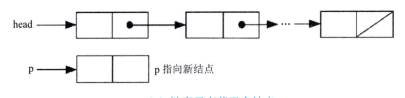

（a）链表已有若干个结点

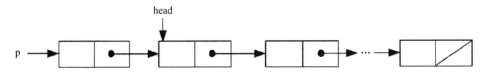

（b）新结点作为表头（p->next=head）

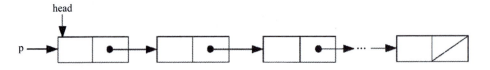

（c）头指针 head 指向新结点 (head=p)

图 9-2　用插表头方法创建链表

插表头算法如下。

（1）使表头指向为空：head=NULL,表示链表为空。

（2）产生新结点,地址赋给指针变量 p。

（3）插表头：p->next=head,head=p。

（4）循环执行（2），继续创建新结点。

链表尾方法是将新产生的结点链接到链表的表尾，其过程如图 9-3 所示。

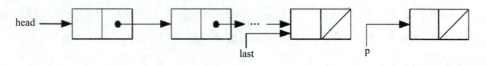

（a）链表已有若干个结点

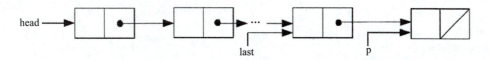

（b）将新结点链接到表尾（last->next=p）

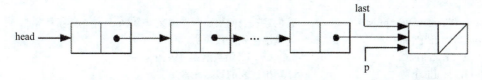

（c）使表尾指针指向新结点（last=p）

图 9-3　用链表尾方法创建链表

根据图 9-3，p 指向新结点，last 指向尾结点，链表尾算法如下。

（1）使表头指向为空：head=NULL。

（2）产生新结点，地址赋给指针变量 p，将新结点作为表尾：p->next=NULL。

（3）若 head 为 NULL，则将新结点作为表头：head=p，这时链表只有一个结点；否则将新结点链接到表尾：last->next=p。

（4）使尾指针指向新结点：last=p。

（5）循环执行（2），继续创建新结点。

2. 链表的输出操作

要依次输出链表中各结点的数据，首先要知道链表头结点的地址，也就是要知道 head 的值，然后设一个指针变量 p，先指向第 1 个结点，输出 p 所指的结点，然后使 p 指向后一个结点，即执行 p=p->next 后再输出，直到链表的尾结点。图 9-4 显示了指针 p 的移动过程。

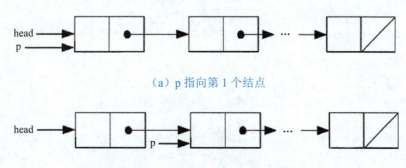

（a）p 指向第 1 个结点

（b）指针移动使 p 指向后一个结点（p=p->next）

图 9-4　链表输出时指针 p 的移动过程

【例 9-10】创建学生成绩单向链表，然后输出全部学生的成绩，要求分别用函数实现，然后在主函数中调用它们。

分析：定义创建链表的函数，函数从键盘输入学生的成绩，当成绩为负数时创建链表的过程结束。采用链表尾方法创建链表，函数返回链表的头指针；同时定义输出链表的函数，从头结点开始依次输出各结点数据元素；最后在主函数中调用定义的函数。程序如下：

```c
#include <stdio.h>
#include <stdlib.h>
struct Student_Score
{
  int score;
  struct Student_Score *next;
};
typedef struct Student_Score Node;          // 定义结构体类型名 Node
int main()
{
  Node *CreateList(),*pList;                 // 创建链表函数声明并定义一个 Node 结构体指针
  void PrintList(Node *);                    // 输出链表函数声明
  pList=CreateList();                        //CreateList 函数返回链表的头指针
  PrintList(pList);                          // 输出链表的数据元素
  return 0;
}
Node *CreateList()                           // 创建链表的函数，函数返回指向链表头的指针
{
  Node *head=NULL,*last,*p;                  // 表头、表尾、新结点指针
  int score1;
  scanf("%d",&score1);                       // 输入第 1 个学生的成绩
  while(score1>=0)                           // 成绩为负时结束循环
  {
    p=(Node *)malloc(sizeof(Node));          // 创建新结点
    p->score=score1;                         // 新结点数据成员存放成绩
    p->next=NULL;                            // 置新结点为尾结点
    if (head==NULL)
       head=p;                               // 若是第 1 个结点，则作表头
    else
       last->next=p;                         // 若不是第 1 个结点，则作表尾
    last=p;                                  // 表尾指针指向新结点
    scanf("%d",&score1);                     // 继续输入成绩
  }
  return head;                               // 返回链表的头指针
}
void PrintList(Node *head)                   // 输出链表的函数，形参为已有的链表的头指针
{
  int n=1;                                   // 统计结点个数
  Node *p=head;                              //p 首先指向第 1 个结点
  while(p!=NULL)                             // 当链表指针不为空时继续输出
  {
    printf("%d: %d\n",n++,p->score);         // 输出结点数和成绩，并使结点数增 1
    p=p->next;                               // 使 p 指向下一个结点
  }
}
```

程序运行结果如下：

```
78 ✓
98 ✓
89 ✓
-1 ✓
1：78
2：98
3：89
```

3. 链表的插入操作

链表的插入操作是要将一个结点插入一个已有链表中的某个位置。该操作可以分两步完成，先找到插入点，再插入结点。

在链表的插入操作中，有必要引入 3 个结构体指针 p、p1 和 p2，p 指向待插入的结点，p1 和 p2 指示插入点，它们分别指向第 i 个和第 i+1 个结点，即总满足 p2=p1->next。

寻找插入点的过程是一个循环过程，从 head 指向的头结点开始，逐个结点进行查找。基本的算法如下。

（1）开始时让 p2 指向头结点：p2=head。

（2）移动指针：p1=p2，p2=p2->next，直到找到插入点。

插入结点需要做以下两步操作：

（1）将待插入结点与第 i+1 个结点相链接：p->next=p2。

（2）将第 i 个结点与第 i+1 个结点断开，并使其与待插入结点相链接：p1->next=p。

插入结点的操作过程如图 9-5 所示。

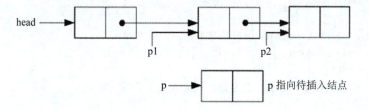

（a）在 p1 指向的结点后面插入新结点

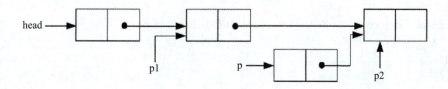

（b）将待插入结点与第 i+1 个结点相链接（p->next=p2）

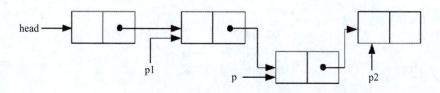

（c）将第 i 个结点与待插入结点相链接（p1->next=p）

图 9-5　插入结点的操作过程

【例 9-11】输入 N 个学生的成绩，按从小到大顺序插入链表，然后输出全部学生的成绩。

分析：定义 InsertList 函数在链表中插入结点，函数的参数是两个结构体类型指针变量 head 和 stud，head 指向链表头结点，stud 指向待插入的结点，函数返回值是链表起始地址。

在寻找插入点时，从链表的头结点开始，把待插入结点 stud 的 score 成员与链表中结点的 score 成员逐一进行比较，直到出现待插入结点的 score 成员比第 i 个结点的 score 成员大，但比第 i+1 个结点的 score 成员小时，结点 stud 就应该插在第 i 个结点与第 i+1 个结点之间。在插入结点时，具体需要考虑 2 种情况：原链表为空表、原链表非空。非空时又有 3 种情况：作为表头插入、在链表中间插入、作为表尾插入。

在主函数中创建 10 个结点并按照成绩从小到大顺序依次插入链表，最后输出链表的全部元素。程序如下：

```c
#include <stdio.h>
#include <stdlib.h>
struct Student_Score
{
    int score;
    struct Student_Score *next;
};
typedef struct Student_Score Node;        // 定义结构体类型名 Node
int main()
{
    Node *InsertList(Node *, Node *);       // 函数声明
    Node *pHead=NULL, *pList;               // 定义 Node 结构体指针
    const int N=10;
    int i;
    for(i=0; i<N; i++)
    {
        pList=(Node *)malloc(sizeof(Node)); // 创建新结点，用于插入
        scanf("%d", &pList->score);
        pList->next=NULL;
        pHead=InsertList(pHead, pList);      // 调用 InsertList 函数插入新结点
    }
    while(pHead != NULL)                     // 输出链表元素
    {
        printf("%6d", pHead->score);
        pHead=pHead->next;                   // 使 pHead 指向下一个结点
    }
    printf("\n");
    return 0;
}
Node *InsertList(Node *head, Node *stud)     // 在链表中插入结点的函数
{
    Node *p, *p1, *p2;
    p2=head;                                 //p2 指向第 1 个结点
    p=stud;                                  //p 指向要插入的结点
    if (head == NULL)                        // 原来的链表是空表
    {
        head=p;                              // 待插入结点作为头结点
        p->next=NULL;
```

```
    }
    else                            // 原链表不为空时
    {
      while((p->score > p2->score) && (p2->next != NULL))  // 找插入点
      {
        p1=p2;                      //p1、p2 均后移一个结点
        p2=p2->next;
      }
      if (p->score <= p2->score)
      {
        if (head == p2)             // 新结点作为表头插入
          head=p;
        else                        // 在链表中间插入新结点
          p1->next=p;
        p->next=p2;
      }
      else                          // 新结点作为表尾插入
      {
        p2->next=p;
        p->next=NULL;
      }
    }
    return head;
}
```

程序运行结果如下：

56 67 89 78 65 90 98 56 67 79 ↙									
56	56	65	67	67	78	79	89	90	98

📑 4. 链表的删除操作

从一个链表中删去一个结点，只要改变链接关系，即修改结点指针成员的值即可。用指针 p2 指向待删除结点，p1 指向待删除结点的前一个结点，删除结点过程如图 9-6 所示。

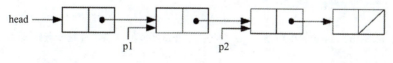

（a）p2 指向待删除结点

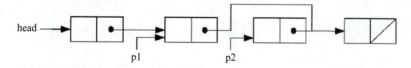

（b）将 p2 指向的结点从链表中分离（p1->next=p2->next）

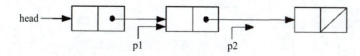

（c）释放被删除结点

图 9-6（一） 删除结点操作

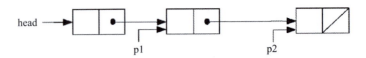

（d）p2 指向 p1 的后一个结点（p2=p1->next）

图 9-6（二）　删除结点操作

删除结点算法如下。

（1）p2=head，从第 1 个结点开始检查。

（2）当 p2 指向的结点不是满足删除条件的结点且没有到表尾时，移动一个结点：p1=p2，p2=p2->next，继续查找。

（3）若找到了删除结点（p2!=NULL），则要分以下两种情形：

若 p2==head（删除的是头结点），则删除头结点（head=head->next）；否则删除 p2 指向的结点（p1->next=p2->next）。

（4）释放被删除结点的内存空间：free(p2)。

（5）让 p2 指向 p1 的后一个结点：p2=p1->next。

【例 9-12】删除例 9-11 学生成绩链表中的第 n 号结点，然后输出全部学生的成绩。

分析：在例 9-11 程序基础上创建 DelList 函数，用于删除第 n 号结点。DelList 函数返回链表的头指针，其形参为链表头指针 head 和要删除的结点编号 n。

函数定义如下：

```c
Node *DelList(Node *head, int n)      // 函数删除第 n 号结点
{
    int num=1;                        // 统计结点数
    Node *p1,*p2;
    if (head==NULL)                   // 链表为空
    {
        printf("\nList NULL!\n");
        return;
    }
    p2=head;                          // 从头结点开始查找
    while(num!=n && p2->next!=NULL)   //p2 指向的不是所要找的结点，并且没有到表尾
    {
        p1=p2;                        // 后移一个结点
        p2=p2->next;
        num++;                        // 结点数加 1
    }
    if (num==n)                       // 找到了需删除的结点
    {
        if (p2==head)                 // 若 p2 指向的是头结点，第 2 个结点成为新的头结点
            head=head->next;
        else                          // 否则将下一个结点的地址赋给前一结点
            p1->next=p2->next;
        printf("delete No:%d\n",num);
        free(p2);
    }
    else
        printf("No: %d not been found!\n",num); // 找不到删除结点
```

```
        return head;
    }
```

删除结点的 DelList 函数定义好以后，可以先创建链表，再调用该函数删除其中一个结点后输出。其完整的程序请读者结合例 9-11 和例 9-12 的程序自行完成。

9.5 共 用 体

共用体使几种不同类型的数据存放在同一内存区域中。例如，把一个整型值和字符值放在同一个存储区域，既能以整数存取，又能以字符存取。共用体不同于结构体，某一时刻，存于共用体中的只有一种数据值。而结构体是所有成员都存储着的。共用体是多种数据值覆盖存储，几种不同类型的数据值从同一地址开始存储，但任意时刻只存储其中一种数据，而不是同时存放多种数据。分配给共用体的存储区域大小至少要有存储其中最大空间数据所需的存储空间。

 ## 9.5.1 共用体类型及变量定义

 ### 1. 共用体类型的定义

共用体类型的定义形式与结构体类型的定义形式相同，只是关键字不同，共用体的关键字为 union。一般定义格式如下：

```
union 共用体类型名
{
    成员说明列表
};
```

其中成员说明的一般格式如下：

```
类型符 成员名
```

例如：

```
union data
{
    int i;
    char ch;
    float f;
};
```

定义了 union data 共用体类型，它包含 i、ch 和 f 三个成员。

2. 共用体变量的定义

同定义结构体变量一样，定义共用体变量也有 3 种方式。

（1）先定义共用体类型，再定义共用体类型变量。例如：

```
union data a,b,c;
```

利用前面定义的 union data 共用体类型定义相应的变量 a、b、c。

（2）在定义共用体类型的同时定义共用体类型变量。例如：

```
union data
{
    int i;
```

```
    char ch;
    float f;
}a,b,*pu;
```

定义了 union data 共用体类型变量 a、b，以及指向 union data 共用体的指针变量 pu。

（3）定义共用体类型时，省略共用体类型名，同时定义共用体类型变量。例如：

```
union
{
    int i;
    char ch;
    float f;
}a,b,c[10];
```

定义了 union data 共用体类型变量 a、b，以及 union data 共用体数组 c。

3. 共用体变量的内存分配

从共用体类型及变量的定义形式看，共用体似乎与结构体没有什么不同。其实它们本质上是不同的。结构体变量的每个成员分别占用自己的内存单元，而共用体的所有成员使用同一地址的内存。以前面定义的共用体变量 a 为例，a 所占的内存单元的字节数不是 3 个成员的字节数的合计，而是等于 3 个成员中最长字节的成员所占内存空间的字节数。也就是说，a 的 3 个成员共享 4 个字节的内存空间，如图 9-7 所示。显然，共用体变量与其各成员的地址相同。

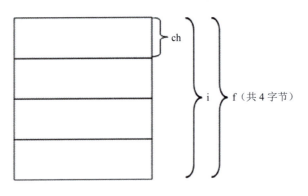

图 9-7　共用体成员所占内存空间

变量 a 中不能同时存在 3 个成员，只是可以根据需要用 a 存放一个整型数，或者存放一个字符数据，或者存放一个浮点数。

例如：

```
a.ch='a';
a.i=100;
a.f=3.14;
```

变量 ch 占用了 a 的 1 个字节，变量 i 占用了 a 的 4 个字节，变量 f 占用了 a 的 4 个字节。3 条赋值语句按顺序执行，只有最后一个语句 "a.f=3.14;" 的结果保留下来，前面的字符 "a" 被 100 覆盖了，整型数 100 被 3.14 覆盖了。

要注意的是，共用体变量所占内存空间的大小也存在对齐处理问题。例如：

```
union
{
    int i;
    char ch[5];
```

```
    float f;
}x;
```

共用体变量 x 所占内存字节数不是 ch 占用的 5 字节,而是要将 ch 所占内存补位到 4 的倍数,占 8 字节。

4. 共用体变量的初始化

定义共用体变量时可以对共用体变量进行初始化,初始值必须用花括号括起来,但在花括号中只能给出第 1 个成员的初值。例如:

```
union data a={'a'};          // 初始化正确
union data a={10,'a',3.14};  //3 个成员占用同一段内存,不能初始化 3 个成员
```

9.5.2 共用体变量的使用

1. 共用体变量成员的引用

在定义共用体变量之后,就可以引用该共用体变量的某个成员,引用方式与引用结构体变量中的成员相似。例如,引用上面所定义的共用体变量 a 的成员:a.i、a.ch、a.f。

也可以通过指针变量引用共用体变量中的成员,例如:

```
union data x,*pt=&x;
pt->i=278;
```

pt 是指向 union data 类型变量的指针变量,先使它指向共用体变量 x,此时 pt->i 相当于 x.i,这和结构体变量中的用法相似。

2. 共用体变量赋值与输入输出

就像同类型的结构体变量之间可以相互赋值一样,具有相同共用体类型的变量之间也可以相互赋值。若 a、b 均已定义为 union data 共用体类型,则执行 "b=a;" 后,b 的内容与 a 完全相同。

和结构体变量的输入输出一样,不能直接用共用体变量名进行输入输出,而应按成员进行输入输出。

3. 共用体变量成员的相互影响

由于共用体变量所有成员共享同一内存空间,所以对共用体变量的某个成员赋值时,也改变了其他成员的值。下面看一个例子。

【例 9-13】写出下列程序的执行结果。

```
#include <stdio.h>
union exx
{
    int a, b;
    struct
    {
        int c, d;
    }lpp;
}e={ 10 };
int main()
{
    e.b=e.a+20;
```

```
    e.lpp.c=e.a+e.b;
    e.lpp.d=e.a*e.b;
    printf("%d,%d\n", e.lpp.c, e.lpp.d);
    return 0;
}
```

程序定义了 union exx 共用体类型，同时定义相应共用体变量 e，编译系统给 e 分配 8 字节内存空间，提供的初始值为 10。e.a、e.b、e.lpp.c 占前 4 字节，其值为 10，e.lpp.d 占后面的 4 字节，其值为 0；"e.b=e.a+20;"语句执行后，e.a、e.b、e.lpp.c 均为 30，e.lpp.d 为 0；"e.lpp.c=e.a+e.b;"语句执行后，e.a、e.b、e.lpp.c 均为 60，e.lpp.d 为 0；"e.lpp.d=e.a*e.b;"语句执行后，e.a、e.b、e.lpp.c 均为 60，e.lpp.d 为 3600。程序运行结果如下：

```
60,3600
```

从前面的介绍可知，共用体虽然可以有多个成员，但在某一时刻，只使用其中的一个成员。共用体一般不单独使用，通常作为结构体的成员，这样结构体可根据不同情况放不同类型的数据。看下面的例子。

【例 9-14】把学生和教师的数据放在一起处理，包括的数据项有编号、姓名和身份，但还有不同的数据项：学生需要保存 5 门课程的成绩，教师则保存研究方向简介。要求输入人员数据并输出。

分析：定义人员结构体类型，其中学生和教师不同的成员可以用共用体描述。例如：

```
union condition
{
    float score[10];              // 学生的 5 门课程的成绩
    char situation[30];           // 教师的研究方向
};
struct person
{
    char number[10],name[10],kind;    // 分别代表编号、姓名和身份
    union condition state;            // 根据身份 kind 来确定 state 的含义
}personnel[30];                       // 假定人员总数不超过 30 人
```

结构体成员 state 为共用体，根据 kind 的值来决定 state 是存放 5 门课程的成绩，还是存放教师研究方向。假定教师的 kind 为字符"t"，学生的 kind 为字符"s"。程序如下：

```
#include <stdio.h>
#define N 3
union condition
{
    float score[5];
    char situation[30];
};
struct person
{
    char number[10],name[10],kind;
    union condition state;
}personnel[N];
int main()
{
    int i, j;
    for (i = 0; i < N; i++)
```

```
    {
        puts(" 请输入编号、姓名和身份 : ");
        scanf("%s%s %c", personnel[i].number,personnel[i].name, &personnel[i].kind);
        if (personnel[i].kind == 's')   // 根据身份输入不同内容
        {
            puts(" 请输入学生 5 门课的成绩 : ");
            for (j = 0; j < 5; j++)
                scanf("%f", &personnel[i].state.score[j]);
        }
        else
        {
            puts(" 请输入教师的研究方向 : ");
            scanf("%s", personnel[i].state.situation);
        }
    }
    for (i = 0; i < N; i++)
    {
        printf("%s\t%s\t%c\t",personnel[i].number,personnel[i].name,personnel[i].kind);
        if (personnel[i].kind == 's')
            for (j = 0; j < 5; j++)
                printf("%6.1f", personnel[i].state.score[j]);
        else
            printf("%s", personnel[i].state.situation);
        printf("\n");
    }
    return 0;
}
```

9.6 枚 举

如果一个变量只有几种可能的取值，可以把它定义成枚举类型。当一个变量具有这种枚举类型时，它就能取枚举类型的标识符作为其值。枚举类型定义的一般格式如下：

```
enum 枚举类型名
{
    枚举元素列表
};
```

其中，enum 是枚举类型关键字，枚举元素列表由多个标识符组成，标识符之间用逗号分隔

例如，定义一个枚举类型和枚举变量如下：

```
enum colorname {red,yellow,blue,white,black};
enum colorname color;
```

变量 color 是 enum colorname 枚举类型，它的值只能是 red、yellow、blue、white 或 black。

下面的赋值合法：

```
color=red;
color=white;
```

而下面的赋值则不合法：

```
color=green;
color=orange;
```

针对枚举类型有以下几点说明。

（1）枚举元素不是变量，不能改变其值。例如，下面这些赋值是不对的。

```
red=8;
yellow=9;
```

但枚举元素作为常量，它们是有值的。从花括号的第 1 个元素开始，值分别是 0、1、2、3、4，这是系统自动赋给的，可以输出。例如：

```
printf("%d",blue);
```

输出的值是 2。

可以在定义类型时对枚举常量初始化：

```
enum colornmae {red=3,yellow,blue,white=8,black};
```

此时，red 为 3，yellow 为 4，blue 为 5，white 为 8，black 为 9。因为 yellow 在 red 之后，red 为 3，yellow 顺序加一，同理 black 为 9。

（2）枚举常量可以进行比较。例如：

```
if (color==red) printf("red");
if (color!=black) printf("It is not black! ");
if (color>white) printf("It is black! ");
```

它们是按所代表的整数进行比较的。

（3）一个枚举变量的值只能是这几个枚举常量之一，可以将枚举常量赋给一个枚举变量，但不能将一个整数赋给它。例如：

```
color=black;              // 正确
color=5;                  // 错误
```

（4）枚举常量不是字符串，不能用下面的方法输出字符串"red"。

```
printf("%s",red);
```

如果希望 color 是 red 时输出字符串"red"，可以这样写：

```
if (color==red) printf("red");
```

【例 9-15】输出枚举类型所对应的枚举标识符。程序如下：

```
#include <stdio.h>
int main()
{
    enum colorname{red,yellow,blue,white,black};    // 定义枚举类型
    enum colorname color;                           // 定义枚举变量 color
    for(color=red;color<=black;color++)
      switch(color)
      {
        case red:printf("red\n");break;
        case yellow:printf("yellow\n");break;
        case blue:printf("blue\n");break;
        case white:printf("white\n");break;
        case black:printf("blac\n");break;
      }
}
```

程序中枚举类型变量 color 作为循环变量，它的值是枚举常量，color++ 表示按顺序变化，由 red 变成 yellow，由 yellow 变成 blue，……。在 switch 结构中，根据 color 的当前值由程序输出事先指定的字符串。显然使用枚举类型增强了程序的可读性，同时也限定了枚举变量的取值范围，有利于保证数据的准确性。

本 章 小 结

（1）结构体是一种构造类型，它由若干成员组成。每一个成员既可以是一个基本数据类型也可以是一个构造数据类型。在使用结构体之前必须先进行定义。要定义一个结构体类型的变量，可以采取 3 种方法：先定义结构体类型，再定义变量；在定义结构体类型的同时定义变量；直接定义结构体变量。

（2）结构体变量成员的引用格式如下：

结构体变量名 . 成员名 ;

结构体变量中的各个成员等价于普通变量，可以进行各种运算。

C 语言中不能将一个结构体变量作为一个整体进行输入输出，只能对结构体变量中的各个成员进行输入输出。

（3）可以先定义结构体类型，然后定义结构体类型数组，方法同普通类型数组的定义一样。一个结构体数组的元素相当于一个结构体变量，引用结构体数组元素同引用普通类型数组元素类似。

（4）可以定义一个指针变量用来指向一个结构体变量或结构体数组，这就是结构体指针变量。可以通过指向结构体变量或数组的指针，来访问结构体变量或数组的成员。设 p 是指向结构体的指针变量，则：

(*p). 成员名

或

p-> 成员名

等价于：

结构体变量 . 成员名

（5）链表是一种重要的动态数据结构。链表中的每个元素被称为结点，一个链表由若干个结点组成。要创建链表，必须先定义结点的数据类型。通常用结构体变量作为链表中的结点。

链表的结点是根据需要而动态申请的内存空间，没有名字，使用时只能通过指针访问其中的成员。

链表的常见操作有链表的创建、输出、插入和删除等。其基本思路是，通过改变各结点指针域的值，从而形成不同的链接关系。

（6）共用体数据类型是指将不同的数据项存放于同一段内存单元的一种构造数据类型。同定义结构体变量一样，定义共用体变量也有 3 种方式：先定义共用体类型，再定义共用体变量；在定义共用体类型的同时定义共用体变量；定义共用体类型时，省略共用体类型名，同时定义共用体变量。

C 语言中不能直接引用共用体变量，只能引用共用体变量的成员。引用格式如下：

共用体变量 . 成员名

共用体变量中起作用的成员是最后一次存放数据的成员，在存入一个新的成员值后，原有成员值就失去作用。

（7）枚举类型变量的取值只能限于事前已经一一列举出来的值的范围。定义枚举类型的格式如下：

```
enum 枚举类型名 { 枚举元素列表 };
```

枚举变量的定义格式如下：

```
enum 枚举类型名 枚举变量名；
```

枚举元素是有值的，C 语言按定义时的顺序使它们的值为 0，1，2，……也可以改变枚举元素的值，在定义时由程序员指定。

习　题

一、选择题

1．设有以下定义语句：

```
struct stu
{
    int a;
    float b;
}stutype;
```

则下面的叙述不正确的是（　　　）。

    A．struct 是结构体类型的关键字　　　B．struct stu 是用户定义的结构体类型

    C．stutype 是用户定义的结构体类型名　　D．a 和 b 都是结构体成员名

2．若有以下定义和语句：

```
struct student
{
    int age,number;
};
struct student stu[3]={{1001,20},{1002,19},{1003,21}};
int main()
{
    struct student *p;
    p=stu;
    …
}
```

则以下不正确的是（　　　）。

    A．(p++)->number　　　B．p++　　　C．(*p).number　　　D．p=&stu.age

3．根据下面的定义，能输出 Mary 的语句是（　　　）。

```
struct person
{
    char name[9];
    int age;
}
struct person class[10]={"John",17,"Paul",19,"Mary",18,"adam",16}
```

    A．printf("%s\n",class[3].name);　　　B．printf("%s\n",class[1].name[1]);

    C．printf("%s\n",class[2].name);　　　D．printf("%s\n",class[0].name);

4．有以下结构体和变量的定义，则不能把结点 b 连接到结点 a 之后的语句是（　　　）。

```
struct node
```

```
{
    char data;
    struct node *next;
}a,b,*p=&a,*q=&b;
```

    A．a.next=q;   B．p.next=&b;   C．p->next=&b;   D．(*p).next=q;

5．若已建立图 9-8 所示的单向链表结构，则不能将 s 所指的结点插入链表末尾仍构成单向链表的语句组是（   ）。

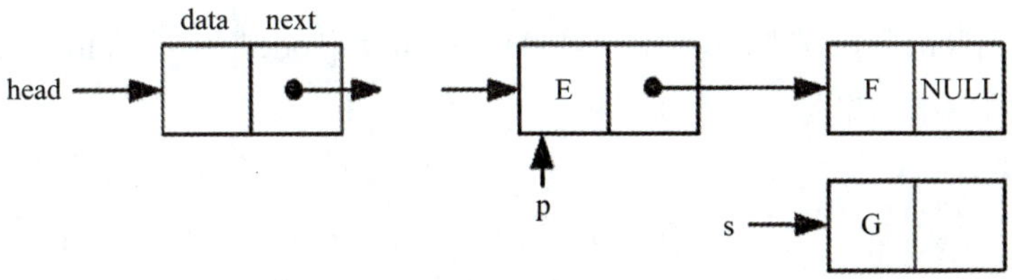

图 9-8　单向链表结构

    A．p=p->next; s->next=p; p->next=s;

    B．p=p->next; s->next=p->next; p->next=s;

    C．s->next=NULL; p=p->next; p->next=s;

    D．p=(*p).next; (*s).next=(*p).next; (*p).next=s;

6．以下程序的输出结果是（   ）。

```
#include <stdio.h>
struct abc
{
    int a,b,c;
};
int main()
{
    struct abc s[2]={{1,2,3},{4,5,6}};
    int t;
    t=s[0].a+s[1].b;
    printf("%d\n",t);
    return 0;
}
```

    A．5   B．6   C．7   D．8

7．以下程序的输出结果是（   ）。

```
#include <stdio.h>
struct st
{
    int x,*y;
}*p;
int dt[4]={10,20,30,40};
struct st aa[4]={50,&dt[0],60,&dt[0],60,&dt[0],60,&dt[0]};
int main()
{
    p=aa;
    printf("%d\n",++(p->x));
    return 0;
}
```

    A．10   B．11   C．51   D．60

8. 以下对 C 语言中共用体类型数据的叙述，正确的是（　　）。

    A．可以对共用体变量名直接赋值

    B．一个共用体变量中可以同时存放其所有成员

    C．一个共用体变量中不可能同时存放其所有成员

    D．共用体类型定义中不能出现结构体类型的成员

9. 以下对枚举类型名的定义中正确的是（　　）。

    A．enum a={one,two,three};   B．enum a {one=9,two=-1,three};

    C．enum a={"one","two","three"};   D．enum a {"one","two","three"};

10. 以下程序的输出结果是（　　）。

```c
#include <stdio.h>
int main()
{
  enum team {my,your=4,his,her=his+10};
  printf("%d %d %d %d\n",my,your,his,her);
  return 0;
}
```

    A．0 1 2 3   B．0 4 0 10   C．0 4 5 15   D．1 4 5 15

11.【多选】以下对结构体变量 stu1 中成员 age 的正确引用是（　　）。

```c
struct student { int age, num;}stu1,*p=&stu1;
```

    A．stu1.age   B．(&stu1)->age   C．p->age   D．(*p).age

12.【多选】设有以下定义，则下面正确的叙述是（　　）。

```c
union data
{
  int i;
  char c;
  float f;
}un;
```

    A．un 所占的内存长度等于成员 f 的长度

    B．un 的地址和它的各成员地址都是同一地址

    C．执行"un.i=321;"语句之后，"printf("%c\n", un.c);"的输出结果是"A"

    D．不能对 un 赋值，但可以在定义 un 时对它初始化

二、填空题

1. 以下定义的结构体类型包含两个成员，其中成员变量 number 用来存入整型数据，成员变量 link 是指向自身结构体的指针，空白处应填写的内容是 _____。

```c
struct node
{
  int number;
  _____ link;
}
```

2. 设有如下定义：

```c
struct sk
{
```

```
   int n;
   float x;
   }data,*p=&data;
```
若要使用 p 访问 data 中的成员 n，其引用形式是 _____。

3．设有以下定义：

```
struct ss
{
   int data;
   struct ss *link;
}a,b,c;
```
且已建立图 9-9 所示链表结构，删除结点 b 的语句为 _____。

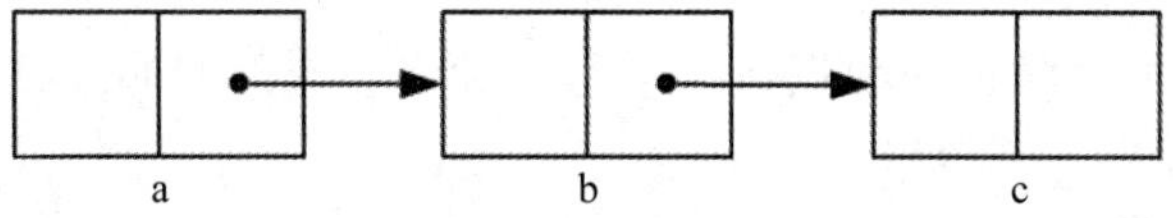

图 9-9　链表结构

4．以下程序的输出结果是 _____。

```
#include <stdio.h>
int x[]={10,20,30,40,50};
struct
{
int a,*b;
}t={50,x};
int main()
{
   printf("%d\n",*(++t.b));
   return 0;
}
```

5．以下程序的输出结果是 _____。

```
#include <stdio.h>
# include <stdlib.h>
union data
{ int b;
   char c;
}*p;
int main()
{
   int i;
   char ch1='a',ch2='A';
   p=(union data *)malloc(3*sizeof(union data));
   for(i=0;i<3;i++)
   {
     p->b=++ch1;
     p->c=ch2++;
     printf("%c,%c\n",p->b,p->c);
     p++;
   }
   return 0;
}
```

6. 以下程序的输出结果是 _____。

```c
#include <stdio.h>
enum WeekDay {Mon,Tue,Wed,Thu,Fri,Sat,Sun};
int main()
{
  enum WeekDay day;
  for(day=Mon;day<Sun;day++);
  printf("Day=%d\n",day);
  return 0;
}
```

三、编写程序题

1. 输入一个学生的学号、姓名及 3 门课的成绩，计算并输出其平均成绩。

2. 有 30 个学生，每个学生的数据包括学号、姓名和 5 门课的成绩，从键盘输入每个学生的数据，完成以下操作。

（1）计算每个学生的平均成绩。

（2）计算 30 个学生每门课程的平均分。

（3）按学生平均成绩从低到高的次序输出每个学生的各科成绩、5 门课的平均成绩。

（4）输出总成绩表（含每个学生的平均成绩和每门课程的平均分）。

要求用 input 函数输入，average1 函数求每个学生 5 门课的平均分，average2 函数求 30 个学生每门课程的平均分，sort 函数按学生平均分排序，output 函数输出总成绩表。

3. 编写一个函数 int days(struct ymd date)，其中 ymd 结构体包括 year、month、day 等 3 个成员，分别代表年、月、日，该函数能计算出该日期在本年度中是第几天（考虑闰年）。在主函数中输入年、月、日，并调用该函数和输出结果。

4. 歌手大赛有 7 个评委，每个评委都要给选手打分，现在要求去掉一个最高分和去掉一个最低分，再算出平均分（结果四舍五入精确到小数点后两位）。输入选手姓名、评委的评分，再输出该选手的得分。要求定义结构体类型：

```c
struct str
{
  char name[30];      // 选手姓名
  double a[7];        // 评委的评分
  double grade;       // 选手得分
};
```

5. 用函数 create 来创建链表，每一个结点包括的成员为学生学号、平均成绩，要求链表包括 8 个结点，从键盘输入结点中的有效数据。

6. 在第 5 题的基础上，实现下列操作。

（1）用函数 insert 新增加一个学生的数据，要求按学号顺序插入。

（2）删除第 5 个结点，并从内存中释放该结点。

（3）将链表数据输出到屏幕上。

7. 将一个链表反转排列，即将链表头当链表尾，链表尾当链表头。

8. 口袋里有若干个红、黄、蓝、白、黑 5 种颜色的球，每次从口袋中取出 3 个球，求得到 3 种不同色的球的可能取法，输出每种排列的情况。

C 程序设计

程序设计

第 **10** 章

文件操作

在实际的应用系统中，输入或输出数据可以从标准输入输出设备进行，但在数据量大、数据访问频繁以及数据处理结果需长期保存的情况下，一般将数据以文件的形式保存。文件是存储在外部介质（如磁盘）上的用文件名标识的数据集合。如果想访问存放在外部介质上的数据，必须先按文件名找到所指定的文件，然后从该文件中读取数据。如果要向外部介质存储数据也必须先建立一个文件（以文件名标识），才能向它写入数据。

文件操作是一种基本的输入输出方式，在实际问题求解过程中经常碰到。数据以文件的形式进行存储，操作系统以文件为单位对数据进行管理，文件系统仍是一般高级语言普遍采用的数据管理方式。

本章要点：

- 文件的基本概念
- 文件的顺序读写操作
- 文件的随机读写操作
- 文件的应用

10.1 文件概述

几乎每一种高级语言都具备文件操作功能，C 语言也不例外。在介绍具体的文件操作之前，先介绍有关文件的基本概念。

10.1.1 文件的概念

文件（file）是存储在外部介质上一组相关信息的集合。例如，程序文件是程序代码的集合，数据文件是数据的集合。每个文件都有一个名字，称之为文件名。一批数据是以文件的形式存放在外部介质（如磁盘）上的，而操作系统以文件为单位对数据进行管理。也就是说，如果想寻找保存在外部介质上的数据，必须先按文件名找到指定的文件，然后从该文件中读取数据。要向外部介质上存储数据也必须以文件名为标识先建立一个文件，才能向它写入数据。

在程序运行时，常常需要将一些数据（运行的中间数据或最终结果）输出到磁盘上存放起来，以后需要时再从磁盘中读入计算机内存，这就要用到磁盘文件。磁盘既可作为输入设备，也可作为输出设备，因此，有磁盘输入文件和磁盘输出文件。除磁盘文件外，操作系统把每一个与主机相联的输入输出设备都当作文件来管理，称之为标准输入输出文件。例如，键盘是标准输入文件，显示器和打印机是标准输出文件。

C 语言把文件看作一个字节序列，即由一连串的字节组成，称为流（stream），以字节为单位访问，输入输出数据流的开始和结束仅受程序控制而不受物理符号（如回车换行符）控制，把这种文件称为流式文件。换句话说，C 语言中的文件并不是由记录（record）组成的。

根据文件数据的组织形式，C 语言的文件可分为 ASCII 码文件和二进制文件。ASCII 码文件又称文本（text）文件，它的每一个字节放一个 ASCII 码值，代表一个字符。二进制文件是把内存中的数据按其在内存中的存储形式原样输出到磁盘上存放。例如，整数 107621，在 Visual Studio 中占 4 个字节，若按 ASCII 形式输出，则占 6 个字节，即各位数字字符的 ASCII 码值，用十六进制表示分别是 31、30、37、36、32、31；而按二进制形式输出，在磁盘上只占 4 个字节，即 107621 所对应的二进制数，用十六进制表示是 00 01 A4 65。

在 ASCII 码文件中，一个字节代表一个字符，因而便于对字符进行逐个处理，也便于输出字符。但 ASCII 码文件一般占用存储空间较多，而且要花费时间转换（二进制形式与 ASCII 码间的转换）。用二进制形式输出数值，可以节省外存空间和转换时间，但一个字节并不对应一个字符，不能直接输出字符形式。一般需要暂时保存在外存，以后又需要读入内存的中间结果数据常用二进制文件保存。

10.1.2 C 语言的文件系统

从 C 语言对文件的处理方法来看，可以将文件系统分为两类：缓冲文件系统和非缓冲文件系统。其中缓冲文件系统被称为标准文件系统。

缓冲文件系统的特点：系统自动在内存中为每一个正在读写的文件开辟一个缓冲区，利用缓冲区完成文件读写操作。当从磁盘文件读数据时，并不直接从磁盘文件读取数据，而是先由系统将一批数据从磁盘文件一次读入内存缓冲区（充满缓冲区），然后从缓冲区逐个地将数据送给接收变量。当向磁盘文件写入数据时，先将数据送到内存的缓冲区，装满缓冲区后再一起写入磁盘。用缓冲区可以一次读入或输出一批数据，而不是执行一次输入或输出函数就去访问一次磁盘，这样做的目的是减少对磁盘的实际读写次数，提高系统的运行效率。因为输入输出设备的工作速度要比 CPU 慢得多，频繁地与磁盘交换信息必将占用大量的 CPU 时间，从而降低程序的运行速度。使用缓冲后，CPU 只要从缓冲区中取数据或把数据输入缓冲区，而不用等待速度低的设备完成实际的输入输出操作。缓冲区的大小由各个具体的 C 语言版本确定，一般为 512 字节。文件的读写过程如图 10-1 所示。

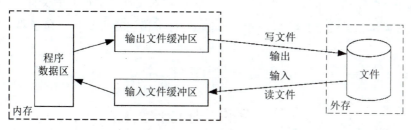

图 10-1　文件的读写过程

非缓冲文件系统不由系统自动设置缓冲区，而由用户自己根据需要设置。在传统的 UNIX 系统下，用缓冲文件系统来处理文本文件，用非缓冲文件系统处理二进制文件。1983 年，ANSI C 标准决定不采用非缓冲文件系统，而只采用缓冲文件系统，即既用缓冲文件系统处理文本文件，又用它来处理二进制文件，也就是将缓冲文件系统扩充为可以处理二进制文件。

在 C 语言中，没有输入输出语句，对文件的读写都是用库函数来实现的。

10.1.3　文件类型指针

在缓冲文件系统中，涉及的关键概念是文件类型指针。对于每个正在使用的文件都要说明一个 FILE 类型的结构体变量，该结构体变量用于存放文件的有关信息。例如，文件当前位置、与该文件对应的内存缓冲区地址、缓冲区中未被处理的字符数、文件操作方式等。在 C 语言中，无论是一般磁盘文件还是设备文件，都要通过文件结构的数据集合进行输入输出处理。在缓冲文件系统中，每个被使用的文件都在内存中开辟一个区域，用来存放文件的有关信息。这些信息保存在一个结构体类型的变量中。该结构体类型是在 stdio.h 头文件中由系统定义的，取名为 FILE。

不同的编译系统可能使用不同的定义，但基本含义不会有太大变化，因为它最终都要通过操作系统去控制这些文件。用户不必关心 FILE 结构体的细节，只要知道对于每一个要操作的文件，系统都为它开辟一个 FILE 结构体变量。有几个文件就开辟几个这样的结构体变量，分别用来存放各个文件的有关信息。这些结构体变量不用变量名来标识，而通过指向结构体类型的指针变量去访问，这就是文件类型指针。

在 C 语言程序中，凡是要对已打开的文件进行操作，都要通过指向该文件的 FILE 结构体的指针。为此，需要在程序中定义指向 FILE 结构体的指针变量。文件类型指针变量定义的格式如下：

FILE * 文件类型指针变量名；

其中，FILE 是文件结构体的类型名，标识结构体类型。文件类型指针是指向 FILE 结构体的指针。例如：

```
FILE *fp1,*fp2,*fp3;
```

定义了 3 个文件类型指针变量，但此时它们还未具体指向哪一个结构体。实际引用时，将保存有文件信息的结构体的首地址赋给某个文件类型指针变量，就可通过这个文件类型指针变量找到相关的文件。如果有 n 个文件，一般应设 n 个文件类型指针，使它们分别指向 n 个文件（确切地说，指向该文件信息的结构体），以实现对文件的访问。

需要注意的是，C 语言中标准设备文件是由系统控制的，它们由系统自动打开和关闭，标准设备文件的文件结构体的指针由系统命名，用户在程序中可以直接使用，无须再进行说明。C 语言中提供了 3 个常用标准设备文件的指针，标准输入文件（键盘）的文件类型指针是 stdin，标准输出文件（显示器）的文件类型指针是 stdout，标准错误输出文件（显示器）的文件类型指针是 stderr。

10.2　文件的打开与关闭

打开和关闭文件都是文件操作的基本步骤。在对文件进行读写操作之前首先要打开文件，操作结束后应该关闭文件。

 ## 10.2.1　打开文件

所谓打开文件是在程序和操作系统之间建立起联系，程序把所要操作文件的一些信息通知给操作系统。这些信息中除包括文件名外，还要指出读写方式及读写位置。若是读，则需要先确认此文件是否已存在；若是写，则检查原来是否有同名文件，若有则先将该文件删除，然后新建立一个文件，并将读写位置设定于文件开头，准备写入数据。打开文件需调用 fopen 函数，一般调用格式如下：

```
FILE *fp;
fp=fopen( 文件说明符 , 操作方式 );
```

其中，文件说明符指定打开的文件名，可以包含盘符、路径和文件名，它是一个字符串。注意，文件路径中的"\"要写成"\\"，例如，要打开 d:\cpp 中的 test.dat 文件，文件说明符要写成"d:\\cpp\\test.dat"。操作方式指定打开文件的读写方式，该参数是字符串，必须小写。文件操作方式用具有特定含义的符号表示，见表 10-1。函数返回一个指向文件块的首地址，以后对文件的操作就利用这个文件块。若打开文件失败，则返回 NULL。

表 10-1　文件操作方式

文件操作方式	含义
r（只读）	打开一个已经存在的文本文件，从中读取数据，实现数据输入
w（只写）	打开一个文本文件，向其中写入数据，实现数据输出
a（追加）	打开一个已经存在的文本文件，向文件尾追加数据，实现数据输出
rb（只读）	打开一个已经存在的二进制文件，从中读取数据，实现数据输入

续表

文件操作方式	含义
wb（只写）	打开一个二进制文件，向其中写入数据，实现数据输出
ab（追加）	打开一个已经存在的二进制文件，向文件尾追加数据，实现数据输出
r+（读写）	打开一个已经存在的文本文件，从中读取数据或向其写入数据
w+（读写）	打开一个文本文件，从中读取数据或向其写入数据。若文件已经存在，则覆盖原文件
a+（读写）	打开一个已经存在的文本文件，从中读取数据或向文件尾追加数据
rb+（读写）	打开一个已经存在的二进制文件，从中读取数据或向其写入数据
wb+（读写）	打开一个二进制文件，从中读取数据或向其写入数据。若文件已经存在，则覆盖原文件
ab+（读写）	打开一个已经存在的二进制文件，从中读取数据或向文件尾追加数据

fopen 函数以指定的方式打开指定的文件，再说明以下几点。

（1）用 r 方式打开文件时，只能从文件读数据，然后把数据输入给变量（内存）。这个过程站在文件的角度叫作读（read），而站在内存的角度叫作输入（input）。以 r 方式打开的文件应该已经存在，不能用 r 方式打开一个并不存在的文件，否则将出错。

（2）用 w 方式打开文件时，只能将变量（内存）的值（内容）写入文件。这个过程站在文件的角度叫作写（write），而站在内存的角度叫作输出（output）。若该文件原来不存在，则打开时建立一个以指定文件名命名的文件。若原来的文件已经存在，则打开时重新建立一个新文件。

（3）若希望向一个已经存在的文件的尾部添加新数据（保留原文件中已有的数据），则应用 a 方式打开。但此时该文件必须已经存在，否则会返回出错信息。打开文件时，文件的位置指针在文件末尾。

（4）用 r+、w+、a+ 方式打开的文件，既可以读又可以写。用 r+ 方式打开文件时，该文件应该已经存在，这样才能对文件进行读写操作。用 w+ 方式则建立一个新文件，先向此文件中写数据，然后可以读取该文件中的数据。用 a+ 方式打开的文件，则保留文件中原有的数据，文件的位置指针在文件末尾，此时，可以进行追加或读操作。

（5）如果不能完成文件打开操作，函数 fopen 将返回错误信息。出错的原因可能是，用 r 方式打开一个并不存在的文件；磁盘故障；磁盘已满，无法建立新文件等。此时 fopen 函数返回空指针值 NULL（NULL 在 stdio.h 文件中已被定义为 0）。

在文件打开操作中，通常需要同时判断打开过程是否出错。例如，以只读方式打开文件名为 practice.dat 的文件，语句如下：

```
if ((fp=fopen("practice.dat","r"))==NULL)
{
    printf(" 不能打开文件 .\n");          // 如果文件出错，显示提示信息
    exit(0);                              // 调用 exit 函数终止程序运行
}
```

语句中的 exit 函数使程序终止运行并关闭所有文件。一般使用时，exit(0) 表示程序正常返回。若函数参数为非 0 值，表示出错返回，如 exit(1) 等，也可以使括号内参数空缺，即 exit()。

 ## 10.2.2 关闭文件

文件使用完后，应当关闭，这意味着释放文件类型指针以供别的程序使用，同时也可以避

免文件中数据的丢失。用 fclose 函数关闭文件，其调用格式如下：

> fclose(文件类型指针);

fclose 函数用于关闭已打开的文件，切断缓冲区与该文件的联系，并释放文件类型指针。正常关闭返回值为 0，否则返回一个非 0 值，表示关闭出错。

关闭的过程是先将缓冲区中尚未存盘的数据写入磁盘，然后撤销存放该文件信息的结构体，最后令指向该文件的指针为空值（NULL）。此后，若再想使用刚才的文件，则必须重新打开。应该养成在文件访问完之后及时关闭文件的习惯，一方面是避免数据丢失，另一方面是及时释放内存，减少系统资源的占用。

10.3 文件的顺序读写操作

文件操作实际是指对文件的读写。文件的读操作就是从文件中读出数据，即将文件中的数据输入计算机内存；文件的写操作是向文件中写入数据，即向文件输出数据。实际上对文件的处理过程就是实现数据输入输出的过程。C 语言对文件的操作都是通过调用标准 I/O 库函数来实现的。

 ## 10.3.1 按字符读写文件

fgetc 函数和 fputc 函数按字符方式读写文件。从指定文件当前指针下，读取一个字符可用 fgetc 函数。把一个字符写入一个打开的磁盘文件上，用 fputc 函数。

1. 读字符函数 fgetc

fgetc 函数的调用格式如下：

> 字符变量 =fgetc(文件类型指针);

fgetc 函数从文件类型指针所指向的文件（该文件必须是以读或读写方式打开的）中读取一个字符返回，读取的字符赋给字符变量。若读取字符时文件已经结束或出错，fgetc 函数返回文件结束标志 EOF，此时 EOF 的值为 -1。

例如，要从磁盘文件中顺序读入字符并在屏幕上显示，可通过调用 fgetc 函数实现：

```
while((c=fgetc(fp))!=EOF)
  putchar(c);
```

注意：文件结束标志 EOF 是不可输出字符，不能在屏幕上显示。因为 EOF 是在头文件 stdio.h 中定义的符号常量，其值为 -1，而 ASCII 中没有用到 -1，可见，用它作为文件结束标志是合适的。

 ### 2. 写字符函数 fputc

fputc 函数的调用格式如下：

> fputc(字符 , 文件类型指针);

fputc 函数将一个字符写入文件类型指针所指向的文件。若输出操作成功，该函数返回输出的字符，否则返回 EOF。

3. 文件结束判断函数 feof

feof 函数的调用格式如下：

```
feof( 文件类型指针 );
```

feof 函数可以判断文件类型指针是否已指向文件结束处，若是，则返回 1（真），否则，返回 0（假）。feof 函数既适用于 ASCII 码文件，又适用于二进制文件。特别是在读二进制文件时，读入某字节的二进制数据有可能为 -1，而这又恰好是 EOF 的值，这就出现了有用数据而被处理为文件结束的情况，引起二义性。为解决这个问题，就需要使用 feof 函数来判断文件是否结束。

例如，要想连续读 ASCII 码文件或二进制文件，可以用以下循环结构：

```
while(!feof(fp))
{
  c=fgetc(fp);
  printf("%c",c);
  …
}
```

【例 10-1】首先从键盘输入若干个字符，逐个将它们写入文件 file1.txt 中，直到输入一个"*"为止。然后从该文件中逐个读出字符，并在屏幕上显示出来。

分析：建立一个文件即打开文件后，对文件进行写操作，显示文本文件即在建立文件后，对文件进行读操作。注意，读写操作是对文件而言的，输入输出是对主机（内存）而言的。对文件进行读操作，将读出的内容赋给某些变量，这叫输入，而对文件进行写操作，是指将某些变量或表达式的值输出。程序如下：

文件操作举例

```c
#include <stdio.h>
#include <stdlib.h>
int main()
{
  FILE *fp;                          // 定义文件类型指针
  char ch;
  if ((fp=fopen("file1.txt","w"))==NULL) // 打开输出文件，准备建立文本文件
  {
    printf(" 不能打开文件 !\n");
    exit(1);
  }
  printf(" 输入若干个字符 ( 以 * 结束 ):\n");
  while((ch=fgetc(stdin))!='*')       // 从键盘逐个输入字符，输入 "*" 时结束循环
    fputc(ch,fp);                     // 向磁盘文件写入一个字符
  fclose(fp);                         // 关闭文件
  if ((fp=fopen("file1.txt","r"))==NULL) // 打开输入文件，准备输出文本文件
  {
    printf(" 不能打开文件 !\n");
    exit(1);
  }
  printf(" 输出文本文件 :\n");
  while((ch=fgetc(fp))!=EOF)          // 从磁盘逐个读入字符，遇到文件结束标志时结束循环
    fputc(ch,stdout);                 // 在显示器上输出一个字符
  fclose(fp);
  printf("\n");
  return 0;
}
```

程序运行结果如下：

输入若干个字符 (以 * 结束)：
Good preparation, Great opportunity. ✓
Practice makes perfect.* ✓
输出文本文件：
Good preparation, Great opportunity.
Practice makes perfect.

程序中使用了读字符函数 fgetc 和写字符函数 fputc，且函数中使用的文件类型指针名为 stdin 和 stdout，分别指示使用键盘和显示器标准设备文件，因而读文件的结果是从键盘输入一个字符，再写入磁盘文件中，写文件的结果是将字符显示在显示器屏幕上。

第 3 章介绍的字符输入输出函数 getchar 和 putchar 其实是函数 fgetc 和 fputc 的宏，这时文件类型指针定义为标准输入 stdin 和标准输出 stdout，即：

```
#define getchar() fgetc(stdin)
#define putchar() fputc(c,stdout)
```

4. 文件读写时的数据流动

根据例 10-1 程序，用图 10-2 和图 10-3 示意读写时的数据流动。深入理解了读写时的数据流动，编写文件处理程序就会感到容易了。为了提高读写效率，文件是按块（一个块一般是 512 字节）读写的。下面讨论文件读写时的数据流动，不考虑文件的组块和解块功能，将文件读写简化为一个个字符（或一个个字节）读写。

写文件时的数据流动如图 10-2 所示。

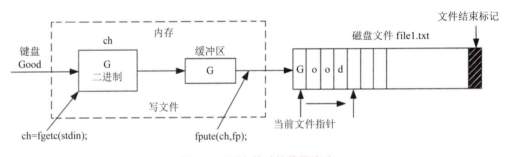

图 10-2　写文件时的数据流动

执行"ch=fgetc(stdin);"从键盘读入一个字符，将其转换为二进制码存入 ch。执行"fputc(ch,fp);"，首先从 ch 中取出二进制码，转换为字符送到文件缓冲区，再写到当前文件指针所指定的磁盘位置，并且当前文件指针向后移动一个数据字节。重复上述操作，完成建立（写）文件的操作。

读文件时的数据流动如图 10-3 所示。

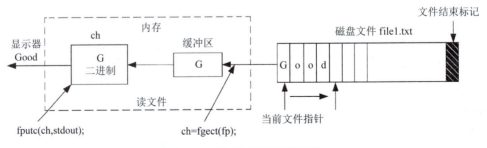

图 10-3　读文件时的数据流动

执行"ch=fgetc(fp);",从当前文件指针的磁盘位置读一个字符,送到文件缓冲区,再送到 ch(转换为二进制码),并且当前文件指针向后移动一个数据字节。执行"fputc(ch,stdout);",将 ch 中的二进制码转换为字符在显示器上显示出。重复上述操作,完成输出(读)文件。

10.3.2　按字符串读写文件

对文件的读写,除以字符为单位进行处理之外,还允许以字符串为单位进行处理,这也被称为行处理。C 语言提供 fgets 和 fputs 函数实现文件的按字符串读写。

1. 读字符串函数 fgets

fgets 函数的调用格式如下:

> fgets(字符数组 , 字符数 , 文件类型指针);

fgets 函数从文件类型指针所指向的文件中读取长度不超过 n-1(设字符数参数为 n)个字符的字符串,并将该字符串放到字符数组中。如果操作正确,函数的返回值为字符数组的首地址。若文件结束或出错,则函数的返回值为 NULL。

函数调用分以下几种情况。

(1)从文件中已经读入了 n-1 个连续的字符,还没有遇到文件结束标志或行结束标志"\n",则字符数组中存入 n-1 个字符,串尾以串结束标记"\0"结束。

(2)从文件中读入字符遇到了行结束标志"\n",则字符数组中存入实际读入的字符,串尾为"\n"和"\0"。

(3)在读文件的过程中遇到文件尾(文件结束标志 EOF),则字符数组中存入实际读入的字符,串尾为"\0"。文件结束标志 EOF 不会存入数组。

(4)当文件已经结束仍然继续读文件,或者读取文件内容发生错误时,函数的返回值为 NULL。

2. 写字符串函数 fputs

fputs 函数的调用格式如下:

> fputs(字符串 , 文件类型指针);

fputs 函数将字符串写入文件类型指针指向的文件。输出的字符串写入文件时,字符"\0"被自动舍去。函数调用成功,则返回 0,否则返回 EOF。

【例 10-2】首先从键盘输入若干个字符串,逐个将它们写入文件 file2.txt 中,直到按 <Ctrl+Z> 键,即输入文件结束符时结束,然后从该文件中逐个读出字符串,并在屏幕上显示出来。程序如下:

```
#include <stdio.h>
#include <stdlib.h>
int main()
{
  FILE *fp;
  char str[80];
  if ((fp=fopen("file2.txt","w"))==NULL)          //打开文件,准备建立文本文件
  {
    printf(" 不能打开文件 !\n");
    exit(1);
  }
```

```
        printf(" 输入多行字符串 ( 按 Ctrl+Z 结束 ):\n");
        fgets(str,80,stdin);                    // 从键盘输入一个字符串
        while(!feof(stdin))                     // 不断输入，直到输入结束标志
        {
            fputs(str,fp);                      // 向文件写入一个字符串
            fgets(str,80,stdin);                // 从键盘输入一个字符串
        }
        fclose(fp);
        if ((fp=fopen("file2.txt","r"))==NULL)  // 打开文件，准备输出文本文件
        {
            printf(" 不能打开文件 !\n");
            exit(1);
        }
        printf(" 输出文本文件 :\n");
        fgets(str,80,fp);                       // 从文件读一个字符串
        while(!feof(fp))                        // 未遇到文件结束标志时，继续循环
        {
            printf("%s",str);                   // 在屏幕上输出一个字符串
            fgets(str,80,fp);                   // 从文件读一个字符串
        }
        fclose(fp);
        return 0;
}
```

程序运行结果如下：

```
输入多行字符串 ( 按 Ctrl+Z 结束 ):
Good preparation, Great opportunity. ✓
Practice makes perfect. ✓
^Z ✓
输出文本文件 :
Good preparation, Great opportunity.
Practice makes perfect.
```

程序运行时，每次从标准输入设备 stdin（即键盘）中读取一行字符送入 str 数组，用 fputs 函数把该字符串写入 file2.txt 文件中。在输入完所有的字符串之后，按 <Ctrl+Z> 键便结束循环。

10.3.3 按格式读写文件

在第 3 章中介绍了 scanf 和 printf 两个格式化输入输出函数，它们适用于标准设备文件。C 语言标准函数库还提供了 fscanf 和 fprintf 两个格式化输入输出函数，以满足磁盘文件格式化读写的需要。

1. 格式化读数据函数 fscanf

fscanf 函数的调用格式如下：

    fscanf(文件类型指针 , 格式控制字符串 , 输入项表);

其中，格式控制字符串和输入项表的内容、含义与 scanf 函数相同。

fscanf 函数从文件类型指针指向的文件中，按格式控制符读取相应数据赋给输入项表中的对应变量地址中。例如：

    fscanf(fp,"%d,%f",&i,&t);

从指定的磁盘文件上读取 ASCII 字符，并按"%d"和"%f"型格式转换成二进制形式的数据送给变量 i 和 t。

2. 格式化写数据函数 fprintf

fprintf 函数的调用格式如下：

> fprintf(文件类型指针 , 格式控制字符串 , 输出项表);

其中格式控制字符串和输出项表的内容、含义与 printf 函数相同。

fprintf 函数将输出项表中的各个常量、变量或表达式，依次按格式控制符说明的格式写入文件类型指针指向的文件。该函数调用的返回值是实际输出的字符数。

【例 10-3】首先提供 N 个学生的信息，逐个将它们写入文件 file3.txt 中，然后从该文件中逐个读出学生的信息，并在屏幕上显示出来。程序如下：

```c
#include <stdio.h>
#include <stdlib.h>
struct Date                    // 日期结构体
{
    int year,month,day;        // 年、月、日
};
struct Student                 // 学生信息结构体
{
    char no[10],name[9],sex[3];   // 学号、姓名、性别
    struct Date birthday;         // 出生日期
    int score[4];                 //3 门课程成绩及总分
};
#define N 3                    //3 位学生信息
int main()
{
    FILE *fp;
    struct Student stud[N]={
        {"J43233101"," 张一 "," 男 ",{1998,10,15},{75,90,83,0}},
        {"J43233102"," 李二 "," 女 ",{2005,6,24},{85,90,83,0}},
        {"J43233103"," 刘三 "," 男 ",{2000,12,29},{65,70,63,0}}};
    struct Student stud1;
    int i,j;
    for(i=0;i<N;i++)                // 计算总分
        for(j=0;j<3;j++)
        stud[i].score[3]+=stud[i].score[j];
    if ((fp=fopen("file3.txt","w"))==NULL)        // 打开文件，准备建立文本文件
    {
        printf(" 不能打开文件 !\n");
        exit(1);
    }
    for(i=0;i<N;i++)                // 向文件写入 N 个学生的信息
        fprintf(fp,"%s %s %s %5d %3d %3d %4d %4d %4d %4d\n",
            stud[i].no,stud[i].name,stud[i].sex,
            stud[i].birthday.year,stud[i].birthday.month,
            stud[i].birthday.day,stud[i].score[0],
            stud[i].score[1],stud[i].score[2],stud[i].score[3]);
    fclose(fp);
    if ((fp=fopen("file3.txt","r"))==NULL)   // 打开文件，准备输出文本文件
```

```
        {
            printf(" 不能打开文件 !\n");
            exit(1);
        }
        printf(" 输出文本文件 :\n");
        fscanf(fp,"%s %s %s %d %d %d %d %d %d %d",
            &stud1.no,&stud1.name,&stud1.sex, &stud1.birthday.year,
            &stud1.birthday.month,&stud1.birthday.day,&stud1.score[0],
            &stud1.score[1],&stud1.score[2],&stud1.score[3]);
        while(!feof(fp))
        {
            printf("%s %s %s %4d-%2d-%2d %4d %4d %4d %4d\n",
                stud1.no,stud1.name,stud1.sex,stud1.birthday.year,
                stud1.birthday.month,stud1.birthday.day, stud1.score[0],
                stud1.score[1],stud1.score[2],stud1.score[3]);
            fscanf(fp,"%s %s %s %d %d %d %d %d %d %d",
                &stud1.no,&stud1.name,&stud1.sex,&stud1.birthday.year,
                &stud1.birthday.month,&stud1.birthday.day,&stud1.score[0],
                &stud1.score[1],&stud1.score[2],&stud1.score[3]);
        }
        fclose(fp);
        return 0;
}
```

程序运行结果如下 :

```
输出文本文件 :
J43233101 张一 男   1998-10-15    75      90      83      248
J43233102 李二 女   2005- 6-24    85      90      83      258
J43233103 刘三 男   2000-12-29    65      70      63      198
```

10.3.4 按数据块读写文件

按数据块读写函数是 ANSI C 标准对缓冲文件系统所做的扩充，以方便文件操作实现一次读写一组数据的功能。例如，采用按数据块读写方式对数组和结构体进行整体的输入输出是比较方便的。

1. 数据块读函数 fread

fread 函数的调用格式如下 :

fread(数据地址 , 读数据的字节数 , 数据项数目 , 文件类型指针);

fread 函数对文件类型指针所指向的文件读取指定的数据项数，每次读取指定字节数的数据块，将读取的各数据块存到数据地址所指向的内存区。该函数的返回值是实际读取的数据项数目。若读成功，返回数据项数目 ; 若读失败或遇到文件结束符，返回 0。

2. 数据块写函数 fwrite

fwrite 函数的调用格式如下 :

fwrite(数据地址 , 写数据的字节数 , 数据项数目 , 文件类型指针);

fwrite 函数的参数及其功能与 fread 函数类似，只是对文件的操作而言，二者是互逆的，一个是读取，一个是写入。若写成功，返回数据项数目，否则返回 0。

如果文件以二进制形式打开，用 fread 和 fwrite 函数可以读写任何类型的数据。例如：

```
fread(a,4,2,fp);
```

其中，a 是一个实型数组名；一个实型变量占 4 个字节，该函数从 fp 所指向的文件读入 2 个 4 字节的数据，存储到数组 a 中。

注意，用 fread 和 fwrite 函数进行读写时，文件必须采用二进制形式。

【例 10-4】从例 10-3 建立的 file3.txt 文本文件中读取数据生成 file3.dat 二进制文件，然后将 file3.dat 文件在屏幕上显示出来。程序如下：

```
#include <stdio.h>
#include <stdlib.h>
struct Date
{
    int year,month,day;
};
struct Student
{
    char no[10],name[9],sex[3];
    struct Date birthday;
    int score[4];
};
void bfcreate();         // 从 file3.txt 读入数据，建立二进制文件 file3.dat 的函数声明
void bfprint();          // 输出二进制文件 file3.dat 的函数声明
int main()
{
    bfcreate();
    printf("file3.dat 二进制文件 :\n");
    bfprint();
    return 0;
}
void bfcreate()          // 从 file3.txt 读入数据，建立二进制文件 file3.dat
{
    FILE *fp1,*fp2;
    struct Student stud;
    if ((fp1=fopen("file3.txt","r"))==NULL)
    {
        printf(" 不能打开文件 !\n");
        exit(1);
    }
    if ((fp2=fopen("file3.dat","wb"))==NULL)
    {
        printf(" 不能打开文件 !\n");
        exit(1);
    }
    fscanf(fp1,"%s %s %s %d %d %d %d %d %d %d",
        &stud.no,&stud.name,&stud.sex,
        &stud.birthday.year,&stud.birthday.month,&stud.birthday.day,
        &stud.score[0],&stud.score[1],&stud.score[2],&stud.score[3]);
    while(!feof(fp1))
    {
        fwrite(&stud,sizeof(struct Student),1,fp2);
        fscanf(fp1,"%s %s %s %d %d %d %d %d %d %d",
```

```
            &stud.no,&stud.name,&stud.sex,
            &stud.birthday.year,&stud.birthday.month,&stud.birthday.day,
            &stud.score[0],&stud.score[1],&stud.score[2],&stud.score[3]);
        }
    fclose(fp1);
    fclose(fp2);
}
void bfprint()              // 输出二进制文件 file3.dat
{
    FILE *fp;
    struct Student stud;
    if ((fp=fopen("file3.dat","rb"))==NULL)
    {
        printf(" 不能打开文件 !\n");
        exit(1);
    }
    fread(&stud,sizeof(struct Student),1,fp);
    while(!feof(fp))
    {
        printf("%s %s %s %4d-%2d-%2d %4d %4d %4d %4d\n",
            stud.no,stud.name,stud.sex,
            stud.birthday.year,stud.birthday.month,stud.birthday.day,
            stud.score[0],stud.score[1],stud.score[2],stud.score[3]);
            fread(&stud,sizeof(struct Student),1,fp);
    }
    fclose(fp);
}
```

10.4 文件的随机读写操作

前面讨论的文件操作从文件的第 1 个数据开始，依次进行读写，这类文件被称为顺序文件（sequential file）。但在实际应用中，往往还需要对文件中某个特定的数据进行处理，这就要求对文件具有随机读写的功能，也就是强制将文件的指针指向用户所希望的指定位置。这类可以随机读写的文件被称为随机文件（random file）。

 10.4.1 文件的定位

文件中有一个位置指针，指向当前的读写位置，读写一次，指针向后移动一次（一次移动多少字节，由文件的数据类型而定）。但为了主动调整指针位置，可用系统提供的文件指针定位函数。

 1. 位置指针重返文件头函数 rewind

rewind 函数可以使文件指针重新指向文件的开头，函数本身无返回值。其调用格式如下：

rewind(文件类型指针);

 2. 改变文件位置指针函数 fseek

随机文件实现的关键是控制当前文件指针的移动，可由 fseek 函数完成。fseek 函数的调用格式如下：

```
fseek( 文件类型指针 , 偏移量 , 起始点 );
```

其中，偏移量是离起始点的字节数，可为整型或长整型；起始点指出以什么位置为基准进行移动，用下列符号或数字表示。

（1）文件开始位置用 SEEK_SET 或 0 表示。

（2）文件当前位置用 SEEK_CUR 或 1 表示。

（3）文件末尾位置用 SEEK_END 或 2 表示。

以文件开始位置为基准，偏移量只能是正值；以文件末尾位置为基准，偏移量只能是负值；以文件当前位置（即文件当前指针）为基准，偏移量可以是正值，也可以是负值。

下面是 fseek 函数调用的几个例子。

```
fseek(fp,100L,SEEK_SET);        // 将文件指针从文件开始位置移到第 100 字节处
fseek(fp,50L,1);                // 将文件指针从当前位置向文件尾移动 50 个字节
fseek(fp,-50L,1);               // 将文件指针从当前位置向文件头移动 50 个字节
fseek(fp,-30L,2);               // 将文件指针从文件末尾位置向文件头移动 30 个字节
```

3. 查询文件指针函数 ftell

ftell 函数的调用的格式如下：

```
ftell( 文件类型指针 );
```

ftell 函数的返回值为文件开始处到当前指针处的偏移字节数。若返回 -1，则表示出错。

10.4.2　二进制随机文件

对于随机文件，数据块的字节数必须是固定不变的，否则，无法计算出文件当前指针。对于文本文件，因一行的字节数不等，一般不能用随机文件。随机文件可以随机读或写。

【例 10-5】从例 10-3 建立的 file3.txt 文本文件中读取数据生成 bfile3.dat 二进制随机文件，然后将 bfile3.dat 文件在屏幕上显示出来。程序如下：

```c
#include <stdio.h>
#include <stdlib.h>
struct Date
{
    int year,month,day;
};
struct Student
{
    char no[11],name[8],sex[3];
    struct Date birthday;
    int score[4];
};
int nrec(char no[]);
void bfcreate();
void bfprint();
int main()
{
    bfcreate();
    printf("bfile3.dat 二进制文件 :\n");
    bfprint();
    return 0;
```

```
}
int nrec(char no[])          // 计算记录数
{
  return ((no[7]-48)*10+no[8]-48)-1;
}
void bfcreate()              // 从 file3.txt 读入数据建立二进制文件 bfile3.dat
{
  FILE *fp1,*fp2;
  struct Student stud;
  if ((fp1=fopen("file3.txt","r"))==NULL)
  {
    printf(" 不能打开文件 !\n");
    exit(1);
  }
  if ((fp2=fopen("bfile3.dat","wb"))==NULL)
  {
    printf(" 不能打开文件 !\n");
    exit(1);
  }
  fscanf(fp1,"%s %s %s %d %d %d %d %d %d %d",
    &stud.no,&stud.name,&stud.sex,
    &stud.birthday.year,&stud.birthday.month,&stud.birthday.day,
    &stud.score[0],&stud.score[1],&stud.score[2],&stud.score[3]);
  while(!feof(fp1))
  {
    // 计算文件当前指针，并将文件当前指针移到此处
    fseek(fp2,nrec(stud.no)*sizeof(struct Student),0);
    fwrite(&stud,sizeof(struct Student),1,fp2);
    fscanf(fp1,"%s %s %s %d %d %d %d %d %d %d",
      &stud.no,&stud.name,&stud.sex,
      &stud.birthday.year,&stud.birthday.month,&stud.birthday.day,
      &stud.score[0],&stud.score[1],&stud.score[2],&stud.score[3]);
  }
  fclose(fp1);
  fclose(fp2);
}
void bfprint()               // 输出二进制文件 bfile3.dat
{
  FILE *fp;
  struct Student stud;
  if ((fp=fopen("bfile3.dat","rb"))==NULL)
  {
    printf(" 不能打开文件 !\n");
    exit(1);
  }
  fread(&stud,sizeof(struct Student),1,fp);   // 读二进制文件 bfile3.dat
  while(!feof(fp))
  {
    printf("%s %s %s %4d-%2d-%-2d %4d %4d %4d %4d\n",
      stud.no,stud.name,stud.sex,
      stud.birthday.year,stud.birthday.month,stud.birthday.day,
      stud.score[0],stud.score[1],stud.score[2],stud.score[3]);
```

```
        fread(&stud,sizeof(struct Student),1,fp);
    }
    fclose(fp);
}
```

程序中以学生学号计算出每位学生信息的偏移量，然后应用 fseek 函数确定文件当前指针的位置。

【例 10-6】编写一个程序，对文件 file3.dat 加密，加密方式是对文件中所有第奇数个字节的中间两个二进制位进行取反。

分析：对中间两个二进制位取反的办法是将读出的数与二进制数 00011000（也就是十进制数 24）进行异或运算，将异或后的结果写回原位置。程序如下：

```
#include <stdio.h>
#include <stdlib.h>
int main()
{
    FILE *fp;
    unsigned char ch1,ch2;
    if ((fp=fopen("file3.dat","rb+"))==NULL)
    exit(1);
    ch2=24;
    ch1=fgetc(fp);
    while(!feof(fp))
    {
        printf("%c ",ch1);
        ch1=ch1^ch2;
        fseek(fp,-1L,1);              // 指针回移 1 个字节
        fputc(ch1,fp);               // 将加密后的结果写回
        fseek(fp,1L,1);              // 跳过第偶数个字节
        ch1=fgetc(fp);
    }
    fclose(fp);
    return 0;
}
```

10.5 文件操作时的出错检测

由于 C 语言中对文件的操作都是通过调用有关的函数来实现的，所以用户必须直接掌握函数调用的情况，特别是掌握函数调用是否成功。为此，C 语言提供了用来反映函数调用情况的检测函数，包括 ferror 和 clearerr 函数。

1. 报告文件操作错误状态函数 ferror

ferror 函数用于报告文件操作错误状态，其调用格式如下：

ferror(文件类型指针);

函数 ferror 的功能是测试文件类型指针所指的文件是否有错误。若没有错误，则返回值为 0；否则，返回一个非 0 值，表示出错。

2. 清除错误标志函数 clearerr

clearerr 函数用于清除错误标志，其调用格式如下：

clearerr(文件类型指针);

该函数清除文件类型指针所指的文件的错误标志，即将文件错误标志和文件结束标志置为 0。

在用 feof 和 ferror 函数检测文件结束和出错情况时，遇到文件结束或出错，两个函数的返回值均为非 0 值。对于出错或已结束的文件，在程序中可以有两种方法清除出错标志：调用 clearerr 函数清除出错标志，或者对出错文件调用一个正确的文件读写函数。

【例 10-7】从键盘上输入一个长度小于 20 的字符串，将该字符串写入文件 file4.txt 中，并测试是否有错。若有错，则输出错误信息，然后清除文件出错标志，关闭文件；否则输出刚才输入的字符串。程序如下：

```c
#include <stdio.h>
#include <string.h>
#include <stdlib.h>
int main()
{
    int err;
    FILE *fp;
    char str[20];
    if ((fp=fopen("file4.txt","w"))==NULL)
    {
        printf(" 不能打开文件 !\n");
        exit(1);
    }
    printf(" 输入一个字符串 :");
    gets(str);                        //接收从键盘输入的字符串
    fputs(str,fp);                    //将输入的字符串写入文件
    if (err=ferror(fp))               //调用函数 ferror，若出错则进行出错处理
    {
        printf(" 文件错误：%d\n",err);
        clearerr(fp);                 //清除出错标志
        fclose(fp);
    }
    else
    {
        rewind(fp);
        fgets(str,20,fp);             //读入字符串
        if (feof(fp) && strlen(str)==0)   //若文件结束且读入的串长为 0
            printf("file4.txt is NULL.\n");   //则文件为空，输出提示
        else
            printf(" 输出：%s\n",str);   //输出读入的字符串
        fclose(fp);
    }
    return 0;
}
```

10.6　文件应用举例

前面讨论了文件的基本操作，本节再介绍一些应用实例来加深对文件的认识，以便能在实践中更好地使用文件。

【例 10-8】从 file5.txt 文件中读出信息，再将信息逆序写到 file6.txt 文件中。

分析：从 file5.txt 文件中读出信息保存于字符数组中，再将字符数组中的内容逆序写到 file6.txt 文件中。程序如下：

```c
#include <stdio.h>
#include <stdlib.h>
#define BUFFSIZE 1000
int main()
{
    FILE *fp1,*fp2;
    int i;
    char buf[BUFFSIZE];
    if ((fp1=fopen("file5.txt","r"))==NULL)   // 以只读方式打开文件 file5.txt
    {
        printf(" 不能打开文件 !\n");
        exit(1);
    }
    if (!(fp2=fopen("file6.txt","w")))          // 以只写方式打开文件 file6.txt
    {
        printf(" 不能打开文件 !\n");
        exit(1);
    }
    i=0;
    while(!feof(fp1))                            // 判断是否为文件末尾
    {
        buf[i++]=fgetc(fp1);                      // 读出信息送入缓存区
        if (i>=BUFFSIZE)                          // 缓存区不足
        {
            printf(" 数组缓冲区不足 !");
            exit(1);
        }
    }
    --i;
    while(--i>=0)                               // 控制逆序操作
        fputc(buf[i],fp2);                        // 写入文件 file6.txt
    fclose(fp1);                                 // 关闭文件 file5.txt
    fclose(fp2);                                 // 关闭文件 file6.txt
    return 0;
}
```

【例 10-9】有两个磁盘文件 file7.txt 和 file8.txt，各存放一行已经按升序排列的字母（不多于 20 个），要求依然按字母升序排列，将两个文件中的内容合并，输出到一个新文件 file9.txt 中去。

分析：首先，分别从两个有序的文件读出一个字符，将 ASCII 值小的字符写到 file9.txt 文件，直到其中一个文件结束而终止，然后，将未结束文件复制到 file9.txt 文件，直到该文件结束而终止。程序如下：

```c
#include <stdio.h>
#include <stdlib.h>
void ftcomb(char [],char [],char []);
void ftshow(char []);
int main()
{
```

```
            ftcomb("file7.txt","file8.txt","file9.txt");
            ftshow("file9.txt");
      }
      void ftcomb(char fname1[20],char fname2[20],char fname3[20])          // 文件合并
      {
         FILE *fp1,*fp2,*fp3;
         char ch1,ch2;
         if ((fp1=fopen(fname1,"r"))==NULL)
           {
             printf(" 不能打开文件 !\n");
             exit(1);
           }
          if ((fp2=fopen(fname2,"r"))==NULL)
           {
             printf(" 不能打开文件 !\n");
             exit(1);
           }
          if ((fp3=fopen(fname3,"w"))==NULL)
           {
             printf(" 不能打开文件 !\n");
             exit(1);
           }
          fscanf(fp1,"%c",&ch1);
          fscanf(fp2,"%c",&ch2);
          while(!feof(fp1) && !feof(fp2))
           {
             if (ch1<ch2)
              {
                fprintf(fp3,"%c",ch1);
                fscanf(fp1,"%c",&ch1);
              }
             else if (ch1==ch2)
              {
                fprintf(fp3,"%c",ch1);
                fscanf(fp1,"%c",&ch1);
                fprintf(fp3,"%c",ch2);
                fscanf(fp2,"%c",&ch2);
              }
             else
              {
                fprintf(fp3,"%c",ch2);
                fscanf(fp2,"%c",&ch2);
              }
           }
          while(!feof(fp1))                  // 复制未结束文件 1
           {
             fprintf(fp3,"%c",ch1);
             fscanf(fp1,"%c",&ch1);
           }
          while(!feof(fp2))                  // 复制未结束文件 2
           {
             fprintf(fp3,"%c",ch2);
```

```
        fscanf(fp2,"%c",&ch2);
    }
    fclose(fp1);
    fclose(fp2);
    fclose(fp3);
    return 0;
}
void ftshow(char fname[20])                //输出文本文件
{
    FILE *fp;
    char ch;
    if ((fp=fopen(fname,"r"))==NULL)
    {
        printf(" 不能打开文件 !\n");
        exit(1);
    }
    ch=fgetc(fp);
    while(!feof(fp))
    {
        putchar(ch);
        ch=fgetc(fp);
    }
    fclose(fp);
    printf("\n");
}
```

【例 10-10】在 number.dat 文件中放有 10 个不小于 2 的正整数，编写程序实现：

（1）在 prime 函数中判断和统计 10 个整数中的素数以及个数。

（2）在主函数中将全部素数以及素数个数追加到文件 number.dat 的尾部，同时输出到屏幕上。

程序如下：

```
#include <stdio.h>
#include <stdlib.h>
int prime(int a[],int n)
{
    int i,j,k=0,flag=0;
    for(i=0;i<n;i++)
    {
        for(j=2;j<a[i];j++)
            if (a[i]%j==0)
                {flag=0;break;}
            else
                flag=1;
        if (flag) a[k++]=a[i];
    }
    return k;
}
int main()
{
    int n,i,a[10];
    FILE *fp;
    if ((fp=fopen("number.dat","r+"))==NULL)
```

```
    {
        printf(" 不能打开文件 !\n");
        exit(1);
    }

    for(n=0;n<10;n++)
        fscanf(fp,"%d",&a[n]);
    n=prime(a,n);
    fseek(fp,0,2);          // 文件指针定位到文件末尾
    printf("The number of prime is %d.\n",n);
    fprintf(fp,"The number of prime is %d.\n",n);
    printf("All primes are ");
    fprintf(fp,"All primes are ");
    for(i=0;i<n;i++)
    {
        printf("%5d",a[i]);
        fprintf(fp,"%5d",a[i]);
    }
    fclose(fp);
    return 0;
}
```

【例 10-11】 将 $\sin x$ 在 $\dfrac{2\pi i}{360}$（$i=0,1,2,\cdots,359$）上的值保存在文件 dsin.dat 中，并从该文件中读取数据，以这些数据为基础，计算 $\sin x$ 在 $[0，2\pi]$ 上的定积分。程序如下：

```
#include <stdio.h>
#include <math.h>
#include <stdlib.h>
#define SIZE 360
#define PI 3.14159
int main()
{
    double data[SIZE],s=0;
    int i;
    FILE *fp;
    for(i=0;i<SIZE;i++)
        data[i]=sin(2*i*PI/SIZE);
    fp=fopen("dsin.dat","wb");
    if (fp==NULL)
    {
        printf(" 不能打开文件 !\n");
        exit(1);
    }
    fwrite((char *)data,1,sizeof(data),fp);      // 将 sin x 上的值写入文件 dsin.dat
    fclose(fp);
    fp=fopen("dsin.dat","rb");
    if (fp==NULL)
    {
        printf(" 不能打开文件 !\n");
        exit(1);
    }
    fread((char *)data,1,sizeof(data),fp);        // 从文件 dsin.dat 中读数据到数组 data
```

```
    for(i=0;i<SIZE;i++)
        s+=data[i];
    s*=2*PI/SIZE;                    // 利用矩形法求定积分
    printf("s=%le\n",s);
    fclose(fp);
    return 0;
}
```

本 章 小 结

（1）C 语言没有提供单独的文件操作语句，有关文件的操作均是通过库函数进行的。

（2）在 C 语言中将数据的输入输出操作对象抽象化为一种流，而不管它的具体结构。流可分为两大类，即文本流和二进制流。所谓文本流是指在流中流动的数据是以字符形式出现的，二进制流是指流动的是二进制数字序列。

在 C 语言中流就是一种文件形式，它实际上就表示一个文件或设备（从广义上讲，设备也是一种文件）。当流到磁盘而成为文件时，意味着要启动磁盘写入操作，这样流入一个字符（文本流）或流入一个字节（二进制流）均要启动磁盘操作，将大大降低传输效率。为此，C 语言在输入输出时使用了缓冲技术，即在内存为输入的磁盘文件开辟了一个缓冲区（默认为 512 字节），当流到该缓冲区装满后，再启动磁盘一次，将缓冲区内容装到磁盘文件中去。读取文件与之类似。

（3）在 C 语言中，用文件指针标识文件，当一个文件被打开时，可取得该文件指针。不要把文件指针和 FILE 结构体指针（文件类型指针）混为一谈，它们代表两个不同的地址。文件指针指出了对文件当前读写的数据位置，而 FILE 结构体指针是指出了打开文件所对应的 FILE 结构体在内存中的地址，这个指针实际也包含了文件指针的信息。FILE 结构体中的各字段是供 C 语言内部使用的，用户不必关心其细节。

（4）文件在读写之前必须打开，读写结束必须关闭。文件的打开和关闭用 fopen 函数、fclose 函数实现。文件可按只读、只写、读写和追加 4 种操作方式打开，同时还必须指定文件的类型是二进制文件还是文本文件。

（5）文件可按字符、字符串、数据块为单位读写，文件也可按指定的格式进行读写。常用的读写函数有字符读写函数 fgetc 和 fputc、字符串读写函数 fgets 和 fputs、数据块读写函数 fread 和 fwrite、格式化读写函数 fscanf 和 fprintf，这些函数的说明包含在头文件 stdio.h 中。

（6）一般文件的读写都是顺序读写，就是从文件的开头开始，依次读取数据。在实际问题中，有时要从指定位置开始，也就是随机读写，这就要用到文件的位置指针。文件的位置指针指出了文件下一步的读写位置，每读写一次后，指针自动指向下一个新的位置。可以通过使用文件位置指针移动函数来实现文件的定位读写。常用的与文件位置指针有关的函数有 fseek、ftell 和 rewind 等。

习 题

一、选择题

1．系统的标准输入输出文件是指（　　　）。

A．外部设备　　　B．闪存盘　　　　　C．移动硬盘　　　　　D．键盘和显示器

2．文件读操作指的是（　　　）。

　　A．将程序内存区的数据读取出来，写到文件

　　B．将文件中的数据读入内存

　　C．将缓冲区的数据读入程序区

　　D．将硬盘的数据读取到显示器上

3．利用 fopen() 函数实现打开文件操作，若打开文件成功，函数返回（　　　）。

　　A．文件名　　　　　　　　　　　　B．文件位置指针

　　C．文件结构体类型内存空间首地址　　D．文件路径和文件名

4．要对二进制文件追加数据，则正确的操作方式是（　　　）。

　　A．ab　　　　　B．rb　　　　　　C．wb　　　　　　D．a

5．若文件的打开方式为"w+"，写完之后，要从头重新读，则需要调用（　　　）函数将读写位置指针移动到文件开头。

　　A．feof()　　　B．fseek()　　　　C．ftell()　　　　　D．rewind()

6．函数调用语句 fseek(fp,20L,0) 的含义是（　　　）。

　　A．将文件读写位置指针从当前位置向后移 20 个字节

　　B．将文件读写位置指针移到距离文件尾 20 个字节处

　　C．将文件读写位置指针移到距离文件头 20 个字节处

　　D．将文件读写位置指针从当前位置向前移 20 个字节

7．有以下定义：

```
struct std
{
    char num[6],name[8];
    float mark[4];
}a[30];
FILE *fp;
```

设文件中以二进制形式存有 10 个班的学生数据，且已正确打开，文件指针定位于文件开头。若要从文件中读出 30 个学生的数据放入 a 数组中，则以下不能实现此功能的语句是（　　　）。

　　A．for(i=0; i<30; i++)　　　　　　B．for(i=0; i<30; i++)

　　　　fread(&a[i], sizeof(struct std), 1L, fp);　　　fread(a+i, sizeof(struct std), 1L, fp);

　　C．fread(a, sizeof(struct std), 30L,fp);　　D．for(i=0; i<30; i++)

　　　　　　　　　　　　　　　　　　　　　fread(a[i], sizeof(struct std), 1L, fp);

8．【多选】以下描述中，能反映文件操作优势的是（　　　）。

　　A．使用文件，可以很方便地实现大量数据的输入输出

　　B．使用文件，可以长期保存输出数据

　　C．使用文件输入输出，可以防止数据泄露

　　D．使用文件输入输出，可以实现数据与程序分离

二、填空题

1．在 C 语言程序中，文件可以用 _____ 方式存取，也可以用 _____ 方式存取。

2．在 C 语言中，文件的存取是以_____为单位的，这种文件被称作_____文件。

3．测试 ASCII 码文件和二进制文件的当前文件指针是否已指向文件结束标志，可以调用_____函数。若当前文件指针已指向文件结束标志，则该函数的返回值是_____，否则该函数的返回值是_____。

4．若调用文件操作函数时发生错误，则 ferror 函数的返回值是_____。

5．若要用 fopen 函数打开一个新的二进制文件，该文件要既能读也能写，则文件使用方式是_____。

6．下面的程序用变量 count 统计文件中字符的个数，请在画线处填入适当内容。

```c
#include <stdio.h>
#include <stdlib.h>
int main()
{
  FILE *fp;
  long count=0;
  if ((fp=fopen("letter.dat",_____))==NULL)
  {
    printf("cannot open file\n");
    exit(0);
  }
  while(!feof(fp))
  {
    _____;
    count++;
  }
  printf("count=%ld\n",count);
  fclose(fp);
  return 0;
}
```

三、编写程序题

1．从键盘输入一个字符串（输入的字符串以"！"结束），将其中的小写字母全部转换成大写字母，输出到磁盘文件 upper.txt 中保存，然后将文件 upper.txt 中的内容读出显示在屏幕上。

2．设文件 integer.dat 中放了一组整数，统计文件中正整数、零和负整数的个数，将统计结果追加到文件 integer.dat 的尾部，同时输出到屏幕上。

3．将文本文件 f2.txt 的内容连接到文本文件 f1.txt 的后面。

4．主函数从命令行读出一个文件名，然后调用函数 getline，从文件中读出一个字符串放到字符数组 str 中（字符个数最多为 100 个）。getline 函数返回字符串的长度。在主函数中输出字符串及其长度。

5．设文件 student.dat 中存放着若干名学生的基本信息，这些信息由以下结构体来描述：

```c
struct student
{
  int num;                // 学号
  char name[10];          // 姓名
  char speciality[20];    // 专业
};
```

要求从文件中删除一名学生的基本信息。

附录1 ASCII 字符编码表

ASCII 值	控制字符	ASCII 值	字符	ASCII 值	字符	ASCII 值	字符
000	NUL	032	空格	064	@	096	`
001	SOH	033	!	065	A	097	a
002	STX	034	"	066	B	098	b
003	ETX	035	#	067	C	099	c
004	EOT	036	$	068	D	100	d
005	ENQ	037	%	069	E	101	e
006	ACK	038	&	070	F	102	f
007	BEL	039	'	071	G	103	g
008	BS	040	(	072	H	104	h
009	HT	041	)	073	I	105	i
010	LF	042	*	074	J	106	j
011	VT	043	+	075	K	107	k
012	FF	044	,	076	L	108	l
013	CR	045	-	077	M	109	m
014	SO	046	.	078	N	110	n
015	SI	047	/	079	O	111	o
016	DLE	048	0	080	P	112	p
017	DC1	049	1	081	Q	113	q
018	DC2	050	2	082	R	114	r
019	DC3	051	3	083	S	115	s
020	DC4	052	4	084	T	116	t
021	NAK	053	5	085	U	117	u
022	SYN	054	6	086	V	118	v
023	ETB	055	7	087	W	119	w
024	CAN	056	8	088	X	120	x
025	EM	057	9	089	Y	121	y
026	SUB	058	:	090	Z	122	z
027	ESC	059	;	091	[	123	{
028	FS	060	<	092	\	124		
029	GS	061	=	093	]	125	}
030	RS	062	>	094	^	126	~
031	US	063	?	095	_	127	DEL

注：0 ~ 31 之间的 ASCII 值是计算机使用的控制字符，有些不能直接显示。

附录 2　C 语言运算符的优先级与结合方向

优先级	运算符	功能	运算量个数	结合方向
1	()	圆括号		自左至右
	[]	下标运算		
	->	指向结构体的成员		
	.	取结构体的成员		
2	!	逻辑非	1（单目运算符）	自右至左
	~	按位取反		
	++, --	自增，自减		
	+, -	正、负号		
	（类型符）	强制类型转换		
	*	间接访问（取内容）		
	&	取地址		
	sizeof	测试数据字节数		
3	*	乘法	2（双目运算符）	自左至右
	/	除法		
	%	求整数余数		
4	+	加法	2（双目运算符）	自左至右
	-	减法		
5	<<	左移位	2（双目运算符）	自左至右
	>>	右移位		
6	<	小于	2（双目运算符）	自左至右
	>	大于		
	<=	小于或等于		
	>=	大于或等于		
7	==	等于	2（双目运算符）	自左至右
	!=	不等于		
8	&	按位与	2（双目运算符）	自左至右
9	^	按位异或	2（双目运算符）	自左至右
10	|	按位或	2（双目运算符）	自左至右
11	&&	逻辑与	2（双目运算符）	自左至右
12	||	逻辑或	2（双目运算符）	自左至右
13	? :	条件运算	3（三目运算符）	自右至左
14	= += -= *= /= %= &= |= ^= >>= <<=	赋值运算	2（双目运算符）	自右至左
15	,	逗号运算		自左至右

说明：

（1）运算符的优先级从上到下依次递减，最上面具有最高的优先级，逗号运算符具有最低的优先级。

（2）所有的优先级中，只有 3 个优先级的运算符是自右至左结合的，它们是单目运算符、条件运算符和赋值运算符，其他的都是自左至右结合的。

（3）具有最高优先级的其实并不算是真正的运算符，它们算是一类特殊的操作，() 与函数以及表达式相关，[] 与数组相关，而 -> 及 . 与结构体成员相关；其次是单目运算符，所有的单目运算符具有相同的优先级，因此在真正的运算符中它们具有最高的优先级，又由于它们都是自右至左结合的，所以 *p++ 与 *(p++) 等效是显而易见的；接下来是算术运算符，*、/、% 的优先级当然比 +、- 高；移位运算符紧随其后；其次的关系运算符中，<、<=、>、>= 要比 ==、!= 高一个级别；所有的逻辑运算符都具有不同的优先级（单目运算符 ! 和 ~ 除外），逻辑位运算符的"与"比"或"高，而"异或"则在它们之间，跟在其后的 && 比 || 高；最后是条件运算符、赋值运算符及逗号运算符。

（4）在 C 语言中，只有 4 个运算符规定了运算方向，它们是 &&、||、条件运算符及赋值运算符。&&、|| 都是先计算左边表达式的值，当左边表达式的值能确定整个表达式的值时，就不再计算右边表达式的值。例如，0 && b，&& 运算符的左边为 0，则就不再判断右边表达式 b。在条件运算符中，例如，a?b:c，先判断 a 的值，再根据 a 的值对 b 或 c 之中的一个进行求值。赋值表达式则规定先对右边的表达式求值，例如，a=b=c=6。

附录 3　C 语言常用的库函数

　　库函数并不是 C 语言的一部分，它是由编译系统根据一般用户的需要编制并提供给用户使用的一组程序。每一种 C 语言编译系统都提供了很多库函数，不同的编译系统所提供的库函数的数目和函数名以及函数功能是不完全相同的。由于 C 语言库函数的种类和数目繁多,限于篇幅,本附录只列出了常用的库函数。如果需要使用其他函数，读者可查阅相关系统的使用手册。

1. 数学函数

使用数学函数时，应该在源文件中使用以下编译预处理命令。

#include <math.h> 或 #include "math.h"

函数原型	函数功能
int abs(int x)	求整数 x 的绝对值
double acos(double x)	计算 arccos x 的值（-1 ≤ x ≤ 1）
double asin(double x)	计算 arcsin x 的值（-1 ≤ x ≤ 1）
double atan(double x)	计算 arctan x 的值
double atan2(double x,double y)	计算 arctan x/y 的值
double ceil(double x)	求不小于 x 的最小整数
double cos(double x)	计算 cos x 的值，其中 x 的单位为弧度
double cosh(double x)	计算 x 的双曲余弦 cosh x 的值
double exp(double x)	求 e^x 的值
double fabs(double x)	求 x 的绝对值
double floor(double x)	求不大于 x 的最大整数
double fmod(double x,double y)	求整除 x/y 的余数
long labs(long n)	计算 long 型整数 n 的绝对值
double log(double x)	求 lnx 的值（x>0）
double log10(double x)	求 lgx 的值（x>0）
double modf(double val, int *p)	把双精度数 val 分解成数字部分和小数部分，把整数部分存放在 p 指向的变量中，函数返回 val 的小数部分
double pow(double x,double y)	求 x^y 的值
double sin(double x)	求 sin x 的值，其中 x 的单位为弧度
double sinh(double x)	计算 x 的双曲正弦函数 sinh x 的值
double sqrt (double x)	计算 $\sqrt{x}$（x ≥ 0）
double tan(double x)	计算 tan x 的值，其中 x 的单位为弧度
double tanh(double x)	计算 x 的双曲正切函数 tanh x 的值

2. 字符函数

使用字符函数时，应该在源文件中使用以下编译预处理命令。

#include <ctype.h> 或 #include "ctype.h"

函数原型	函数功能
int isalnum(int c)	检查 c 是否为字母或数字，若是，则返回非 0 值，否则返回 0
int isalpha(int c)	检查 c 是否为字母，若是，则返回非 0 值，否则返回 0
int iscntrl(int c)	检查 c 是否为控制字符（其 ASCII 码值在 0～31 之间或为 127），若是，则返回非 0 值，否则返回 0
int isdigit(int c)	检查 c 是否为数字，若是，则返回非 0，否则返回 0
int isgraph(int c)	检查 c 是否为除空格以外的可打印字符（其 ASCII 码值在 33～126 之间），若是，则返回非 0 值，否则返回 0
int islower(int c)	检查 c 是否为小写字母（a～z），若是，则返回非 0 值，否则返回 0
int isprint(int c)	检查 c 是否为包括空格在内的可打印字符（其 ASCII 码值在 32～126 之间），若是，则返回非 0 值，否则返回 0
int ispunct(int c)	检查 c 是否为标点符号，即除字母、数字和空格以外的所有可打印字符，若是，则返回非 0 值，否则返回 0
int isspace(int c)	检查 c 是否为空格、制表符或换行符，若是，则返回非 0 值，否则返回 0
int isupper(int c)	检查 c 是否为大写字母（A～Z），若是，则返回非 0 值，否则返回 0
int isxdigit(int c)	检查 c 是否为一个 16 进制数字，若是，则返回非 0 值，否则返回 0
int tolower(int c)	将 c 字符转换为小写字母，函数返回 c 对应的小写字母
int toupper(int c)	将 c 字符转换为大写字母，函数返回 c 对应的大写字母

3. 字符串函数

使用字符串函数时，应该在源文件中使用以下编译预处理命令。

#include <string.h> 或 #include "string.h"

函数原型	函数功能
int memcmp(const void *s1,const void *s2, unsigned n)	按字典顺序比较由 s1 和 s2 指向的对象的前 n 个字符。若 s1<s2，则返回负数；若 s1=s2，则返回 0；若 s1>s2，则返回正数
void *memcpy(void *s1,const void *s2, unsigned n)	将 s2 指向的对象中的前 n 个字符复制到 s1 所指向的对象中，函数返回 s1 的值
void *memmove(void *s1,const void *s2, unsigned n)	将 s2 指向的对象中的前 n 个字符移动到 s1 指向的对象中，函数返回 s1 的值
void *memset(void *s,char c,unsigned n)	将字符 c 复制到 s 所指向的对象的前 n 个字符中，函数返回 s 的值
char *strcat(char *s1,const char *s2)	将 s2 所指的字符串连接到 s1 所指向的数组的末尾，s2 的初始字符覆盖 s1 末尾的字符串结束符 "\0"，函数返回 s1 的值
char *strchr(const char *s,int c)	找出 s 指向的字符串中第 1 次出现字符 c 的位置，函数返回指向该位置的指针。若找不到，则应返回一个空指针
int *strcmp(const char *s1,const char *s2)	比较字符串 s1 和 s2。若 s1<s2，则返回负数；若 s1=s2，则返回 0；若 s1>s2，则返回正数

函数原型	函数功能
char *strcpy(char *s1,const char *s2)	将 s2 所指向的字符串（字符串的结束符"\0"）复制到 s1 所指向的数组中，函数返回 s1 的值
unsigned strlen(const char *s)	计算 s 所指向的字符串的长度，函数返回字符串结束符前的字符个数
char *strncat(char *s1,const char *s2, unsigned n)	将 s2 所指向的字符串中的最多 n 个字符连到 s1 所指向的数组的末尾，并以"\0"结尾，函数返回 s1 的值
int strncmp(const char *s1,const char *s2, unsigned n)	比较字符串 s1 和 s2 中至多前 n 个字符。若 s1<s2，则返回负数；若 s1=s2，则返回 0；若 s1>s2，则返回正数
char *strncpy(char *s1,const char *s2, unsigned n)	从 s2 所指向的字符串复制最多 n 个字符到 s1 所指向的数组中，函数返回 s1 的值
char *strstr(const char *s1,const char *s2)	寻找 s2 所指向的字符串在 s1 所指向的字符串中首次出现的位置，函数返回 s2 所指向字符串首次出现的地址。若没有找到，返回一个空指针

4. 输入输出函数

使用输入输出函数时，应该在源文件中使用以下编译预处理命令。

#include <stdio.h> 或 #include "stdio.h"

函数原型	函数功能
void clearerr(FILE *fp)	清除文件指针错误指示器
int fclose(FILE *fp)	关闭 fp 所指的文件，释放文件缓冲区。关闭成功返回 0，不成功返回非 0 值
int feof(FILE *fp)	检查文件是否结束。文件结束返回非 0 值，否则返回 0
int fgetc(FILE *fp)	从 fp 所指的文件中取得下一个字符。函数返回所得到的字符，若读入出错，则返回 EOF
char *fgets(char *s,int n,FILE *fp)	从 fp 所指的文件读取一个长度为 n-1 的字符串，存入起始地址为 s 的空间。函数返回地址 s。若遇文件结束或出错，则返回 EOF
FILE *fopen(char *filename,char *mode)	以 mode 指定的方式打开名为 filename 的文件。若成功，则返回一个文件指针，否则返回 0
int fprintf(FILE *fp,char *format,args,…)	把 args 的值以 format 指定的格式输出到 fp 所指的文件中。函数返回实际输出的字符数
int fputc(char c,FILE *fp)	将字符 c 输出到 fp 所指的文件中。若成功，则返回该字符，否则返回 EOF
int fputs(char *s,FILE *fp)	将 s 指定的字符串输出到 fp 所指的文件中。若成功，则返回 0，否则返回 EOF
int fread(char *pt,unsigned size, unsigned n,FILE *fp)	从 fp 所指文件中读取长度为 size 的 n 个数据项，存到 pt 所指向的内存区。函数返回所读的数据项个数。若文件结束或出错，返回 0
int fscanf(FILE *fp,char *format,args,…)	从 fp 指定的文件中按给定的 format 格式将读入的数据送到 args 所指向的内存变量中（args 是指针）。函数返回已输入的数据个数
int fseek(FILE *fp,long offset,int base)	将 fp 指向的文件的位置指针移到以 base 所指出的位置为基准、以 offset 为位移量的位置。函数返回当前位置，否则返回 -1
long ftell(FILE *fp)	返回 fp 所指向的文件中的读写位置。函数返回文件中的读写位置，否则返回 0
int fwrite(const char *p,unsigned size,unsigned n,FILE *fp)	把 p 所指向的 n×size 个字节输出到 fp 所指向的文件中。函数返回写到 fp 所指向文件中的数据项的个数

续表

函数原型	函数功能
int getc(FILE *fp)	从 fp 所指向的文件中读入一个字符。函数返回所读的字符。若文件出错或结束，则返回 EOF
int getchar()	从标准输入设备中读取下一个字符。函数返回所读的字符。若文件出错或结束，则返回 EOF
char *gets(char *s)	从标准输入设备中读取字符串，存入 s 指向的数组。若成功，则返回 s，否则返回空指针
int printf(char *format,args,…)	在 format 指定的字符串的控制下，将输出列表 args 的值输出到标准设备。函数输出字符的个数；若出错，则返回负数
int putc(int c,FILE *fp)	把一个字符 c 输出到 fp 所指的文件中。函数输出字符 c。若出错，则返回 EOF
int putchar(char c)	把字符 c 输出到标准输出设备。函数返回输出的字符。若出错，则返回 EOF
int puts(const char *s)	把 s 指向的字符串输出到标准输出设备,将 "\0" 转换为回车换行。若成功,则返回非负数；若失败，则返回 EOF
int rename(const char *oldname,const char *newname)	把 oldname 所指的文件名改为由 newname 所指的文件名。若成功,则返回 0；若出错，则返回 -1
void rewind(FILE *fp)	将 fp 指定的文件指针置于文件头，并清除文件结束标志和错误标志
int scanf(const char *format, args,…)	从标准输入设备按 format 规定的格式，输入数据给 args 所指向的单元。函数返回读入并赋给 args 的数据个数。若文件结束，则返回 EOF；若出错，则返回 0

 5. 动态存储分配函数

使用动态存储分配函数时，应该在源文件中使用以下编译预处理命令。

```
#include <stdlib.h> 或 #include "stdlib.h"
```

函数原型	函数功能
void *calloc(unsigned n,unsigned size)	分配 n 个数据项的连续内存空间，每个数据项的大小为 size。若分配成功，则返回所分配内存单元的起始地址；若不成功，则返回空指针
void free(void *p)	释放 p 所指内存空间
void *malloc(unsigned size)	分配 size 字节的内存空间。若分配成功，则返回所分配内存的起始地址；若不成功，则返回空指针
void *realloc(void *p,unsigned size)	将 p 所指的已分配的内存空间的大小改为 size。size 可以比原来分配的空间大或小。返回指向该内存空间的指针。若重新分配失败，则返回空指针

6. 其他函数

有些函数由于不便归入某一类，所以单独列出。使用这些函数时，应该在源文件中使用以下编译预处理命令。

```
#include <stdlib.h> 或 #include "stdlib.h"
```

函数原型	函数功能
double atof(char *s)	将 s 指向的字符串转换为一个 double 型的值
int atoi(const char *s)	将 s 指向的字符串转换为一个 int 型的值
long atol(const char *s)	将 s 指向的字符串转换为一个 long 型的值
void exit(int status)	中止程序运行。将 status 的值返回调用的过程
char *itoa(int n,char *s,int r)	将整数 n 的值按照 r 进制转换为等价的字符串，并将结果存入 s 指向的字符串中。函数返回 s 的值
char *ltoa(long n,char *s,int r)	将长整数 n 的值按照 r 进制转换为等价的字符串，并将结果存入 s 指向的字符串。函数返回 s 的值
int rand()	产生 0~RAND_MAX 之间的伪随机整数。RAND_MAX 在头文件中定义
void srand (unsigned seed)	为 rand 函数生成伪随机数序列设置起点种子值

参 考 文 献

[1] 教育部高等学校大学计算机课程教学指导委员会. 新时代大学计算机基础课程教学基本要求 [M]. 北京：高等教育出版社，2023.

[2] 刘卫国. C 语言程序设计 [M]. 北京：中国铁道出版社，2008.

[3] KERNIGHAN B W，RITCHIE D M. C 程序设计语言 [M]. 2 版. 徐宝文，李志，译. 北京：机械工业出版社，2003.

[4] DEITEL H M，DEITEL P J. C 程序设计教程 [M]. 薛万鹏，译. 北京：机械工业出版社，2000.

[5] KING K N. C 语言程序设计：现代方法 [M]. 2 版. 吕秀锋，黄倩，译. 北京：人民邮电出版社，2021.